高等职业教育土建类"十四五"系列教材

U0641747

# 工程造价控制

GONGCHENG

ZAOJIA KONGZHI

主　编◎李　班　叶群利

副主编◎王　辉

参　编◎成如刚　汪　玲　郭丽丽　张　爽

电子课件
(仅限教师)

华中科技大学出版社
http://press.hust.edu.cn
中国·武汉

# 内 容 简 介

本书是为高职院校工程造价专业核心课程"工程造价控制"编写的配套教材,以工程项目建设全生命周期为主线,系统阐述各阶段造价控制的理论、方法与实践技能,助力学生构建从理论到应用的全方位能力体系。本书以项目建设全生命周期为主线,分为工程造价概述、决策、设计、招投标、施工及竣工六大阶段控制模块,系统解析各环节核心理论与实操要点。内容涵盖投资估算、招标文件编制、合同价款调整、竣工结算等关键任务,融入课程思政元素,强调职业道德、责任意识与行业规范的有机统一。本套教材的出版,既适合高职院校建筑工程类相关专业的教学使用,也可作为企业培训员工的参考用书。

## 图书在版编目(CIP)数据

工程造价控制 / 李班,叶群利主编. -- 武汉 : 华中科技大学出版社,2025. 1. -- ISBN 978-7-5772-1598-3

Ⅰ. TU723.31

中国国家版本馆 CIP 数据核字第 2025G4B483 号

工程造价控制　　　　　　　　　　　　　　　　　　　　　　　　　李　班　叶群利　主编
Gongcheng Zaojia Kongzhi

策划编辑:康　序
责任编辑:陈元玉　毛雪菲
封面设计:曹安珂
责任校对:李　弋
责任监印:曾　婷
出版发行:华中科技大学出版社(中国·武汉)　　　　电话:(027)81321913
　　　　　武汉市东湖新技术开发区华工科技园　　　　邮编:430223
录　　排:武汉三月禾文化传播有限公司
印　　刷:武汉市籍缘印刷厂
开　　本:787mm×1092mm　1/16
印　　张:14.75
字　　数:378 千字
版　　次:2025 年 1 月第 1 版第 1 次印刷
定　　价:48.00 元

　　本书是基于国家"双高计划"建筑钢结构工程技术专业群开发编撰的系列教材,编者根据全国住房和城乡建设职业教育教学指导委员会制定的工程造价专业教学标准和培养方案,精心编写了这本教材。教材以真实案例为载体,采用模块化教学模式,突出以学生自主学习为中心、以问题为导向的教育理念,评价方式体现过程性考核,充分彰显了现代高等职业教育的特色。在开发教材的同时,各门课程建成了涵盖课程标准、电子教案、教学课件、图片资源、视频资源、动画资源、试题库、实训任务书等在内的丰富完备的数字化教学资源。这些资源将多种学习方式有机整合,形成教师好用、学生爱学的数字化教材。因此,本套教材的出版,既适合高职院校建筑工程类相关专业的教学使用,也可作为企业培训员工的参考用书。

　　本书以造价工程师的岗位工作流程和职业能力要求为依据,以实际工程为情境,按照造价工程师岗位的实际工作任务、工作流程为导向组织编写,融合了课程思政元素,体现了以岗位技能培养为核心的教学理念。本书编写时不仅参考了最新的国家标准,还参考了目前建造师、造价工程师等相关执业资格类考试的辅导教材,使学生学习的知识与就业后的继续教育和培训相结合。

　　全书由黄冈职业技术学院李班、叶群利担任主编,湖北长诺项目管理有限公司王辉担任副主编。全书共分六个项目,主要内容包括工程造价概述、建设项目决策阶段工程造价控制、建设项目设计阶段工程造价控制、建设项目招投标阶段工程造价控制、建设项目施工阶段工程造价的计价与控制、建设项目竣工阶段工程造价控制。其中,李班编写了项目三和项目五,叶群利编写了项目一和项目六,王辉、程志雄编写了项目二并提供案例素材,成如刚、汪玲、郭丽丽、张爽参与编写项目四并提供习题,全书由李班审核并统稿。书中给出了反映工程造价全过程管理工作的实际案例和习题,力求通过工程实例讲清相关概念、原理、方法和应用,为教师的备课、学生的学习提供最大的方便。

为了方便教学,本书还配有电子课件等资料,任课教师可以发送邮件至 husttujian@163.com 索取。

由于编者的水平有限,书中难免存在不妥和错漏之处,敬请广大读者和同仁批评指正,以便再版时加以完善。

# 目 录
Contents

# 项目一

## 工程造价概述

GONGCHENG ZAOJIA GAISHU

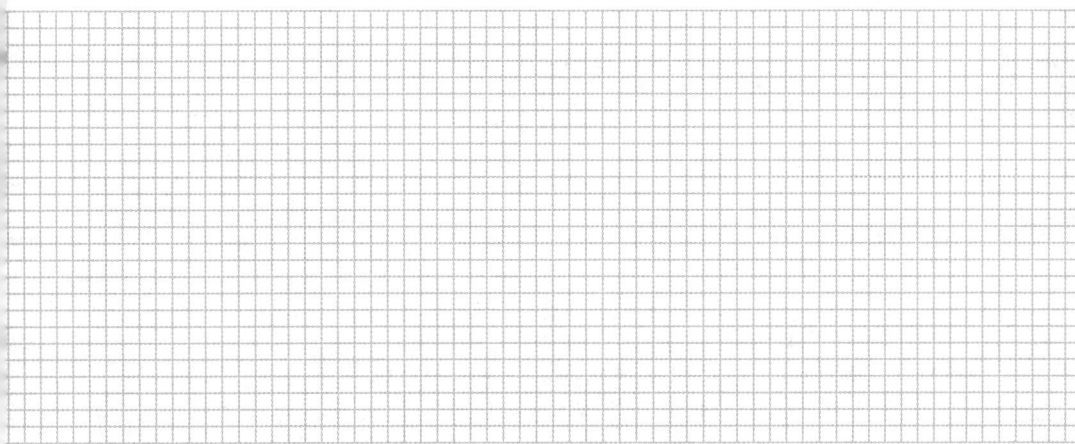

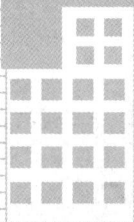

1.掌握工程造价的两种含义；

2.理解总投资、固定资产投资、工程造价三者之间的关系；

3.熟悉我国工程造价及总投资的构成，了解国外工程造价的构成；

4.辩别实际工作中费用的归属，掌握工程造价的计算。

　　某建设项目投资构成中，设备及工、器具购置费为 2000 万元，建筑安装工程费为 1000 万元，建设管理费 15 万元，工程建设其他费为 500 万元，基本预备费为 100 万元，价差预备费为 100 万元。建设期为 3 年，分年均衡进行贷款，第一年贷款 1000 万元，第二年贷款 600 万元，第三年贷款 400 万元，年利率为 8%，建设期内利息只计息不支付，流动资金为 400 万元，试计算该建设项目的工程造价。

　　**解析**：工程造价在量上与固定资产投资相等，包含了建设投资及建设期利息两个部分。建设投资又可细分为工程费用、工程建设其他费用、预备费。流动资金属于流动资产投资，包含在建设项目总投资中，不属于工程造价。预备费由基本预备费和价差预备费组成。

　　建设期利息计算公式：$q_j = (p_{j-1} + 1/2A_j) \cdot i$

$$q_1 = (1000/2) \times 8\% = 40(万元)$$

$$q_2 = (600/2 + 1000 + 40) \times 8\% = 107.2(万元)$$

$$q_3 = (400/2 + 1000 + 40 + 600 + 107.2) \times 8\% = 155.776(万元)$$

　　建设期利息 $= q_1 + q_2 + q_3 = 40 + 107.2 + 155.776 = 302.976(万元)$

　　工程建设其他费包含了项目建设管理费、用地与工程准备费、配套设施费、工程咨询服务费、建设期计列的生产经营费、工程保险费、税费，共计 500 万元。

　　工程造价 $= 1000 + 2000 + 500 + (100 + 100) + 302.976 = 4002.976(万元)$

# 学习任务 1　工程造价的构成

## 一、工程造价的基本内容

### （一）工程造价的含义

　　工程造价通常是指工程项目在建设期（预计或实际）支出的建设费用。由于所处的角度不同，工程造价有不同的含义：第一种，是针对投资方、业主、项目法人而言的，工程造价是指进行某项工程建设预计或实际所花费的全部费用。投资者为了获得投资项目的预期效益，需要通过项目评估进行决策,从建设实施(设计、施工)直至竣工验收等一系列活动。建设项目工程造价就是建设项目的固定资产投资。第二种,是针对市场交易而言的,工程造价是指在工程发承包交易活动中形成的建筑安装工程费用或建设工程总费用。这种含义的工程造价是指以建设工程这种特定的商品形式作为交易对象,通过招投标或其他交易方式,在多次预估的基础上,最终由市场形成的价格。这里的工程可以是整个建设工程项目,也可以是其中一个或几个单项工程、单位工程,还可以是一个或几个分部工程,如建筑安装工程造价,幕墙工程造价等。

工程造价的两种含义实质上就是从不同角度把握同一事物的本质。对投资者而言,工程造价就是项目投资,是"购买"工程项目要付出的价格;对承包商、供应商和规划、设计等机构而言,工程造价是他们作为市场供给主体,出售商品和劳务的价格的总和。工程造价的含义如表 1.1 所示。

表 1.1　工程造价的含义

| 投资者(业主) | 指建设一项工程预期开支或实际开支的全部固定资产投资费用 |
| --- | --- |
| 市场交易 | 指工程价格,即工程发承包交易活动中形成的建筑安装工程费用或建设工程总费用 |

工程承发包价格是工程造价中的一种重要且较为典型的工程造价形式,是在建筑市场通过发承包交易中,需求主体和供给主体共同认可的价格

### (二)工程造价的特点

**1. 大额性**

任何一项建设工程,不仅实物形态庞大,而且造价高昂,往往需要投资几百万、几千万甚至上亿的资金。工程造价的大额性关系到多方面的重大经济利益,同时也对社会宏观经济产生重大影响。这就决定了工程造价的特殊地位,也说明了造价管理的重要意义。

**2. 个别性**

任何一项建设工程都有特殊的用途,其功能各不相同。每一项工程的结构、造型、空间分割、设备配置和内外装饰都有具体的要求,因而使工程内容和实物形态都具有个别性、差异性。产品的差异性决定了工程造价的个别性差异。同时,每项工程所处的地区、地段都不相同,使这一特点得到进一步强化。

**3. 动态性**

任何一项建设工程从决策到竣工交付使用,都会经历一个较长的建设期。在这一期间,如工程变更、设备材料价格、工资标准、费率、利率、汇率等会发生变化。这种变化必然会影响工程造价的变动,直至竣工决算后才能最终确定工程造价。由于建设周期长,资金的时间价值显得尤为突出。

**4. 层次性**

造价的层次性取决于工程的层次性。一个建设项目往往含有多个能够独立发挥设计效能的单项工程(车间、写字楼、住宅楼等)。一个单项工程又是由多个能够各自发挥专业效能的单位工程(土建工程、电气安装工程等)组成。与此相适应,工程造价有三个层次:建设项目总造价、单项工程造价和单位工程造价。如果专业分工更细,单位工程(如土建工程)的组成部分分部分项工程也可以成为交换对象,如大型土方工程、基础工程、装饰工程等,这样工

程造价的层次就增加分部工程和分项工程而成为五个层次。即使从造价的计算和工程管理的角度看,工程造价的层次性也是非常突出的。

5.阶段性

工程项目需要按一定的建设程序进行决策和实施,工程计价也需要在不同阶段多次进行,以保证计价的准确性和控制的有效性。工程造价多次计价是逐步深化、逐步细化和逐步接近实际造价的过程,如图1.1所示。

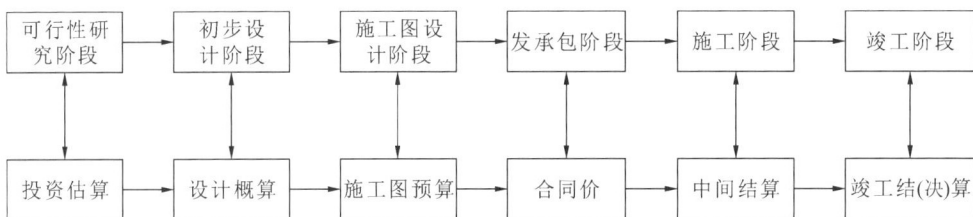

图1.1　工程多次计价

## 二、工程造价相关概念

### (一)静态投资与动态投资

静态投资是指不考虑物价上涨、建设期贷款利息等影响因素的建设投资。静态投资包括建筑安装工程费、设备和工器具购置费、工程建设其他费、基本预备费,以及因工程量误差而引起的工程造价增减值等。

动态投资是指考虑物价上涨、建设期贷款利息等影响因素的建设投资。动态投资除包括静态投资外,还包括建设期贷款利息、涨价预备费等。相比之下,动态投资更符合市场价格运行机制,使投资估算和控制更加符合实际。

静态投资与动态投资密切相关。动态投资包含静态投资,静态投资是动态投资最主要的组成部分,也是动态投资的计算基础。动态投资与静态投资的关系如图1.2所示。

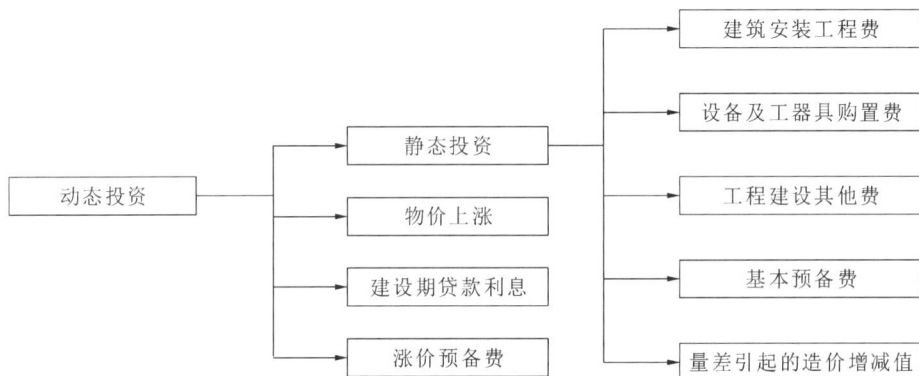

图1.2　动态投资与静态投资的关系

### (二)建设项目总投资与固定资产投资

建设项目总投资是指为完成工程项目建设,在建设期(预计或实际)投入的全部费用总和。建设项目按用途可分为生产性建设项目和非生产性建设项目。生产性建设项目总投资包括固定资产投资和流动资产投资两部分;非生产性建设项目总投资只包括固定资产投资,不包括流动资产投资。

建设项目总造价是指建设项目总投资中的固定资产投资总额。固定资产投资是投资主体为达到预期收益的资金垫付行为。

建设项目投资中的固定资产投资与建设项目的工程造价,二者在量上是等同的。其中,建筑安装工程投资也就是建筑安装工程造价,二者在量上也是等同的。从这里也可以看出工程造价两种含义的同一性。

### (三)建筑安装工程造价

建筑安装工程造价也称为建筑安装产品价格。从投资的角度看,是建设项目投资中的建筑安装工程部分的投资,也是工程造价的组成部分;从市场交易的角度看,是投资者和承包商双方共同认可的,由市场形成的价格。

## 三、工程造价的构成

### (一)我国建设项目总投资及造价构成

建设项目总投资是指投资主体为获取预期收益,在选定的建设项目上所需投入的全部资金。建设项目总投资包含两个部分,分别是固定资产投资和流动资产投资。其中,固定资产投资与建设项目的工程造价在量上是相等的,包括了建设投资及建设期利息两个部分。建设投资又可细分为工程费用、工程建设其他费用、预备费。建设项目总投资组成如图1.3所示。

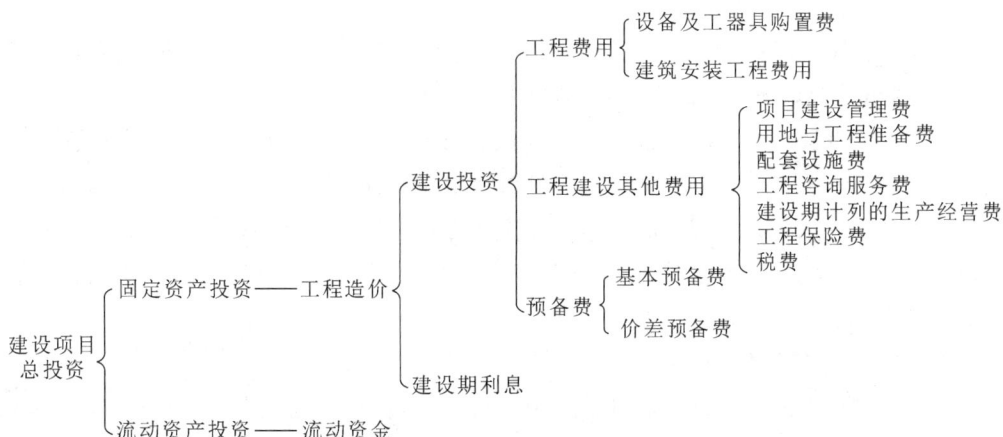

图 1.3　建设项目总投资组成

生产性项目总投资包括建设投资、建设期利息和流动资金;非生产性项目总投资包括建设投资和建设期利息。建设投资和建设期利息之和对应于固定资产投资,固定资产投资与建设项目的工程造价在量上相等。工程造价是指在建设期预计或实际支出的建设费用。

建设投资是为完成工程项目建设,在建设期内投入且形成现金流出的全部费用。工程费用是指建设期内直接用于工程建造、设备购置及其安装的建设投资,分为建筑安装工程费和设备及工器具购置费。流动资金是指为进行正常生产运营,用于购买原材料、燃料、支付工资及其他运营费用等所需的周转资金。在可行性研究阶段用于财务分析时计为全部流动资金,在初步设计及以后阶段用于计算"项目报批总投资"或"项目概算总投资"时计为铺底流动资金。铺底流动资金是指生产经营性建设项目,为保证投产后正常的生产运营所需,并在项目本金中筹措的自有流动资金。

**(二)国外建设工程造价构成**

国外各个国家的建设工程造价构成各有不同,其中,具有代表性的是世界银行和国际咨询工程师联合会对建设工程造价构成的规定。这些国际组织对工程项目的总建设成本(相当于我国的工程造价)做了统一规定,工程项目总建设成本包括直接建设成本、间接建设成本、应急费和建设成本上升费等。

1.项目直接建设成本

项目直接建设成本包括以下内容。

(1)土地征购费,指为项目建设所需土地支付的征购费用。

(2)场外设施费用,指道路、码头、桥梁、机场、输电线路等设施费用。

(3)场地费用,指用于场地准备、厂区道路、铁路、围栏、场内设施等建设费用。

(4)工艺设备费,指主要设备、辅助设备及零配件的购置费用,包括海运包装费用、交货港离岸价,但不包括税金。

(5)设备安装费,指设备供应商的监理费用,本国劳务及工资费用,辅助材料、施工设备、消耗品和工具等费用,以及安装承包人的管理费和利润等。

(6)管道系统费用,指与管道系统的材料及劳务相关的全部费用。

(7)电气设备费,其内容与第(4)项类似。

(8)电气安装费,指设备供应商的监理费用,本国劳务与工资费用,辅助材料、电缆管道和工具费用,以及营造承包人的管理费和利润。

(9)仪器仪表费,指所有自动仪表、控制板、配线和辅助材料的费用以及供应商的监理费用、外国或本国劳务及工资费用、承包人的管理费和利润。

(10)机械的绝缘和油漆费,指与机械及管道的绝缘和油漆相关的全部费用。

(11)工艺建筑费,指原材料、劳务费以及与基础、建筑结构、屋顶、内外装修、公共设施有关的全部费用。

(12)服务性建筑费用,其内容与第(11)项相似。

(13)工厂普通公共设施费,指材料和劳务费以及与供水、燃料供应、通风、蒸汽发生及分配、下水道、污物处理等公共设施有关的费用。

(14)车辆费,指工艺操作所必需的机动设备零件费用,包括海运包装费用以及交货港的离岸价,但不包括税金。

(15)其他当地费用,指那些不能归类于以上任何一个项目,不能计入项目间接成本,但在建设期间又是必不可少的当地费用,如临时设备、临时公共设施及场地的维持费,营地设施及其管理,建筑保险和债券,杂项开支等费用。

2.项目间接建设成本

项目间接建设成本包括以下内容。

(1)项目管理费。

① 总部人员的薪金和福利费,以及用于初步和详细工程设计、采购、时间和成本控制、行政和其他一般管理的费用。

② 施工管理现场人员的薪金、福利费和用于施工现场监督、质量保证、现场采购、时间及成本控制、行政及其他施工管理机构的费用。

③ 零星杂项费用,如返工、旅行、生活津贴、业务支出等。

④ 各种酬金。

(2)开工试车费,指工厂投料试车所必需的劳务和材料费用。

(3)业主的行政性费用,指业主的项目管理人员费用及支出。

(4)生产前费用,指前期研究、勘测、建矿、采矿等费用。

(5)运费和保险费,指海运、国内运输、许可证及佣金、海洋保险、综合保险等费用。

(6)税金,指关税、地方税及对特殊项目征收的税金。

3.应急费

应急费包括以下内容。

(1)未明确项目的准备金。此项准备金用于在估算时不可能明确的潜在项目,包括那些在做成本估算时因为缺乏完整、准确和详细的资料而不能完全预见和不能注明的项目,且这些项目是必须完成的,或它们的费用是必定要发生的。在每一个组成部分中均单独以一定的百分比确定,并作为估算的一个项目单独列出。此项准备金不是为了支付工作范围以外可能增加的项目,不是用来应付天灾、非正常经济状况及罢工等特殊情况,也不是用来补偿估算的任何误差,而是用来支付那些几乎可以肯定要发生的费用。因此,它是估算不可缺少的一个组成部分。

(2)不可预见准备金。此项准备金(在未明确项目准备金之外另外设置)用于在估算达到了一定的完整性并符合技术标准的基础上,由于物质、社会和经济的变化,导致估算增加的情况。此种情况可能发生,也可能不发生。因此,不可预见准备金只是一种储备,可能不动用。

4.建设成本上升费用

通常,估算中使用的构成工资率、材料和设备价格的基础截止日期就是"估算日期"。必须对该日期或已知成本基础进行调整,以补偿直至工程结束时的未知价格增长。

工程的各个主要组成部分(国内劳务及相关成本、本国材料、外国材料、本国设备、外国设备、项目管理机构)的细目划分确定以后,便可确定每一个主要组成部分的增长率。这个增长率是一项关键的判断因素。它以已发布的国内和国际成本指数、公司历史经验数据等为依据,并与实际供应商进行核对,然后根据确定的增长率和从工程进度表中获得的各主要组成部分的中位数值,计算出每项主要组成部分的成本上升值。

## 学习任务 2　建筑安装工程费用构成和计算

### 一、建筑安装工程费的构成

建筑安装工程费的构成如图 1.4 所示。

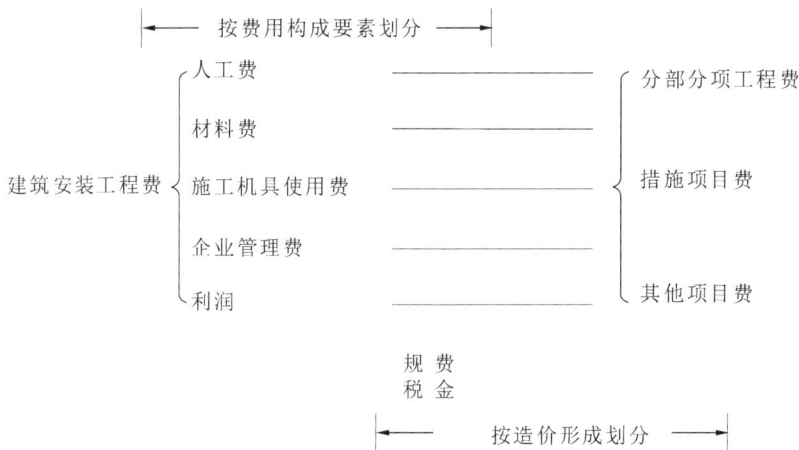

图 1.4　建筑安装工程费的构成

### (一)建筑工程费用内容

1. 建筑工程费用内容

(1) 包括各类房屋建筑工程和列入房屋建筑工程预算的供水、供暖等费用。

(2) 设备基础、支柱等费用。

(3) 为施工而进行的场地平整,工程和水文地质勘察等费用。

(4) 矿井开凿、井巷延伸等费用。

2. 安装工程费用内容

(1) 生产、动力等各种需要安装的机械设备的装配费用,与设备相连的工作台等设施的工程费用,附属于被安装设备的管线敷设工程费用,以及被安装设备的绝缘、防腐等工作的材料费和安装费。

(2) 为测定安装工程质量,对单台设备进行单机试运转、对系统设备进行系统联动无负荷试运转工作的调试费。

### (二)按费用构成要素划分建筑安装工程费用项目构成和计算

按照费用构成要素划分,建筑安装工程费包括人工费、材料费(包含工程设备,下同)、施工机具使用费、企业管理费、利润、规费和税金。

注:根据《建设工程计价设备材料划分标准》(GB/T 50531—2009)的规定,工业、交通等

项目中的建筑设备购置有关费用应列入建筑工程费,单一的房屋建筑工程项目的建筑设备购置有关费用宜列入建筑工程费。

**1.人工费**

人工费,是指支付给直接从事建筑安装工程施工作业的生产工人的各项费用。人工费的基本计算公式为

$$人工费 = \sum(工日消耗量 \times 日工资单价)$$

计算人工费的基本要素有两个,即人工工日消耗量和人工日工资单价。

(1)人工工日消耗量。

人工工日消耗量是指在正常施工生产条件下,完成规定计量单位的建筑安装产品所消耗的生产工人的工日数量。它由分项工程所综合的各个工序劳动定额包括的基本用工、其他用工两部分组成。

(2)人工日工资单价。

人工日工资单价是指直接从事建筑安装工程施工的生产工人在每个法定工作日所得的工资、津贴及奖金等。

施工企业投标报价时自主确定人工费。工程造价管理机构确定日工资单价应通过市场调查,根据工程项目的技术要求,参考实物工程量人工单价综合分析确定。最低日工资单价不得低于工程所在地人力资源和社会保障部门所发布的最低工资标准的:普工1.3倍、一般技工2倍、高级技工3倍。

工程计价定额不应只列一个综合工日单价,应根据工程项目技术要求和工种差别适当划分多种日人工单价,确保各分部工程人工费的合理构成。

**2.材料费**

材料费,是指工程施工过程中耗费的各种原材料、半成品、构配件、工程设备的费用,以及周转材料等的摊销、租赁费用。材料费的基本计算公式为

$$材料费 = \sum(材料消耗量 \times 材料单价)$$

计算材料费的基本要素是材料消耗量和材料单价。

(1)材料消耗量。

材料消耗量是指在正常施工生产条件下,完成规定计量单位的建筑安装产品所消耗的各类材料的净用量和不可避免的损耗量。

(2)材料单价。

材料单价,是指建筑材料从其来源地运到施工工地仓库直至出库所形成的综合平均单价。由材料原价、运杂费、运输损耗费、采购及保管费组成。采用一般计税法计算工程造价时,材料单价采用除税价(材料原价、运杂费等均应扣除增值税进项税额);采用简易计税法计算工程造价时,材料单价采用含税价。材料单价的基本计算公式为

$$材料单价=[(材料原价+运杂费) \times (1+运输损耗率)] \times (1+采购保管费率)$$

$$工程设备单价=(设备原价+运杂费) \times (1+采购保管费率)$$

工程设备,是指构成或计划构成永久工程一部分的机电设备、金属结构设备、仪器装置及其他类似的设备和装置。工程设备费的基本计算公式为

$$工程设备费 = \sum(工程设备量 \times 工程设备单价)$$

$$工程设备单价 = (设备原价 + 运杂费) \times (1 + 采购保管费率)$$

采用一般计税法计算工程造价时,工程设备单价采用除税价(设备原价、运杂费等均应扣除增值税进项税额);采用简易计税法计算工程造价时,工程设备单价采用含税价。

### 3. 施工机具使用费

施工机具使用费,是指施工作业所发生的施工机械、仪器仪表使用费或其租赁费。

（1）施工机械使用费。

施工机械使用费是指施工机械作业发生的使用费或租赁费。

构成施工机械使用费的基本要素是施工机械台班消耗量和施工机械台班单价。施工机械台班消耗量是指在正常施工生产条件下,完成规定计量单位的建筑安装产品所消耗的施工机械台班的数量。施工机械台班单价是指折合到每台班的施工机械使用费。施工机械使用费的基本计算公式为

$$施工机械使用费 = \sum(施工机械台班消耗量 \times 施工机械台班单价)$$

$$施工机械台班单价 = 台班折旧费 + 台班检修费 + 台班维护费 + 台班安拆费及场外运费 + 台班人工费 + 台班燃料动力费 + 台班其他费$$

采用一般计税法计算工程造价时,机械台班价格采用除税价(台班单价中的相关子项均需扣除增值税进项税额);采用简易计税法计算工程造价时,机械台班价格采用含税价。

工程造价管理机构在确定计价定额中的施工机械使用费时,应根据《建筑施工机械台班费用计算规则》结合市场调查编制施工机械台班单价。施工企业可以参考工程造价管理机构发布的台班单价,自主确定施工机械使用费的报价,如租赁施工机械使用费 $= \sum($施工机械台班消耗量 $\times$ 机械台班租赁单价)。

（2）仪器仪表使用费。

仪器仪表使用费是指工程施工所需使用的仪器仪表的摊销及维修费用。与施工机械使用费类似,仪器仪表使用费的基本计算公式为

$$仪器仪表使用费 = \sum(仪器仪表台班消耗量 \times 仪器仪表台班单价)$$

或 　　　　　　仪器仪表使用费＝工程使用的仪器仪表摊销费＋维修费

仪器仪表台班单价通常由折旧费、维护费、校验费和动力费组成。当一般纳税人采用一般计税法时,仪器仪表台班单价中的相关子项均需扣除增值税进项税额。

### 4. 企业管理费

（1）企业管理费的内容。

企业管理费,是指施工单位组织施工生产和经营管理所需的费用。具体包括以下内容。

① 管理人员工资,是指按规定支付给管理人员的计时工资、奖金、津贴补贴、加班加点工资及特殊情况下支付的工资等。

② 办公费,是指企业管理办公用的文具、纸张、帐表、印刷、邮电、书报、办公软件、现场监控、会议、水电、烧水和集体取暖降温(包括现场临时宿舍取暖降温)等费用。当一般纳税人采用一般计税法时,办公费中增值税进项税额的抵扣原则:以购进货物适用的相应税率扣减,其中购进自来水、暖气冷气、图书、报纸、杂志等适用的税率为9%,接受邮政和基础电信服务等适用的税率为9%,接受增值电信服务等适用的税率为6%,其他一般为13%。

③ 差旅交通费,是指职工因公出差、调动工作的差旅费、住勤补助费,市内交通费和误餐补助费,职工探亲路费,劳动力招募费,职工退休、退职一次性路费,工伤人员就医路费,工地转移费以及管理部门使用的交通工具的油料、燃料等费用。

④ 固定资产使用费,是指管理和试验部门及附属生产单位使用的属于固定资产的房屋、设备、仪器等的折旧、大修、维修或租赁费。当一般纳税人采用一般计税法时,固定资产使用费中增值税进项税额的抵扣原则:设备和仪器的折旧、大修、维修或租赁费以购进货物、接受修理修配劳务或租赁有形动产服务适用的税率扣减,均为 13%。

⑤ 工具用具使用费,是指企业施工生产所需的价值低于 2000 元或管理使用的不属于固定资产的生产工具、器具、家具、交通工具和检验、试验、测绘、消防用具等的购置、维修和摊销费。当一般纳税人采用一般计税法时,工具用具使用费中增值税进项税额的抵扣原则:以购进货物或接受修理修配劳务适用的税率扣减,均为 13%。

⑥ 劳动保险和职工福利费,是指由企业支付的职工退职金、按规定支付给离休干部的经费,集体福利费、夏季防暑降温、冬季取暖补贴、上下班交通补贴等。

⑦ 劳动保护费,是指企业按规定发放的劳动保护用品的支出,如工作服、手套、防暑降温饮料以及在有碍身体健康的环境中施工的保健费用等。

⑧ 检验试验费,是指施工企业按照有关标准规定,对建筑以及材料、构件和建筑安装物进行一般鉴定、检查所发生的费用,包括自设试验室进行试验所耗用的材料等费用。但不包括:新结构、新材料的试验费,对构件做破坏性试验及其他特殊要求检验试验的费用和按有关规定由发包人委托检测机构进行检测的费用。对此类检测发生的费用,由发包人在工程建设其他费用中列支。但对承包人提供的具有合格证明的材料进行检测,若检测结果不合格的,该检测费用由承包人承担;若检测结果合格的,该检测费用由发包人承担。当一般纳税人采用一般计税法时,检验试验费中增值税进项税额以现代服务业适用的税率 6% 扣减。

⑨ 工会经费,是指企业按《工会法》规定的全部职工工资总额比例计提的工会经费。

⑩ 职工教育经费,是指按职工工资总额的规定比例计提,企业为职工进行专业技术和职业技能培训,专业技术人员继续教育、职工职业技能鉴定、职业资格认定以及根据需要对职工进行各类文化教育所发生的费用。企业发生的职工教育经费支出,按企业职工工资薪金总额的 1.5%～2.5% 计取。

⑪ 财产保险费,是指施工管理用财产、车辆等保险费用。

⑫ 财务费,是指企业为施工生产筹集资金或提供预付款担保、履约担保、职工工资支付担保等所发生的各种费用。

⑬ 税金,是指企业按规定缴纳的房产税、非生产性车船使用税、土地使用税、印花税、城市维护建设税、教育费附加以及地方教育附加等。

⑭ 其他费用:包括技术转让费、技术开发费、投标费、业务招待费、绿化费、广告费、公证费、法律顾问费、审计费、咨询费、保险费(含危险作业意外伤害险)等。

此外,湖北省特别规定:企业管理费中塔吊监测设施费用,发生时另行计算。

(2)企业管理费的计算。

企业管理费一般采用取费基数乘以费率的方法计算,取费基数有三种,分别是以直接费为计算基础、以人工费和施工机具使用费合计为计算基础及以人工费为计算基础。企业管理费费率的计算方法如下:

① 以直接费为计算基础。

$$企业管理费费率(\%)=\frac{生产工人年平均管理费}{年有效施工天数\times人工单价}\times人工费占直接费比例(\%)$$

② 以人工费和施工机具使用费合计为计算基础。

$$企业管理费费率(\%)=\frac{生产工人年平均管理费}{年有效施工天数\times(人工单价+每一台班施工机具使用费)}\times100\%$$

③ 以人工费为计算基础。

$$企业管理费费率(\%)=\frac{生产工人年平均管理费}{年有效施工天数\times人工单价}\times100\%$$

注:工程造价管理机构在确定计价定额中的企业管理费时,应以定额人工费或定额人工费与施工机具使用费之和作为计算基数。

5.利润

利润由施工企业根据企业自身需求,并结合建筑市场实际情况自主确定。工程造价管理机构在确定计价定额中的利润时,应以定额人工费或定额人工费与施工机具使用费之和作为计算基数,以单位(单项)工程进行测算。利润在税前建筑安装工程费中的比重,可按不低于5%且不高于7%的费率计算。

6.规费

规费包括工程排污费、社会保险费(养老保险费、失业保险费、医疗保险费、工伤保险费、生育保险费)、住房公积金。其中社会保险费和住房公积金应以定额人工费为计算基础;工程排污费按工程所在地环境保护等部门规定的标准缴纳。

注:根据"十三五"规划纲要,生育保险与基本医疗保险合并的实施方案已在12个试点城市行政区域进行试点。

7.税金

税金是指按照国家税法规定的应计入建筑安装工程造价内的增值税额,按税前造价乘以增值税税率确定。

(1)采用一般计税法时增值税的计算。

$$增值税=税前造价\times9\%$$

税前造价为人工费、材料费、施工机具使用费、企业管理费、利润和规费之和,各费用项目均以不包含增值税可抵扣进项税额的价格计算。

(2)采用简易计税法时增值税的计算。

简易计税法主要适用于:① 小规模纳税人;② 以清包工方式提供的建筑服务;③ 为甲供工程提供的建筑服务;④ 建筑工程老项目提供的建筑服务。

$$增值税=税前造价\times3\%$$

税前造价为人工费、材料费、施工机具使用费、企业管理费、利润和规费之和,各费用项目均以包含增值税进项税额的含税价格计算。

注:小规模纳税人通常是指纳税人提供建筑服务的年应征增值税销售额未超过500万元,并且会计核算不健全,不能按规定报送有关税务资料的增值税纳税人。年应征增值税销售额超过500万元但不经常发生应税行为的单位,也可选择按照小规模纳税人计税。

清包工方式是指施工方不采购建筑工程所需的材料或只采购辅助材料,并收取人工费、管理费或者其他费用的建筑服务。

甲供工程是指全部或部分设备、材料、动力由工程发包方自行采购的建筑工程。建筑工程老项目是指开工日期在 2016 年 4 月 30 日前的建筑工程项目。

**实战案例**

### 某土方开挖工程不同计税方法下工程造价计算

某土方开挖工程,土方开挖工程量为 16000 $m^3$,属一类工程。土的最初可松性系数为 1.02,普工工日消耗量定额为 0.266 工日/10 $m^3$。管理费费率为 5.7%,利润率为 4.6%,其余基础数据如表 1.2 所示。

表 1.2　土方开挖工程基础数据表

| 名称规格 | 单位 | 含税价格 | 不含税价格 |
|---|---|---|---|
| 工程渣土外运内环线内 | 元/$m^3$ | 109.00 | 100 |
| 履带式单斗液压挖掘机 1 $m^3$ | 台班 | 1485.12 | 1372.61 |
| 普工 | 工日 | 140 | 140 |

问题:选择有利于发包人的计税方法。

分析:采用一般计税法下的工程造价为

$(16000×1.02×100+16000×1372.61+16000×0.266/10×140)×(1+5.7\%+4.6\%)×(1+9\%)=2843.8$(万元)

采用简易计税法下的工程造价为

$(16000×1.02×109+16000×1485.12+16000×0.266/10×140)×(1+5.7\%+4.6\%)×(1+3\%)=2908.4$(万元)

应选择一般计税方法。需要注意的是,该案例结论不具有普遍适用性,不同案例由于构成工程造价的各要素占比不同,需要具体对比计算。

### (三)按造价形成划分建筑安装工程费用项目构成和计算

建筑安装工程费按照工程造价形成,由分部分项工程费、措施项目费、其他项目费、规费和税金组成。

#### 1.分部分项工程费

分部分项工程费是指各专业工程的分部分项工程应予列支的各项费用。分部分项工程是指按现行国家计量规范对各专业工程划分的项目,是分部工程和分项工程的总称。如房屋建筑与装饰工程可划分为土石方工程、地基处理与边坡支护工程、桩基工程、砌筑工程、钢筋及钢筋混凝土工程等。

#### 2.措施项目费

(1)措施项目费的组成。

措施项目费是指实际施工中必须发生的施工准备和施工过程中技术、生活、安全、环境保护等方面的费用。以《房屋建筑与装饰工程工程量计算标准》(GB/T 50854—2024)为例,措施项目费包括安全文明施工费、夜间施工增加费、非夜间施工照明费、二次搬运费、冬雨季施工增加费、地上及地下设施与建筑物的临时保护设费、已完工程及设备保护费、脚手架费、混凝土及钢筋混凝土模板及支架费、垂直运输费、超高施工增加费、大型机械进出场及安拆费、施工排水及降水费等。

① 安全文明施工费。

安全文明施工费的主要内容如表 1.3 所示。

**表 1.3　安全文明施工费的内容**

| 项目名称 | 工作内容及包含范围 |
|---|---|
| 环境保护 | 现场施工机械降低噪音、防扰民措施费用 |
| | 水泥和其他易飞扬细颗粒建筑材料密闭存放或采取覆盖措施等费用 |
| | 工程防扬尘洒水费用 |
| | 土石方、建渣外运车辆防护措施费用 |
| | 现场污染源控制、生活垃圾清理外运、场地排水排污措施的费用 |
| | 其他环境保护措施费用 |
| 文明施工 | "五牌一图"的费用 |
| | 现场围挡的墙面美化(包括内外墙粉刷、刷白、标语等)、压顶装饰费用 |
| | 现场厕所便槽刷白、贴面砖,水泥砂浆地面或地砖费用,建筑物内临时便溺设施费用 |
| | 其他施工现场临时设施的装饰装修、美化措施费用 |
| | 现场生活卫生设施费用 |
| | 符合卫生要求的饮水设备、淋浴、消毒等设施费用 |
| | 生活用洁净燃料费用 |
| | 防煤气中毒、防蚊虫叮咬等措施费用 |
| | 施工现场操作场地的硬化费用 |
| | 现场绿化费用、治安综合治理费用 |
| | 现场配备医药保健器材、物品费用和急救人员培训费用 |
| | 用于现场工人的防暑降温费、电风扇、空调等设备及用电费用 |
| | 其他文明施工措施费用 |
| 安全施工 | 安全资料、特殊作业专项方案的编制,安全施工标志的购置及安全宣传的费用 |
| | "三宝"(安全帽、安全带、安全网)、"四口"(楼梯口、电梯井口、通道口、预留洞口)、"五临边"(阳台围边、楼板围边、屋面围边、槽坑围边、卸料平台两侧)、水平防护架、垂直防护架、外架封闭等防护的费用 |
| | 施工安全用电的费用,包括配电箱三级配电、两级保护装置要求、外电保护措施 |
| | 起重机、塔吊等起重设备(含井架、门架)及外用电梯的安全防护措施(含警示标志)费用及卸料平台的临边防护、层间安全门、防护棚等设施费用 |
| | 建筑工地起重机械的检验检测费用 |
| | 施工机具防护棚及其围栏的安全保护设施费用 |
| | 施工安全防护通道的费用 |
| | 工人的安全防护用品、用具购置费用 |

续表

| 项目名称 | 工作内容及包含范围 |
|---|---|
| 安全施工 | 消防设施与消防器材的配置费用 |
| | 电气保护、安全照明设施费 |
| | 其他安全防护措施费用 |
| 临时设施 | 施工现场采用彩色、定型钢板,砖、砼砌块等围挡的安砌、维修、拆除费或摊销费 |
| | 施工现场临时建筑物、构筑物的搭设、维修、拆除或摊销的费用,如临时宿舍、办公室、食堂、厨房、厕所、诊疗所、临时文化福利用房、临时仓库、加工场、搅拌台、临时简易水塔、水池等 |
| | 施工现场临时设施的搭设、维修、拆除或摊销的费用,如临时供水管道、临时供电管线、小型临时设施等 |
| | 施工现场规定范围内临时简易道路铺设,临时排水沟、排水设施安砌、维修、拆除费用 |
| | 其他临时设施搭设、维修、拆除费用 |

② 夜间施工增加费,是指因夜间施工所发生的夜班补助费、夜间施工降效、夜间施工照明设备摊销及照明用电等费用。

③ 非夜间施工照明费,是指为保证工程施工正常进行,在地下室等特殊施工部位施工时所采用的照明设备的安拆、维护及照明用电等费用。

④ 二次搬运费,是指因施工管理需要或场地狭小等原因,导致不能一次搬运到位,必须发生的二次或多次搬运所需的费用。

⑤ 冬雨季施工增加费,是指因冬雨季天气原因导致施工效率降低,加大投入而增加的费用,以及确保冬雨季施工质量和安全而采取的保温、防雨等措施所需的费用。

⑥ 已完工程及设备保护费,是指竣工验收前,对已完工程及设备采取的覆盖、包裹、封闭、隔离等必要保护措施所发生的费用。

⑦ 脚手架费,是指施工需要的各种脚手架的搭建、拆除、运输费用以及脚手架购置费的摊销(或租赁)费用。通常包括以下内容:a) 施工时可能发生的场内、场外材料搬运费用;b) 搭建、拆除脚手架、斜道、上料平台的费用;c) 安全网的铺设费用;d) 拆除脚手架后材料的堆放费用。

⑧ 混凝土模板及支架(撑)费,是指混凝土施工过程中需要的各种钢模板、木模板、支架等的支拆、运输费用及模板、支架的摊销(或租赁)费用。内容由以下各项组成:a) 混凝土施工过程中各种模板的制作费用;b) 模板安装、拆除、整理堆放及场内外运输费用;c) 清理模板黏结物及模内杂物、刷隔离剂等费用。

⑨ 垂直运输费,是指现场所用材料、机具从地面运至相应高度以及职工人员上下工作面等所发生的运输费用。内容由以下各项组成:a) 垂直运输机械的固定装置、基础制作、安装费;b) 行走式垂直运输机械轨道的铺设、拆除、摊销费。

⑩ 超高施工增加费,是指当单层建筑物檐口高度超过 20 m,多层建筑物超过 6 层时,可计算。内容由以下各项组成:a) 建筑物超高引起的人工工效降低以及由于人工工效降低引起的机械降效费;b) 高层施工用水加压水泵的安装、拆除及工作台班费;c) 通讯联络设备的使用及摊销费。

⑪ 施工排水、降水费,是指由成井和排水、降水两个独立的费用项目组成。

⑫ 其他费用,是指工程定位复测费和特殊地区施工增加费等。

(2) 措施项目费的计算。

① 应予计量的措施项目。

a) 脚手架费通常按照建筑面积或垂直投影面积以 m² 计算。

b) 混凝土模板及支架(撑)费通常按照模板与现浇混凝土构件的接触面积以 m² 计算。

c) 垂直运输费可根据不同情况用两种方法进行计算:其一,按照建筑面积以 m² 为单位计算;其二,按照施工工期日历天数以天为单位计算。

d) 超高施工增加费通常按照建筑物超高部分的建筑面积以 m² 为单位计算。

e) 大型机械设备进出场及安拆费通常按照机械设备的使用数量以台次为单位计算。

f) 施工排水、降水费分两个不同的独立部分计算:其一,成井费用通常按照设计图示尺寸以钻孔深度按米计算;其二,排水、降水费用通常按照排水、降水日历天数以昼夜计算。

② 不宜计量的措施项目。

a) 安全文明施工费。计算公式为安全文明施工费＝计算基数×费率(%)。

计算基数应为定额基价(定额分部分项工程费＋定额中可以计量的措施项目费)、定额人工费或定额人工费与施工机具使用费之和。

b) 其余不宜计量的措施项目。计算公式为措施项目费＝计算基数×费率(%),其包括夜间施工增加费、非夜间施工照明费等。

计算基数应为定额人工费或定额人工费与定额施工机具使用费之和,其费率由工程造价管理机构根据各专业工程特点和调查资料综合分析后确定。

**工程实例**

### 佛山地铁坍塌重大事故

2018 年 2 月 7 日,广东省佛山市轨道交通 2 号线一期工程土建一标段,湖涌站至绿岛湖站盾构区间右线工地突发透水,引发隧道及路面坍塌,造成 11 人死亡、1 人失踪、8 人受伤,直接经济损失约 5323.8 万元。调查组对 33 名责任人员提出了处理意见:其中,免予追究责任 1 人(已在事故中死亡);公安机关已对 2 名企业人员立案侦查并采取强制措施;对 16 名央企相关人员,2 名地方企业相关人员以及 11 名地方政府及其相关职能部门的公职人员给予相应的党纪政务处分和问责处理;另案处理 1 人。由安全监管部门依法对事故施工单位及其主要负责人实施行政处罚,由佛山市交通行政主管部门依法对事故劳务公司、本标段的监理公司的违法行为作出处理。

当项目安全生产正常运行时,项目成本处于受控状况;当安全生产出现问题,随着事故的发生而导致的人员伤亡所需的费用支出,以及由于事故发生而造成的停工、材料用量的增大、工期的延误,都必然对企业的成本、利润产生极大的影响。重大事故的发生甚至会使企业走向终结。

另外,安全事故的发生会使发包人方感到承包商内部管理混乱,缺乏安全感和可信度,直接影响企业的商业信誉,从而改变双方良好的合作关系,导致工程项目合同难以续签,最后承包商无法承揽后续工程项目等,使承包商面临困境。

3.其他项目费

（1）暂列金额，是指建设单位在工程量清单中暂定并包括在工程合同价款中的一笔款项。主要用于施工合同签订时尚未确定或者不可预见的所需材料、工程设备、服务采购，施工中可能发生的工程变更、合同约定调整因素出现时的工程价款调整以及发生的索赔、现场签证确认等的费用。暂列金额由建设单位根据工程特点，按有关计价规定估算，施工过程中由建设单位掌握使用，扣除合同价款调整后如有余额，归建设单位所有。采用一般计税法时，暂列金额为不含进项税额的费用；采用简易计税法时，暂列金额为含进项税额的费用。

（2）暂估价，是指招标人在工程量清单中提供的，用于支付必然发生但暂时不能确定价格的材料单价以及专业工程的金额。暂估价分为材料暂估单价、工程设备暂估单价、专业工程暂估价。采用一般计税法时，专业工程暂估价为不含进项税额的费用；采用简易计税法时，专业工程暂估价为含进项税额的费用。

（3）计日工，是指在施工过程中，施工企业完成建设单位提出的施工图纸以外的零星项目或工作所需的费用，按照合同中约定的单价计价形成的费用。计日工由建设单位和施工单位按施工过程中形成的有效签证来计价。

（4）总承包服务费，是指总承包人为配合、协调建设单位进行的专业工程发包，对建设单位自行采购的材料、工程设备等进行保管，以及施工现场管理、竣工资料汇总整理等服务所需的费用。总承包服务费由建设单位在招标控制价中根据总包范围和有关计价规定编制，施工单位投标时自主报价，施工过程中按签约合同价执行。

4.规费和税金

【例1.1】　某工程项目中分项工程和单价措施项目的造价数据如表1.4所示。分项工程和单价措施项目的管理费和利润为人材机费用之和的15%。总价措施项目费用9万元（其中含安全文明施工费3万元），暂列金额12万元。规费为分项工程和单价措施项目费的人材机费用之和的10%，一般计税法增值税税率为9%。该项目建筑安装工程费为多少万元？

表1.4　分项工程和单价措施项目的造价数据

| 名称 | 工程量 | 综合单价 | 合价/万元 |
|---|---|---|---|
| A | 600 m³ | 180 元/m³ | 10.8 |
| B | 900 m³ | 360 元/m³ | 32.4 |
| C | 1000 m³ | 280 元/m³ | 28.0 |
| D | 600 m³ | 90 元/m³ | 5.4 |
| 合计 | | | 76.6 |

**解**　（1）分项工程和单价措施项目费用之和为76.6万元

其中：人材机费用＝76.6/(1+15%)＝66.609(万元)

（2）总价措施项目费用为9万元

（3）其他项目费＝暂列金额＝12(万元)

（4）规费＝66.609×10%＝6.661(万元)

（5）增值税＝(76.6+9+12+6.661)×9%＝9.383(万元)

建筑安装工程费＝76.6＋9＋12＋6.661＋9.383＝113.644(万元)

【例1.2】 根据湖北某房屋建筑工程分部分项工程和单价措施项目的工程量,以及《房屋建筑与装饰工程消耗量定额》中的消耗指标,进行工料分析计算得出,各项资源消耗及该地区相应的市场价格(单价均为不包含增值税可抵扣进项税额的价格)。据此计算出该工程的人工费3400000元、材料费15000000元和施工机具使用费2600000元。依据湖北相关定额,应用实物量法编制该基础工程的施工图预算(定额计价)。

解　　　　　分部分项工程和单价措施项目的人材机费用之和

$$=3400000＋15000000＋2600000$$

$$=21000000(元)$$

总价措施项目费 ＝安全文明施工费＋其他总价措施项目费

$$=(3400000＋2600000)×(13.64\%＋0.7\%)$$

$$=860400(元)$$

湖北某房屋建筑工程基础施工图预算费用构成表如表1.5所示。

表1.5　湖北某房屋建筑工程基础施工图预算费用构成表

| 序号 | 费用名称 | 费用计算表达式 | 金额/元 |
|---|---|---|---|
| 1 | 分部分项工程和单价措施项目的人材机费用之和 | 人工费＋材料费＋施工机具使用费 | 21000000 |
| 2 | 总价措施项目费 | 安全文明施工费＋其他总价措施项目费＝(3400000＋2600000)×(13.64%＋0.7%) | 860400 |
| 3 | 企业管理费 | (3400000＋2600000)×28.27% | 1696200 |
| 4 | 利润 | (3400000＋2600000)×19.73% | 1183800 |
| 5 | 规费 | (3400000＋2600000)×26.85% | 1611000 |
| 6 | 税金 | (1+2+3+4+5)×9%＝(21000000＋860400＋1696200＋1183800＋1611000)×9% | 2371626 |
| 7 | 预算造价 | 1+2+3+4+5+6 | 28723026 |

## 二、国外建筑安装构成费的构成

(1)人工费,是指国外一般工程施工的工人按技术要求划分为高级技工、熟练工、半熟练工和壮工。当工程价格采用平均工资计算时,要按各类工人总数的比例进行加权计算。人工费应包括工资、加班费、津贴、招雇解雇费用等。

(2)材料费,是指包括材料原价、运杂费、税金、运输损耗及采购保管费、预涨费。

(3)大型自有机械台时单价,是指一般由每台时应摊折旧费、应摊维修费、台时消耗的能源和动力费、台时应摊的驾驶工人工资,以及工程机械设备险投保费、第三者责任险投保费等组成。

(4)管理费,是指工程现场管理费和公司管理费。管理费包括工作人员工资、工作人员辅助工资、办公费、差旅交通费、固定资产使用费、生活设施使用费、工具用具使用费、劳动保护费、检验试验费、业务经费。业务经费包括广告宣传费、交际费、业务资料费、业务所需手续费、代理人费用和佣金、保险费(包括建筑安装工程一切险投保费、第三者责任险投保费等)以及银行贷款利息。

(5) 开办费,是指单项工程建筑安装工程量越大,开办费在工程价格中的比例就越小。开办费包括施工用电、用水、机具费、清理费,周转材料摊销费,临时设施摊销费,驻工地工程师办公费,现场实验费,其他开办费。

国外建筑安装工程费用构成如图 1.5 所示。

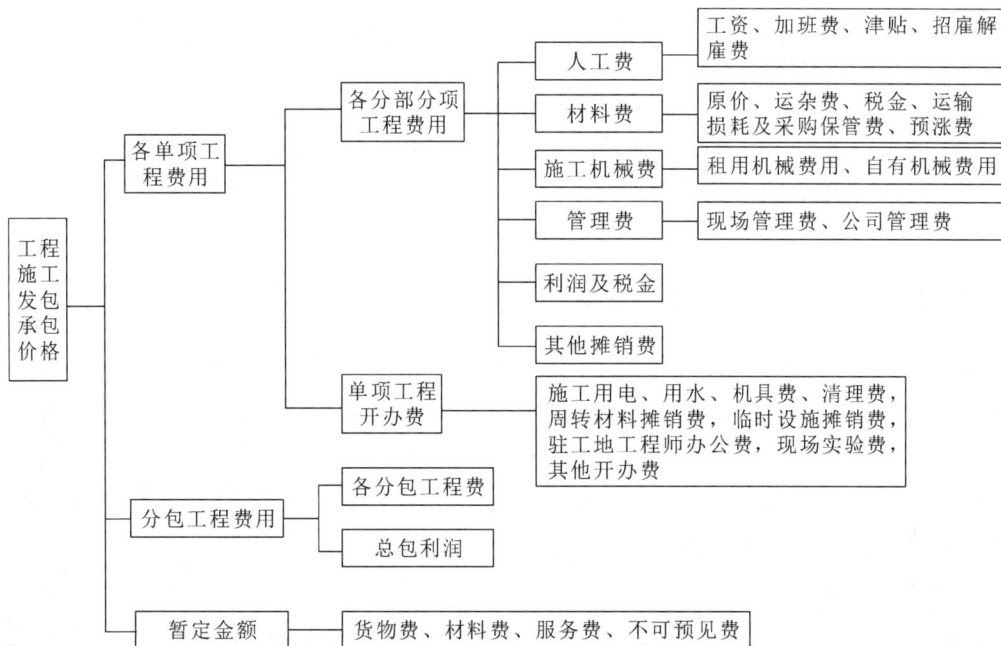

图 1.5　国外建筑安装工程费用构成

(6) 上述构成造价的各项费用体现在承包商投标报价中有三种形式:组成分部分项工程单价、单独列项、分摊进单价。

① 组成分部分项工程单价。人工费、材料费和机械费直接消耗在分部分项工程上,在费用和分部分项工程之间存在着直观的对应关系,所以人工费、材料费和机械费组成分部分项工程单价,单价与工程量相乘得出分部分项工程价格。

② 单独列项。开办费中的项目如临时设施、为业主提供的办公和生活设施、脚手架等费用,经常在工程量清单的开办费部分单独分项报价。

③ 分摊进单价。承包商总部管理费、利润和税金,以及开办费中的项目经常以一定的比例分摊进单价。

## 学习任务 3　设备及工器具购置费用的构成和计算

设备及工、器具购置费由设备购置费和工具、器具及生产家具购置费组成,是固定资产投资中的积极部分。其在工程造价中比重增大,意味着生产技术的进步和资本有机构成的提高。

## 一、设备购置费的构成与计算

设备购置费是指为了建设项目购置或自制的达到固定资产标准的各种国产或进口设备、工具、器具的购置费用。设备购置费由设备原价和设备运杂费构成。其中,设备原价按设备的来源不同可分为国产标准设备原价、国产非标准设备原价、进口设备原价;设备运杂费是指除设备原价以外的关于设备采购、包装、运输及仓库保管等方面支出费用的总和。设备购置费的计算公式为

$$设备购置费＝设备原价＋设备运杂费$$

注:设备原价通常包含备品备件费在内。

## 二、国产设备原价的构成与计算

国产设备原价一般是指设备制造厂的交货价或订货合同价。其价格一般由生产厂或供货商的询价、报价、合同价确定,或采用一定的方法计算出来。国产设备可分为国产标准设备和国产非标准设备。国产标准设备原价可通过查询相关交易市场价格或向设备生产厂家询价得到;对于国产非标准设备,常用的计价方法有成本计算估价法、系列设备插入估价法、分部组合估价法、定额估价法等。

1.国产标准设备原价

国产标准设备是指按照主管部门颁布的标准图纸和技术要求,由我国设备生产厂批量生产的,且符合国家质量检验标准的设备。国产标准设备原价可分为带备件的原价和不带备件的原价。计算时通常采用带备件的原价。

2.国产非标准设备原价

国产非标准设备是指国家尚无定型标准,各设备生产厂在生产过程中不可能采用批量生产,只能按一次订货,并根据具体的设计图纸制造的设备。国产非标准设备的计算方法很多,不论采用哪种方法都应使非标准设备的计价接近实际出厂价,并且计算方法简便。在成本计算估价法中,非标准设备的原价由材料费、加工费、辅助材料费、专用工具费、废品损失费、外购配套件费、包装费、利润、税金及非标准设备设计费构成。按成本计算估价法,非标准设备原价的计算公式为

单台非标准设备原价＝{[(材料费＋加工费＋辅助材料费)×(1＋专用工具费率)×(1＋废品损失费率)＋外购配套件费]×(1＋包装费率)－外购配套件费}×(1＋利润率)＋外购配套件费＋销项税额＋非标准设备设计费

注:在用成本计算估价法计算非标准设备原价时,外购配套件费计取包装费,但不计取利润;非标准设备设计费独立计算,与其他9项费用无关。销项税额＝销售额×适用增值税税率,销售额为前8项费用之和。国产非标准设备原价组成如表1.6所示。

表 1.6　国产非标准设备原价组成

| 费用编号 | 费用名称 | 计算公式 | 备注 |
|---|---|---|---|
| ① | 材料费 | 材料净重×(1+加工损耗系数)×每吨材料综合价 | |
| ② | 加工费 | 设备总质量(吨)×设备每吨加工费 | |
| ③ | 辅助材料费 | 设备总质量×辅助材料费指标 | |
| ④ | 专用工具费 | (①+②+③)×专用工具费率 | |
| ⑤ | 废品损失费 | (①+②+③+④)×废品损失费率 | |
| ⑥ | 外购配套件费 | 相应的购买价格+运杂费 | |
| ⑦ | 包装费 | (①+②+③+④+⑤+⑥)×包装费率 | 计算包装费时应加上外购配套件费 |
| ⑧ | 利润 | (①+②+③+④+⑤+⑦)×利润率 | 不计外购配套件费 |
| ⑨ | 税金 | 销项税额=销售额×适用增值税税率 | 主要指增值税,销售额为前8项之和 |
| ⑩ | 非标准设备设计费 | 按国家规定的设计费收费标准计算 | |

【**例 1.3**】　某工厂采购一台国产非标准设备,已知制造厂生产该台设备所用材料费 20 万元,加工费 2 万元,辅助材料费 4000 元(即 0.4 万元),专用工具费率 1.5%,废品损失费率 10%,外购配套件费 5 万元,包装费率 1%,利润率 7%,增值税率 13%,非标准设备设计费 2 万元,求该国产非标准设备的原价。

**解**　　　　专用工具费=(20+2+0.4)×1.5%=0.336(万元)

废品损失费=(20+2+0.4+0.336)×10%=2.274(万元)

包装费=(22.4+0.336+2.274+5)×1%=0.300(万元)

利润=(22.4+0.336+2.274+0.3)×7%=1.772(万元)

销项税额=(22.4+0.336+2.274+5+0.3+1.772)×13%=4.171(万元)

该国产非标准设备的原价=22.4+0.336+2.274+0.3+1.772+4.171+2+5

=38.253(万元)

## 三、进口设备的交易价格

### 1.进口设备的交货类别

进口设备的交货类别根据交货地点的不同可分为内陆交货类、装运港交货类和目的地交货类。进口设备由于交货地点的不同,卖方与买方所承担的责任和风险也不同。

(1)内陆交货类,即卖方在出口国内陆的某个地点交货。在交货地点,卖方及时提交合同规定的货物和有关凭证,并承担交货前的一切费用和风险。买方按时接受货物,交付货款,并承担接货后的一切费用和风险,还需自行办理出口手续和装运出口。货物的所有权也在交货后由卖方转交给买方。

(2) 装运港交货类,即卖方在出口国装运港交货,主要有装运港船上交货价(FOB)、运费在内价(CFR)、运费、保险费在内价(CIF)。其中,FOB 习惯称离岸价格;CIF 习惯称到岸价格,又称关税完税价格。它们的特点是卖方按照约定的时间在装运港交货,只要卖方把规定的货物装船后提供货运单据便完成交货任务,可凭单据收取货款。装运港船上交货价是我国进口设备中采用最多的一种交货价。采用船上交货价时,卖方的责任是在规定的期限内,负责在合同规定的装运港口将货物装上买方指定的船只,并及时通知买方;承担货物装船前的一切费用和风险;负责办理出口手续;提供出口国政府或有关方面签发的证件;负责提供有关装运单据。采用船上交货价时,买方的责任是负责租船和订舱,支付运费,并将船期、船名通知卖方,负责货物装船后的一切费用和风险;负责办理保险及支付保险费,办理在目的港的进口和收货手续,接受卖方提供的有关装运单据,并按合同规定支付货款。

(3) 目的地交货类,即卖方在进口国的港口或内地交货。主要有目的港船上交货价、目的港船边交货价(FOS)和目的港码头交货价(关税已付)及完税后交货价(进口国的指定地点)等几种交货价。它们的特点是买卖双方承担的风险、责任是以目的地约定交货点为分界线,只有当卖方在交货点将货物置于买方的控制下才算交货,才能向买方收取货款。这种交货类别对卖方来说承担的风险大,在国际贸易中卖方一般不愿采用。

在国际贸易中,较为广泛使用的交易价格术语有 FOB、CFR 和 CIF。设备抵岸价、FOB 和 CIF 的关系如图 1.6 所示。

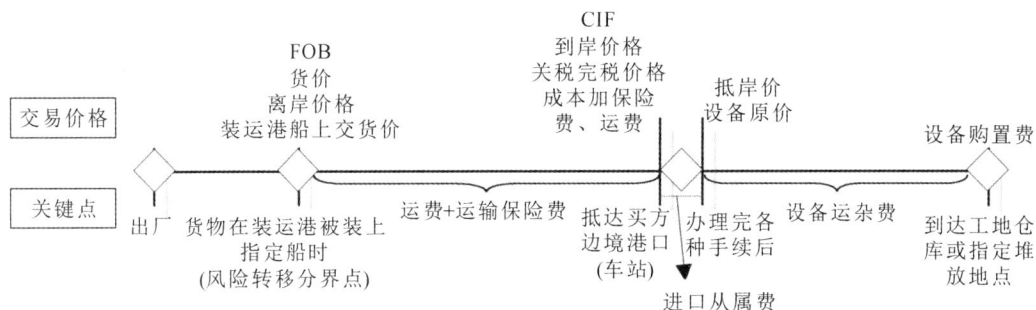

图 1.6　设备抵岸价、FOB 和 CIF 的关系

(1) FOB(free on board),意为装运港船上交货,亦称为离岸价格。FOB 术语是指货物在装运港被装上指定船时,卖方即完成交货义务。风险转移以货物在装运港被装上指定船时为分界点。费用划分与风险转移的分界点相一致。

(2) CFR(cost and freight),意为成本加运费,亦称为运费在内价。CFR 是指货物在装运港被装上指定船时,卖方即完成交货,卖方必须支付将货物运至指定的目的港所需的运费和费用,但交货后货物灭失或损坏的风险,以及由于各种事件造成的任何额外费用,均由卖方转移到买方。与 FOB 价格相比,CFR 的费用划分与风险转移的分界点是不一致的。

(3) CIF(cost insurance and freight),意为成本加保险费、运费,亦称为到岸价格。在 CIF 术语中,卖方除负有与 CFR 相同的义务外,还应办理货物在运输途中最低险别的海运保险,并应支付保险费。如买方需要更高的保险险别,则需要与卖方明确地达成协议,或者自行做出额外的保险安排。除保险这项义务之外,卖方的义务也与 CFR 相同。常用国际贸易术语对比表如表 1.7 所示。

表 1.7　常用国际贸易术语对比表

| 术语名称 | 交货地点 | 风险转移 | 办理运输 | 办理保险 | 出口手续 | 进口手续 |
|---|---|---|---|---|---|---|
| FOB | 装运港船上 | 货物在装运港装上船时 | 买方 | 买方 | 卖方 | 买方 |
| CFR | 装运港船上 | 货物在装运港装上船时 | 卖方 | 买方 | 卖方 | 买方 |
| CIF | 装运港船上 | 货物在装运港装上船时 | 卖方 | 卖方 | 卖方 | 买方 |

FOB、CFR、CIF 的区别如表 1.8 所示。

表 1.8　FOB、CFR、CIF 术语对比表

| 术语 | 解释 |
|---|---|
| FOB(离岸价) | 货物在装运港被装上指定船只时,卖方完成交货,风险转移。<br>费用与风险划分点一致 |
| CFR(运费在内价) | 货物在装运港被装上指定船时,卖方完成交货,风险转移。<br>但卖方需要支付海上运费,费用与风险划分点不一致 |
| CIF(到岸价) | 卖方的义务与 CFR 相同,还应办理货物在运输途中最低险别的海运保险,并应支付保险费。如买方需要更高的保险险别,则需要与卖方明确地达成协议,或者自行做出额外的保险安排。除保险这项义务之外,卖方的义务也与 CFR 相同 |

2.进口设备原价的构成与计算

进口设备的原价是指进口设备的抵岸价,即抵达买方边境港口或边境车站,且交完关税为止形成的价格。通常是由进口设备到岸价(CIF)和进口从属费构成,其计算公式为

进口设备原价(抵岸价)=货价+国际运费+运输保险费+银行财务费+外贸手续费+关税+增值税+消费税+海关监管手续费+车辆购置附加费

(1) 进口设备到岸价。

$$进口设备到岸价(CIF)=离岸价格(FOB)+国际运费+运输保险费$$
$$=运费在内价(CFR)+运输保险费$$

式中:货价为装运港船上交货价(FOB 价)。设备货价分为原币货价和人民币货价,原币货价一律折算为美元表示,人民币货价按原币货价乘以外汇市场美元兑换人民币中间价确定。国际运费为从装运港(站)到我国抵达港(站)的运费。我国进口设备大部分采用海洋运输方式,小部分采用铁路运输,个别采用航空运输。进口设备国际运费的计算公式为

$$国际运费(海、陆、空)=原币货价(FOB 价)\times 运费率$$
$$国际运费(海、陆、空)=运量\times 单位运价$$

式中:运费率或单位运价参照有关部门或进出口公司的规定执行。

运输保险费是一种财产保险,指对外贸易货物运输保险是由保险人(保险公司)与被保险人(出口人或进口人)订立保险契约,在被保险人交付议定的保险费后,保险人根据保险契约的规定对货物在运输过程中发生的承保范围内的损失给予经济上的补偿,其计算公式为

$$运输保险费=\frac{原币货价(FOB)+国际运费}{1-保险费率}\times 保险费率$$

运输保险费公式的理解：

$$到岸价＝货价＋国际运费＋运输保险费$$

$$运输保险费率＝运输保险费/到岸价$$

$$运输保险费＝到岸价×运输保险费率$$

进口货物到岸价构成与保险费计算关系如图 1.7 所示。

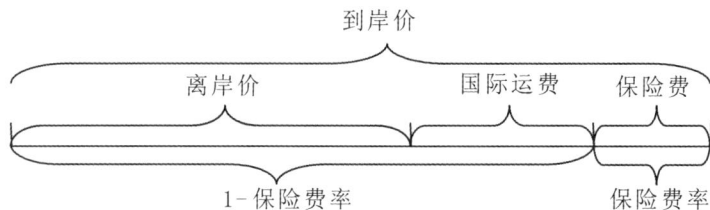

图 1.7　进口货物到岸价构成与保险费计算关系

（2）进口从属费。

进口从属费＝银行财务费＋外贸手续费＋关税＋消费税＋进口环节增值税＋车辆购置税

① 银行财务费，是指中国银行手续费，银行财务费率一般取 0.4％～0.5％，其计算公式为

$$银行财务费＝离岸价格×人民币外汇汇率×银行财务费率$$

② 外贸手续费，是指按对外经济贸易部规定的外贸手续费率计算的费用，外贸手续费率一般取 1.5％，其计算公式为

$$外贸手续费＝到岸价格×人民币外汇汇率×外贸手续费率$$

③ 关税，是指由海关对进入国境或关境的货物和物品征收的一种税，进口关税税率分为优惠税率和普通税率两种。优惠税率适用于与我国签订有关税互惠条款的贸易条约或协定的国家的进口设备。进口关税税率按我国海关总署发布的进口关税税率计取，其计算公式为

$$关税＝到岸价格（CIF）×人民币外汇汇率×进口关税税率$$

④ 消费税，是指对部分进口设备（如轿车、摩托车等）征收的一种税，消费税税率根据规定的税率计取，其计算公式为

$$应纳消费税税额＝\frac{到岸价格（CIF）×人民币外汇汇率＋关税}{1－消费税税率}×消费税税率$$

⑤ 进口产品增值税，是指对从事进口贸易的单位和个人，在进口商品报关进口后征收的税种。《中华人民共和国增值税暂行条例》规定，进口应税产品均按组成计税价格和增值税税率直接计算应纳税额，增值税税率根据规定的税率计算，其计算公式为

$$进口产品增值税额＝组成计税价格×增值税税率$$

$$组成计税价格＝关税完税价格＋关税＋消费税$$

⑥ 进口车辆购置税，是指进口车辆需缴纳的进口车辆购置税，其计算公式为

$$进口车辆购置税＝（关税完税价格＋关税＋消费税）×车辆购置税率$$

注:到岸价格作为关税的计征基数时,通常又可称为关税完税价格,由离岸价格(FOB)＋国际运费＋运输保险费组成。

## 四、设备运杂费

设备运杂费是指国内采购设备自来源地、国外采购设备自到岸港运至工地仓库或指定堆放地点发生的采购、运输、运输保险、保管、装卸等费用。主要由运费和装卸费、包装费、设备供销部门手续费、采购与保管费组成。

国产设备的运费和装卸费是指由设备制造厂交货地点起至工地仓库(或施工组织设计指定的需要安装设备的堆放地点)止所发生的运费和装卸费;进口设备的运费和装卸费则是指由我国到岸港口或边境车站起至工地仓库(或施工组织设计指定的需安装设备的堆放地点)止所发生的运费和装卸费。

包装费是指设备原价中没有包含的,为运输而进行的包装支出的各种费用。

设备供销部门的手续费,按有关部门规定的统一费率计算。

采购与仓库保管费是指采购、验收、保管和收发设备时所发生的各种费用,包括设备采购人员、保管人员和管理人员的工资、工资附加费、办公费、差旅交通费,以及设备供应部门办公和仓库所占固定资产使用费、工具用具使用费、劳动保护费、检验试验费等。这些费用可按主管部门规定的采购与保管费率计算。

设备运杂费按设备原价乘以设备运杂费率计算,其计算公式为

$$设备运杂费＝设备原价×设备运杂费率$$

其中,设备运杂费率按各部门及省、市的有关规定计取。

## 五、工具、器具及生产家具购置费的构成及计算

工具、器具及生产家具购置费,是指新建或扩建项目在初步设计阶段所规定的,为保证初期正常生产必须购置的没有达到固定资产标准的设备、仪器、工卡模具、器具、生产家具和备品备件等的购置费用。一般以设备购置费为计算基数乘以相应的费率计算,其计算公式为

$$工具、器具及生产家具购置费＝设备购置费×定额费率$$

【例1.4】　从某国进口应纳消费税的设备,重1000 t,装运港船上交货价为400万美元,工程建设项目位于国内某省会城市。如果国际运费标准为300美元/t,海上运输保险费费率为3‰,银行财务费费率为5‰,外贸手续费费率为1.5%,关税税率为22%,增值税税率为17%,消费税税率为10%,银行外汇牌价为1美元＝6.3元人民币,试对该设备的原价进行估算。

**解**　　　　　　进口设备 FOB＝400×6.3＝2520(万元)

国际运费＝300×1000×6.3＝189(万元)

$$海运保险费 = \frac{2520 + 189}{1 - 0.3‰} \times 0.3‰ = 8.15(万元)$$

$$CIF = 2520 + 189 + 8.15 = 2717.15(万元)$$

$$银行财务费 = 2520 \times 5‰ = 12.6(万元)$$

$$外贸手续费 = 2717.15 \times 1.5\% = 40.76(万元)$$

$$关税 = 2717.15 \times 22\% = 597.77(万元)$$

$$消费税 = \frac{2727.15 + 597.77}{1 - 10\%} \times 10\% = 368.32(万元)$$

$$增值税 = (2717.15 + 597.77 + 368.32) \times 17\% = 626.15(万元)$$

$$进口从属费 = 12.6 + 40.76 + 597.77 + 368.32 + 626.15 = 1645.6(万元)$$

$$进口设备原价 = 2717.15 + 1645.6 = 4362.75(万元)$$

# 学习任务 4　其他费用

## 一、工程建设其他费用

工程建设其他费用是指工程项目从筹建到竣工验收交付使用止的整个建设期间,除建筑安装工程费用、设备及工器具购置费以外,为保证工程顺利完成和交付使用后能够正常发挥效用而发生的一些费用。

### (一)建设用地费

#### 1.建设用地取得的基本方式

主要是出让方式和划拨方式,可能还包括租赁和转让等其他方式。

(1)通过出让方式获取土地使用权。通过出让方式获取土地使用权又可以分成两种具体方式:一是通过招标、拍卖、挂牌等竞争出让方式获取国有土地使用权;二是通过协议出让方式获取国有土地使用权。各类经营性用地或同一宗地有两个以上意向用地者,应当采用招标、拍卖或者挂牌方式。

(2)通过划拨方式获取土地使用权。可以以划拨方式取得土地的建设用地包括:① 国家机关用地和军事用地;② 城市基础设施用地和公益事业用地;③ 国家重点扶持的能源、交通、水利等基础设施用地;④ 法律、行政法规规定的其他用地。因企业改制、土地使用权转让或者改变土地用途等不再符合本目录的,应当实行有偿使用。

#### 2.建设用地取得的费用

通过划拨方式取得的,需承担征地补偿费用或对原用地单位或个人的拆迁补偿费用;通过出让方式取得的,除以上费用外,还需向土地所有者支付有偿使用费,即土地出让金。

（1）征地补偿费用。内容主要包括土地补偿费、青苗补偿费和地上附着物补偿费、安置补助费、新菜地开发建设基金、耕地占用税、土地管理费等。

（2）拆迁补偿费。通常发生在城市规划区内,内容主要包括拆迁补偿金和搬迁、安置补助费。

（3）出让金、土地转让金。在有偿出让和转让土地时,政府对地价不作统一规定,但应坚持以下原则:① 地价对目前的投资环境不产生大的影响;② 地价与当地的社会经济承受能力相适应。地价要考虑已投入的土地开发费用、土地市场供求关系、土地用途、使用区类、容积率和使用年限等。

**（二）与项目建设有关的其他费用**

与项目建设有关的其他费用包括建设管理费,可行性研究费、研究试验费、勘察设计费、专项评价及验收费、场地准备及临时设施费、引进技术和引进设备其他费、工程保险费、特殊设备安全监督检验费、市政公用设施费等。其中,工程监理费、可行性研究费、勘察设计费、专项评价及验收费均实行市场调节价。以下是一些需要重点注意的费用。

1. 建设管理费

建设管理费是由建设单位管理费、工程监理费和工程总承包管理费组成。建设单位管理费按照工程费用之和乘以建设单位管理费费率来计算。

2. 研究试验费

研究试验费是指为建设项目提供和验证设计参数、数据、资料等所进行的必要试验费用,以及设计规定在施工中必须进行试验、验证所需的费用。包括自行或委托其他部门研究试验所需的人工费、材料费、试验设备及仪器使用费等。在计算时要注意不应包括以下项目:

（1）应由科技三项费用（即新产品试制费、中间试验费和重要科学研究补助费）开支的项目;

（2）应在建筑安装费用中列支的施工企业对建筑材料、构件和建筑物进行一般鉴定、检查所发生的费用及技术革新的研究试验费;

（3）应由勘察设计费或工程费用开支的项目。

3. 专项评价及验收费

专项评价及验收费包括环境影响评价费、安全预评价及验收费、职业病危害预评价及控制效果评价费、地震安全性评价费、地质灾害危险性评级费、水土保持评价及验收费、压覆矿产资源评价费、节能评估及评审费、危险与可操作分析及安全完整性评价费以及其他专项评价及验收费。

4. 场地准备及临时设施费

场地准备费是指建设项目为使工程项目的建设场地达到开工条件,由建设单位组织进行的场地平整等准备工作而发生的费用。建设单位临时设施费是指建设单位为满足工程项目建设、生活、办公的需要,用于临时设施建设、维修、租赁、使用所发生或摊销的费用。

场地准备及临时设施费应尽量与永久性工程统一考虑。建设场地的大型土石方工程应归入工程费用中的总图运输费用。

新建项目的场地准备及临时设施费应根据实际工程量估算,或按工程费用的比例计算。改扩建项目一般只计拆除清理费。

**(三)与未来生产经营有关的其他费用**

与未来生产经营有关的其他费用包括联合试运转费、专利及专有技术使用费和生产准备费等。需重点掌握以下内容。

**1.联合试运转费**

联合试运转费是指新建项目或新增加生产能力的工程,在交付生产前按照批准的设计文件所规定的工程质量标准和技术要求,进行整个生产线或装置的负荷联合试运转或局部联动试车所发生的费用净支出(试运转支出大于收入的差额部分费用)。联合试运转费不包括应由设备安装工程费用开支的调试及试车费用,以及在试运转中暴露出来的因施工原因或设备缺陷等发生的处理费用。

**2.专利及专用技术使用费**

(1)国外设计及技术资料费、引进有效专利、专有技术使用费和技术保密费。

(2)国内有效专利、专有技术使用费。

(3)商标权、商誉和特许经营权费等。

**3.生产准备费**

建设单位为保证项目正常生产而发生的人员培训费、提前进厂费,以及投产使用必备的办公、生活家具用具及工器具等的购置费用。

## 二、预备费

按我国现行规定,预备费包括基本预备费和价差预备费。

**(一)基本预备费**

基本预备费是指投资估算或工程概算阶段预留的,由于工程实施中不可预见的工程变更及洽商、一般自然灾害处理、地下障碍物处理、超规超限设备运输等而可能增加的费用,亦可称为工程建设不可预见费。一般由以下四部分构成。

(1)工程变更及洽商的费用。在批准的初步设计范围内,技术设计、施工图设计及施工过程中所增加的工程费用;设计变更、工程变更、材料代用、局部地基处理等增加的费用。

(2)一般自然灾害处理的费用。一般自然灾害造成的损失和预防自然灾害所采取的措施费用。实行工程保险的工程项目,该费用应适当降低。

（3）不可预见的地下障碍物处理的费用。

（4）超规超限设备运输增加的费用。

基本预备费是按工程费用和工程建设其他费用二者之和为计取基础,乘以基本预备费费率进行计算。

### （二）价差预备费

价差预备费的内容包括:人工、设备、材料、施工机具的价差费;建筑安装工程费及工程建设其他费用调整产生的费用;利率、汇率调整等增加的费用,如图 1.8 所示。价差预备费的计算公式为

$$PF = \sum_{t=1}^{n} I_t \left[ (1+f)^m (1+f)^{0.5} (1+f)^{t-1} - 1 \right]$$

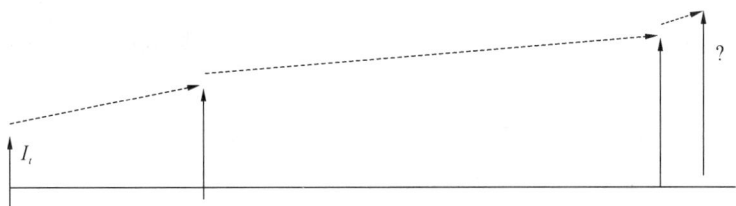

图 1.8　价差预备费

注:$I_t$ 是指建设期中第 $t$ 年的投资计划额,包括工程费用、工程建设其他费用及基本预备费,即第 $t$ 年的静态投资计划额。

年涨价率,政府部门有规定的按规定执行;没有规定的由可行性研究人员预测。

【例 1.5】　某建设项目建安工程费 5000 万元,设备购置费 3000 万元,工程建设其他费用 2000 万元,已知基本预备费率 5%,项目建设前期年限为 1 年,建设期为 3 年,各年投资计划额为第一年完成投资 20%,第二年完成投资 60%,第三年完成投资 20%。年均投资价格上涨率为 6%,求建设项目建设期间价差预备费。

解　　　　　基本预备费＝(5000＋3000＋2000)×5%＝500(万元)

静态投资＝5000＋3000＋2000＋500＝10500(万元)

建设期第一年完成投资＝10500×20%＝2100(万元)

第一年价差预备费:　　$PF_1 = I_1 \left[ (1+f)(1+f)^{0.5} - 1 \right] = 191.8$(万元)

第二年完成投资＝10500×60%＝6300(万元)

第二年价差预备费:　　$PF_2 = I_2 \left[ (1+f)(1+f)^{0.5}(1+f) - 1 \right] = 987.9$(万元)

第三年完成投资＝10500×20%＝2100(万元)

第三年价差预备费:　　$PF_3 = I_3 \left[ (1+f)(1+f)^{0.5}(1+f)^2 - 1 \right] = 475.1$(万元)

所以,建设期的价差预备费为 PF＝191.8＋987.9＋475.1＝1654.8(万元)。

### 三、建设期利息

建设期利息主要是指在建设期内发生的为工程项目筹措资金的融资费用及债务资金利

息。在计算国外贷款的利息时,年利率应综合考虑贷款协议中向贷款方加收的手续费、管理费、承诺费,以及国内代理机构向贷款方收取的转贷费、担保费和管理费等。

当总贷款是分年均衡发放时,建设期利息的计算可按当年借款在年中支用考虑,即当年贷款按半年计息,上年贷款按全年计息,其计算公式为

$$q_j = \left(P_{j-1} + \frac{1}{2}A_j\right) \cdot i$$

式中:$q_j$——建设期第 $j$ 年应计利息;

　　$P_{j-1}$——建设期($j-1$)年末累计贷款本金与利息之和;

　　$A_j$——建设期第 $j$ 年贷款金额;

　　$i$——年利率。

【例 1.6】　某新建项目,建设期为 3 年,分年均衡进行贷款,第一年贷款 300 万元,第二年贷款 600 万元,第三年贷款 400 万元,年利率为 12%,建设期内利息只计息不支付,计算建设期利息。

解　在建设期,各年利息计算如下:

$$q_1 = 1/2 \times A_1 \times i = 1/2 \times 300 \times 12\% = 18(万元)$$
$$q_2 = (p_1 + 1/2 \times A_2) \times i = (300 + 18 + 1/2 \times 600) \times 12\% = 74.16(万元)$$
$$q_3 = (p_2 + 1/2 \times A_3) \times i = (318 + 600 + 74.16 + 1/2 \times 400) \times 12\% = 143.06(万元)$$

所以,建设期利息 $= q_1 + q_2 + q_3 = 18 + 74.16 + 143.06 = 235.22(万元)$。

## 思政育人

　　从我国著名建筑的建设投入资金引入来看,如中国馆、鸟巢、大兴国际机场、港珠澳大桥等来分析这些建设项目投资的组成部分。通过中国承建孟加拉帕德玛大桥来讲解国产设备价格的构成与计算。大桥建设过程中使用的 70 多台超级装备都是中国制造,体现了中国综合国力、自主创新能力和勇创世界一流的民族志气。中国企业引进国际先进技术、理念及进口设备,可以助力我国产业结构转型升级,便于分析进口设备购置费的构成与计算。另外,工程项目的取费必须依据规范、遵循一定的计算规则,做其他事也一样,都要讲究规则。正所谓"不以规矩,不能成方圆",要做到有法可依,有法必依。其中"安全生产措施费"体现了国家以人为本的生产理念和保护环境的决心,作为未来建筑业的中坚力量,同学们应该感到自信与自豪,在平时的学习生活中也要提高安全和环境保护意识。

　　通过本单元内容的学习,可以激发学生民族自信心和自豪感,培育学生的爱国观,有助于学生深入了解中华民族的悠久历史和灿烂文化,以及在世界文明发展史上的巨大作用和突出贡献,引导学生从"知国"到"爱国",树立中华民族自尊心、社会责任感,具有强烈的忧患意识和爱国热情,并且把爱国之情转变为报国之志。

# 课后习题

## 一、单选题

1. 根据我国现行建设工程总投资及工程造价的构成,下列资金在数额上和工程造价相等的是(　　)。

　A. 固定资产投资+流动资金

　B. 固定资产投资+铺底流动资金

　C. 固定资产投资

　D. 建设投资

2. 根据我国现行建设项目总投资构成规定,固定资产投资的计算公式为(　　)。

　A. 工程费用+工程建设其他费用+建设期利息

　B. 建设投资+预备费+建设期利息

　C. 工程费用+工程建设其他费用+预备费

　D. 工程费用+工程建设其他费用+预备费+建设期利息

3. 根据世界银行对工程项目总建设成本的规定,下列费用应计入项目间接建设成本的是(　　)。

　A. 临时公共设施及场地的维护费

　B. 建筑保险和债券费

　C. 开工试车费

　D. 土地征购费

4. 国内生产某台非标准设备,材料费18万元,加工费2万元,专用工具费率5%,废品损失费率10%,包装费0.4万元,利润率10%,用成本计算估价法计算该设备的利润是(　　)万元。

　A. 2.00　　　　　　B. 2.10　　　　　　C. 2.31　　　　　　D. 2.35

5. 关于设备原价的说法,正确的是(　　)。

　A. 进口设备的原价是指其到岸价

　B. 国产设备原价应通过直接查询相关交易价格或向生产厂家询价获得

　C. 设备原价通常包含备品备件费在内

　D. 设备原价占设备购置费比重增大,意味资本有机构成的提高

6. 某应纳消费税的进口设备到岸价为1800万元,关税税率为20%,消费税税率为10%。增值税税率为16%,则该台设备进口环节增值税额为(　　)万元。

　A. 316.80　　　　　B. 345.60　　　　　C. 380.16　　　　　D. 384.00

## 二、多选题

1. 下列关于设备及工器具购置费的描述中,正确的有(　　)。

　A. 设备购置费由设备原价、设备运杂费、采购保管费组成

　B. 设备原价通常包含备品备件费

　C. 进口设备原价构成中的运输保险费,其计算基数为到岸价

　D. 国产非标准设备原价的计算方法包括定额估价法

E. 工具、器具及生产家具购置费是指新建或扩建项目初步设计规定的,保证初期正常生产必须购置的达到固定资产标准的生产家具和备品备件等的购置费用

2. 下列工程的预算费用,属于建筑工程费的有(    )。

A. 设备基础工程            B. 供水、供暖工程

C. 照明的电缆、导线敷设工程    D. 矿井开凿工程

E. 安装设备的管线敷设工程

3. 根据现行建筑安装工程费用项目组成规定,下列费用项目中,属于建筑安装工程企业管理费的有(    )。

A. 仪器仪表使用费          B. 工具用具使用费

C. 建筑安装工程一切险       D. 地方教育附加费

E. 劳动保险费

4. 国外建筑安装工程费用中的开办费一般包括(    )等。

A. 工地清理费             B. 现场管理费

C. 材料预涨费             D. 周转材料费

E. 暂定金额

5. 下列费用中,应计入工程建设其他费用中用地与工程准备费的有(    )。

A. 建设场地大型土石方工程费   B. 土地使用费和补偿费

C. 场地准备费             D. 建设单位临时设施费

E. 施工单位平整场地费

### 三、案例题

1. 湖北某房建与装饰工程采用工程量清单计价。经计算,该工程的分部分项工程与单价措施项目费总计为 10000000 元(其中房建部分 6000000 元,装饰部分 3000000 元,土方部分 1000000 元),其中人工费与机械费之和为 2500000 元(其中房建部分 1200000 元,装饰部分 800000 元,土方部分 500000 元)。招标文件中列明,该工程暂列金额 500000 元,材料暂估价 400000 元,计日工费用 100000 元,总承包服务费 60000 元。采用一般计税法时,计算该项目工程造价。(相关费率请查询湖北省建筑安装工程费用定额)

2. 拟由德国某公司引进全套工艺设备和技术,在我国某港口城市内建设的项目,建设期 2 年,总投资 12800 万元。总投资中引进部分的合同总价 782 万美元。辅助生产装置、公用工程等均由国内设计配套。引进合同价款的细项如下。

(1) 硬件费 720 万美元。

(2) 软件费 62 万美元。当时人民币兑换美元的外汇牌价均按 1 美元＝6.80 元人民币计算。

(3) 中国远洋公司的现行海运费率 5.6%,海运保险费率 3.2‰,现行外贸手续费率、中国银行财务手续费率、增值税税率和关税税率分别按 1.5%、5‰、17%、17% 计取。

(4) 国内供销手续费率 3‰,运输、装卸和包装费率 1‰,采购保管费率 1%。

问题:

(1) 引进项目的引进部分硬、软件原价包括哪些费用?应如何计算?

(2) 本项目引进部分购置投资的估算价格是多少?

建设项目决策阶段工程造价控制

JIANSHE XIANGMU JUECE JIEDUAN GONGCHENG ZAOJIA KONGZHI

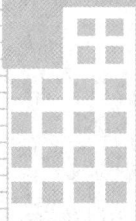

1. 了解决策阶段影响工程造价的因素；
2. 掌握投资估算编制的方法；
3. 能编制建设项目基本财务报表；
4. 能进行财务评价指标的计算和判断。

　　某集团公司拟建设 A、B 两个工业项目，A 项目为拟建年产 30 万吨铸钢厂，根据调查统计资料提供的当地已建年产 25 万吨铸钢厂的主厂房工艺设备投资约 2400 万元。A 项目的生产能力指数为 1。已建类似项目资料：主厂房其他各专业工程投资占工艺设备投资的比例如表 2.1 所示。项目其他各系统工程及工程建设其他费用占主厂房投资的比例如表 2.2 所示。

表 2.1　主厂房其他各专业工程投资占工艺设备投资的比例表

| 加热炉 | 汽化冷却 | 余热锅炉 | 自动化仪表 | 起重设备 | 供电与传动 | 建安工程 |
|---|---|---|---|---|---|---|
| 0.12 | 0.01 | 0.04 | 0.02 | 0.09 | 0.18 | 0.40 |

表 2.2　项目其他各系统工程及工程建设其他费用占主厂房投资的比例表

| 动力系统 | 机修系统 | 总图运输系统 | 行政及生活福利设施工程 | 工程建设其他费 |
|---|---|---|---|---|
| 0.30 | 0.12 | 0.20 | 0.30 | 0.20 |

　　A 项目建设资金来源于自有资金和贷款，贷款本金为 8000 万元，分年度按照投资比例均衡发放，贷款利率 8%（按年计息）。建设期 3 年，第 1 年投入 30%，第 2 年投入 50%，第 3 年投入 20%。预计建设期物价年平均上涨率 3%，从投资估算到开工的时间按一年考虑，基本预备费率 10%。

　　B 项目为拟建一条化工原料生产线，厂房的建筑面积为 5000 m²，同行业已建类似项目的建筑工程费用为 3000 元/m²，设备全部从国外引进，经询价得知，设备的货价（离岸价）为 800 万美元。

　　问题：1. 对于 A 项目，已知拟建项目与类似项目的综合调整系数为 1.25，试用生产能力指数估算法估算 A 项目主厂房的工艺设备投资；用系数估算法估算 A 项目主厂房投资和 A 项目的工程费用与工程建设其他费用。

　　2. 估算 A 项目的建设投资。

　　3. 对于 A 项目，若单位产量占用流动资金额为 33.67 元/t，试用扩大指标估算法估算该项目的流动资金。确定 A 项目的建设总投资。

　　4. 对于 B 项目，类似项目建筑工程费用所含的人工费、材料费、机械费和综合税费占建筑工程造价的比例分别为 18.26%、57.63%、9.98%、14.13%。因建设时间、地点、标准等不同，相应的综合调整系数分别为 1.25、1.32、1.15、1.2。其他内容不变。计算 B 项目的建筑工程费用。

5.对于 B 项目,海洋运输公司的现行海运费率 6%,海运保险费率 3.5‰,外贸手续费率、银行手续费率、关税税率和增值税率分别按 1.5%、5%、17%、13%计取。国内供销手续费率 0.4%,运输、装卸和包装费率 0.1%,采购保管费率 1%。美元兑换人民币的汇率均按 1 美元=6.2 元人民币计算,设备的安装费率为设备原价的 10%。估算 B 项目进口设备的购置费和安装工程费。

**解析:**

问题 1:

用生产能力指数估算法:

$$A 项目主厂房工艺设备投资 = 2400 \times \left(\frac{30}{25}\right) \times 1.25 = 3600(万元)$$

用系数估算法:

A 项目主厂房投资 $= 3600 \times (1+12\%+1\%+4\%+2\%+9\%+18\%+40\%) = 3600 \times (1+0.86) = 6696(万元)$,其中,建安工程投资 $= 3600 \times 0.4 = 1440(万元)$;设备购置投资 $= 3600 \times 1.46 = 5256(万元)$

A 项目工程费用与工程建设其他费用 $= 6696 \times (1+30\%+12\%+20\%+30\%+20\%) = 6696 \times (1+1.12) = 14195.52(万元)$

问题 2:

A 项目的基本预备费 $= 14195.52 \times 10\% = 1419.55(万元)$

由此得:静态投资 = A 项目工程费用 + A 项目工程建设其他费用 + A 项目的基本预备费 $= 14195.52+1419.55 = 15615.07(万元)$

建设期各年的静态投资额如下:

第 1 年 $15615.07 \times 30\% = 4684.52(万元)$;第 2 年 $15615.07 \times 50\% = 7807.54(万元)$;第 3 年 $15615.07 \times 20\% = 3123.01(万元)$

价差预备费计算:$4684.52 \times [(1+3\%)^1(1+3\%)^{0.5}(1+3\%)^{1-1-1}] + 7807.54 \times [(1+3\%)^1(1+3\%)^{0.5}(1+3\%)^{2-1-1}] + 3123.01 \times [(1+3\%)^1(1+3\%)^{0.5}(1+3\%)^{3-1-1}] = 212.38+598.81+340.40 = 1151.59(万元)$

由此得:预备费 $= 1419.55+1151.59 = 2571.14(万元)$

A 项目的建设投资 = A 项目工程费用与工程建设其他费用 + 预备费
$$= 14195.52+2571.14 = 16766.66(万元)$$

问题 3:

对于 A 项目,若单位产量占用流动资金额为 33.67 元/t,试用扩大指标估算法估算该项目的流动资金 $= 30 \times 33.67 = 1010.10(万元)$

建设期贷款利息计算:

第 1 年贷款利息 $= (0+8000 \times 30\% \div 2) \times 8\% = 96(万元)$

第 2 年贷款利息 $= [(8000 \times 30\%+96)+(8000 \times 50\% \div 2)] \times 8\%$
$$= (2400+96+4000 \div 2) \times 8\% = 359.68(万元)$$

第 3 年贷款利息 $= [(2400+96+4000+359.68)+(8000 \times 20\% \div 2)] \times 8\%$
$$= (6855.68+1600 \div 2) \times 8\% = 612.45(万元)$$

建设期贷款利息 $= 96+359.68+612.45 = 1068.13(万元)$

A 项目的建设总投资 = 建设投资 + 建设期贷款利息 + 流动资金
$$= 16766.66+1068.13+1010.10 = 18844.89(万元)$$

问题4：

对于 B 项目,建筑工程造价综合差异系数 $=18.26\% \times 1.25+57.63\% \times 1.32+9.98\% \times 1.15+14.13\% \times 1.2=1.27$

B 项目的建筑工程费用 $=3000 \times 5000 \times 1.27=1905.00$(万元)

问题5：

B 项目进口设备的购置费 $=$ 设备原价 $+$ 设备国内运杂费,如表 2.3 所示。

表 2.3    进口设备原价计算表                                                      单位:万元

| 费用名称 | 计算公式 | 费用 |
|---|---|---|
| 货价 | 货价 = 离岸价 × 汇率 = $800 \times 6.20 = 4960.00$ | 4960.00 |
| 国外运输费 | 国外运输费 = 货价 × 海运费率 = $4960 \times 6\% = 297.60$ | 297.60 |
| 国外运输保险费 | 国外运输保险费 = (货价 + 国外运输费) × 保险费率 /(1 − 保险费率) = $(4960.00 + 297.60) \times 3.5\%/(1 − 3.5\%) = 18.47$ | 18.47 |
| 关税 | 关税 = (货价 + 国外运输费 + 运输保险费) × 关税税率 = $(4960.00 + 297.60 + 18.47) \times 17\% = 5276.07 \times 17\% = 896.93$ | 896.93 |
| 增值税 | 增值税 = (货价 + 国外运输费 + 运输保险费 + 关税) × 增值税税率 = $(4960.00 + 297.60 + 18.47 + 896.93) \times 13\% = 6173.00 \times 13\% = 802.49$ | 802.49 |
| 银行财务费 | 银行财务费 = 货价 × 银行财务费费率 = $4960.00 \times 5\text{‰} = 24.80$ | 24.80 |
| 外贸手续费 | 外贸手续费 = (货价 + 国外运输费 + 运输保险费) × 外贸手续费费率 = $(4960.00 + 297.60 + 18.47) \times 1.5\% = 79.14$ | 79.14 |
| 进口设备原价 | 合计 | 7079.43 |

国内供销、运输、装卸和包装费 $=7079.43 \times (0.4\% + 0.1\%) = 35.40$(万元)

设备采保费 $=(7079.43 + 35.40) \times 1\% = 71.15$(万元)

进口设备国内运杂费 $=35.40 + 71.15 = 106.55$(万元)

进口设备购置费 $=$ 原价 $+$ 国内运杂费 $=7079.43 + 106.55 = 7185.98$(万元)

设备的安装费 $=$ 设备原价 × 安装费率 $=7079.43 \times 10\% = 707.94$(万元)

# 学习任务 1    项目决策阶段影响工程造价的主要因素

## 一、建设项目决策的含义

项目决策是指投资者在调查、分析、研究的基础上,选择和决定投资行动方案的过程,是对拟建项目的必要性和可行性进行技术经济论证,以及对不同建设方案进行技术经济比较并做出判断和决定的过程。项目决策的正确与否,直接关系到项目建设的成败,关系到工程造价的高低及投资效果的好坏。总之,项目投资决策是投资行动的准则,正确的项目投资行动来源于正确的项目投资决策,正确的决策是正确估算和有效控制工程造价的前提。

## 二、项目决策与工程造价的关系

### (一)项目决策的正确性是工程造价合理性的前提

正确的项目决策,意味着对项目建设做出科学判断,优选出最佳投资行动方案,实现资源的合理配置。在此基础上合理地估算工程造价,以便在实施最优投资方案过程中有效控制工程造价。项目决策失误,例如项目选择失误、建设地点选择错误,或者建设方案不合理等,都会带来不必要的资金投入,甚至造成不可弥补的损失。因此,为达到工程造价的合理性,事先就要保证项目决策的正确性,避免出现决策失误。

### (二)项目决策的内容是决定工程造价的基础

决策阶段是项目建设全过程的起始阶段,决策阶段的工程计价对项目全过程的造价起着宏观控制作用。决策阶段的各项技术经济决策,对项目的工程造价有重大影响,特别是建设标准的确定、建设地点的选择、工艺的评选、设备的选用等,都直接关系到工程造价的高低。据有关资料统计,在项目建设各阶段中,投资决策阶段影响工程造价的程度最高,达到70%~90%。因此,决策阶段是决定工程造价的基础阶段。

### (三)项目决策的深度影响投资估算的精确度

投资决策是一个由浅入深、不断深化的过程,不同阶段决策的深度不同,投资估算的精度也不同。如在项目规划和项目建议书阶段,投资估算的误差率在±30%左右;而在可行性研究阶段,误差率在±10%以内。在项目建设的各个阶段,通过工程造价的确定与控制,形成相应的投资估算、设计概算、施工图预算、合同价、结算价和竣工决算价,各造价形式之间存在着前者控制后者,后者补充前者的相互作用关系。因此,只有加强项目决策的深度,采用科学的估算方法和可靠的数据资料,合理地计算投资估算,才能保证其他阶段的造价被控制在合理范围,避免"三超"现象发生,进而实现投资控制目标。

### (四)工程造价的数额影响项目决策的结果

项目决策影响着项目造价的高低以及拟投入资金的多少,反之亦然。项目决策阶段形成的投资估算是投资方案选择的重要依据之一,同时也是决定项目是否可行及主管部门进行项目审批的参考依据。因此,从某种程度上来说,项目投资估算的数额也影响着项目决策。

## 三、影响工程造价的主要因素

在项目决策阶段,影响工程造价的主要因素包括建设规模、建设地区及建设地点(厂址)、技术方案、设备方案、工程方案、环境保护措施等。

### (一)建设规模

建设规模也称为项目生产规模,是指项目在其设定的正常生产运营年份可能达到的生产能力或者使用效益。在项目决策阶段应选择合理的建设规模,以达到规模经济的要求。但规模扩大所产生效益不是无限的,它受到技术进步、管理水平、社会经济环境等多种因素的制约。

制约项目规模合理化的主要因素包括市场因素、技术因素以及环境因素等几个方面。合理地处理好这几方面之间的关系,对确定项目合理的建设规模,从而控制好投资十分重要。

(1) 市场因素。首先,市场需求状况是确定项目生产规模的前提。其次,原材料市场、资金市场、劳动力市场等对建设规模的选择起着不同程度的制约作用。另外,市场价格分析是制定营销策略和影响竞争力的主要因素,市场价格预测应综合考虑影响预期价格变动的各种因素,从而对市场价格做出合理预测。最后,市场风险分析是确定建设规模的重要依据,可采用定性分析或定量分析的方法进行市场风险分析。

(2) 技术因素。先进适用的生产技术及技术装备是项目规模效益赖以存在的基础,而相应的管理技术水平则是实现规模效益的保证。若与经济规模生产相适应的先进技术及其装备的来源没有保障,或获取技术的成本过高,或管理水平跟不上,则不仅达不到预期的规模效益,还会给项目的生存和发展带来危机,导致项目投资效益低下,工程造价支出严重浪费。

(3) 环境因素。项目的建设、生产和经营都离不开一定的社会经济环境,确定项目规模需考虑的主要环境因素有政策因素、燃料动力供应、协作及土地条件、运输及通信条件。其中,政策因素包括产业政策、投资政策、技术经济政策以及国家、地区及行业经济发展规划等。特别是为了取得较好的规模效益,国家对部分行业的新建项目规模设定了下限规定,选择项目规模时应予以遵照执行。

**(二)建设地区及建设地点(厂址)**

一般情况下,确定某个建设项目的具体地址(或厂址),需要经过建设地区选择和建设地点选择(厂址选择)两个不同层次、相互联系又相互区别的工作阶段,二者之间是一种递进关系。其中,建设地区选择是指在几个不同地区之间对拟建项目适宜配置的区域范围的选择;建设地点选择则是对项目具体坐落位置的选择。

1. 建设地区的选择

建设地区选择的合理与否,在很大程度上决定着拟建项目的命运,影响着工程造价的高低、建设工期的长短、建设质量的好坏,还影响到项目建成后的运营状况。因此,建设地区的选择要充分考虑各种因素的制约,具体要考虑以下因素。

(1) 要符合国民经济发展战略规划、国家工业布局总体规划和地区经济发展规划的要求。

(2) 要根据项目的特点和需要,充分考虑原材料条件、能源条件、水源条件、各地区对项目产品需求及运输条件等。

(3) 要综合考虑气象、地质、水文等建厂的自然条件。

(4) 要充分考虑劳动力来源、生活环境、协作条件、施工力量、风俗文化等社会环境因素的影响。

因此,在综合考虑上述因素的基础上,建设地区的选择应遵循以下两个基本原则:一是靠近原料、燃料提供地和产品消费地的原则;二是工业项目适当聚集的原则。在工业布局中,通常是一系列相关的项目聚集成适当规模的工业基地和城镇,从而有利于发挥“集聚效益”,对各种资源和生产要素充分利用,便于形成综合生产能力,便于统一建设比较齐全的基础设施,避免重复建设,节约投资,还能为不同类型的劳动者提供多种就业机会。但当工业聚集超越客观条件时,也会带来许多弊端,导致项目投资增加、经济效益下降。

**2.建设地点(厂址)的选择**

建设地点(厂址)的选择是一项极为复杂的、技术经济综合性很强的系统工程,不仅涉及项目建设条件、产品生产要素、生态环境和未来产品销售等重要问题,受社会、政治、经济、国防等多因素的制约;而且还直接影响到项目建设投资、建设速度和施工条件,以及未来企业的经营管理及所在地点的城乡建设规划与发展。因此,必须从国民经济和社会发展的全局出发,运用系统观点和方法进行分析决策。选择建设地点(厂址)的要求如下。

(1)节约土地,少占耕地,降低土地补偿费用。项目建设尽量将厂址选择在荒地、劣地、山地和空地,不占或少占耕地,力求节约用地。与此同时,还应注意节省土地的补偿费用,降低工程造价。

(2)减少拆迁移民数量。项目建设的选址、选线应遵循少拆迁、少移民的原则,尽可能不靠近、不穿越人口密集的城镇或居民区,减少或不发生拆迁安置费,降低工程造价。若必须拆迁移民,应制定详尽的征地拆迁移民安置方案,充分考虑移民数量、安置途径、补偿标准、拆迁安置工作量和所需资金等,作为前期费用计入项目投资成本。

(3)良好的工程地质条件。建设地点应尽量选在工程地质、水文地质条件较好的地段,土壤耐压力应满足拟建厂的要求,严防选在断层、熔岩、流沙层与有用矿床上以及洪水淹没区、已采矿坑塌陷区、滑坡区。建设地点(厂址)的地下水位应尽可能低于地下建筑物的基准面。

(4)要有利于厂区合理布置和安全运行。厂区土地面积与外形应能满足厂房与各种构筑物的需要,并适合按科学的工艺流程布置厂房与构筑物,满足生产安全要求。厂区地形力求平坦而略有坡度(一般5%～10%为宜),以减少平整土地的土方工程量,节约投资,又便于地面排水。

(5)应尽量靠近交通运输条件和水电供应等条件好的地方。建设地点(厂址)应靠近铁路、公路、水路,以缩短运输距离,减少建设投资和未来的运营成本;建设地点(厂址)应设在供电、供热和其他协作条件便于取得的地方,有利于施工条件的满足和项目运营期间的正常运作。

(6)应尽量减少对环境的污染。对于排放大量有害气体和烟尘的项目,建设地点(厂址)不能建在城市的上风口,以免对整个城市造成污染;对于噪声大的项目,建设地点(厂址)应远离居民集中区,同时,要设置一定宽度的绿化带,以减弱噪声的干扰;对于生产或使用易燃、易爆、辐射产品的项目,建设地点(厂址)应远离城镇和居民密集区。

上述条件的满足与否,不仅关系到建设工程造价的高低和建设期限,还关系到项目投产后的运营状况。因此,在确定厂址时,也应进行方案的技术经济分析、比较,选择最佳建设地点(厂址)。

**(三)技术方案**

生产技术方案是指产品生产所采用的生产方法和工艺流程。在建设规模和建设地区及地点确定后,具体工程技术方案的确定,在很大程度上影响着工程建设成本以及建成后的运营成本。技术方案的选择直接影响项目的工程造价,因此,必须遵照以下原则,认真评价和选择拟采用的技术方案。

1.技术方案选择的基本原则

(1)先进适用。这是评定技术方案最基本的标准。保证工艺技术的先进性是首要任务,它能够带来产品质量、生产成本的优势。但在技术方案选择时不能单独强调先进而忽略适用,而应在满足先进性的同时,结合我国国情和国力,考察工艺技术是否符合我国的技术发展政策。总之,要根据国情和建设项目的经济效益,综合考量先进与适用的关系。对于拟采用的工艺,除了必须保证能用指定的原材料按时生产出符合数量、质量要求的产品外,还要考虑与企业的生产和销售条件(包括原有设备能否配套,技术和管理水平、市场需求、原材料种类等)是否相适应,特别要考虑到原有设备能否利用,技术和管理水平能否跟上。

(2)安全可靠。项目所采用的技术或工艺,必须经过多次试验和实践证明是成熟的,技术过关,质量可靠,安全稳定,有详尽的技术分析数据和可靠性记录,且生产工艺的危害程度控制在国家规定的标准之内,才能确保生产安全、高效运行,从而发挥项目的经济效益。对于核电站、产生有毒有害和易燃易爆物质的项目(如油田、煤矿等)及水利水电枢纽等项目,更应重视技术的安全性和可靠性。

(3)经济合理。项目所采用的技术或工艺应讲求经济效益,以最小的消耗取得最佳的经济效果,要求综合考虑所用工艺所能产生的经济效益和国家的经济承受能力。在可行性研究中可能提出几种不同的技术方案,各方案的劳动需要量、能源消耗量、投资数量等可能不同,在产品质量和产品成本等方面可能也有差异,应反复进行比较,从中挑选最经济合理的技术或工艺。

2.技术方案选择内容

(1)生产方法选择。一般在选择生产方法时,从以下几个方面着手:① 研究分析与项目产品相关的国内外生产方法的优缺点,并预测未来发展趋势,积极采用先进适用的生产方法;② 研究拟采用的生产方法是否与采用的原材料相适应,避免出现生产方法与供给原材料不匹配的现象;③ 研究拟采用生产方法的技术来源的可得性,若采用引进技术或专利,应比较所需费用;④ 研究拟采用生产方法是否符合节能和清洁的要求,应尽量选择节能环保的生产方法。

(2)工艺流程方案选择。选择工艺流程方案的具体内容包括以下几个方面:① 研究工艺流程方案对产品质量的保证程度;② 研究工艺流程各工序间的合理衔接,工艺流程应通畅、简捷;③ 研究选择先进合理的物料消耗定额,提高收益;④ 研究选择主要工艺参数;⑤ 研究工艺流程的柔性安排,既能保证主要工序生产的稳定性,又能根据市场需求变化,使生产的产品在品种规格上保持一定的灵活性。

(3)技术方案的比选。包括技术的先进程度、可靠程度和技术对产品质量性能的保证程度、技术对原材料的适应性、工艺流程的合理性、自动化控制水平、估算本国及外国各种工艺方案的成本、成本耗费水平、对环境的影响程度等技术经济指标。

**(四)设备方案**

在确定生产工艺流程和生产技术后,应根据工厂生产规模和工艺过程的要求,选择设备的型号和数量。设备的选择与技术密切相关,二者必须相互匹配。

1.设备方案选择应符合的要求

(1)主要设备方案应与确定的建设规模、产品方案和技术方案相适应,并满足项目投产后生产或使用的要求;

（2）主要设备之间、主要设备与辅助设备之间的生产或使用性能要相互匹配；

（3）设备质量应安全可靠、性能成熟，保证生产和产品质量稳定；

（4）在保证设备性能的前提下，力求经济合理；

（5）选择的设备应符合政府部门或专门机构发布的技术标准要求。

2.设备选用应注意处理的问题

（1）要尽量选用国产设备。凡国内能够制造，且能保证质量、数量和按期供货的设备，或者进口一些技术资料就能仿制的设备，原则上必须国内生产，不必从国外进口；凡只要引进关键设备就能由国内配套使用的，就不必成套引进。

（2）要注意进口设备之间以及国内外设备之间的衔接配套问题。有时一个项目从国外引进设备时，为了考虑各供应厂家的设备特长和价格等问题，可能分别向几家制造厂购买，这时，就必须注意各厂所供设备之间技术、效率等方面的衔接配套问题。为了避免各厂所供设备不能配套衔接，引进时最好采用总承包的方式。

（3）要注意进口设备与原有国产设备、厂房之间的配套问题。主要应注意本厂原有国产设备的质量、性能与引进设备是否配套，以免因国内外设备能力不平衡而影响生产。对于利用原有厂房安装引进设备的项目，应全面掌握原有厂房的结构、面积、高度以及原有设备的情况，以免设备到厂后安装不下或互不适应而造成浪费。

（4）要注意进口设备与原材料、备品备件及维修能力之间的配套问题。应尽量避免引进设备所用的主要原料需要进口，如果必须从国外引进时，应安排国内有关厂家尽快研制这种原料。采用进口设备，还必须同时组织国内研制所需备品备件问题，避免有些备件在厂家输出技术或设备之后不久就被淘汰，从而保证设备长期发挥作用。另外，对于进口的设备，还必须懂得设备的操作和维修，否则设备的先进性就可能得不到充分发挥。

（五）工程方案

工程方案选择是在已选定项目建设规模、技术方案和设备方案的基础上，研究论证主要建筑物、构筑物的建造方案，包括建筑标准的确定。

1.工程方案选择应满足的基本要求

（1）满足生产使用功能要求。确定项目的工程内容、建筑面积和建筑结构时，应满足生产和使用的要求。分期建设的项目，应留有适当的发展余地。

（2）适应已选定的场址（线路走向）。在已选定的场址（线路走向）的范围内，合理布置建筑物、构筑物，以及地上、地下管网的位置。

（3）符合工程标准规范要求。建筑物、构筑物的基础、结构和所采用的建筑材料，应符合政府部门或者专门机构发布的技术标准规范要求，确保工程质量。

（4）经济合理。工程方案在满足使用功能、确保质量的前提下，力求降低造价、节约建设资金。

2.工程方案研究内容

（1）一般工业项目的厂房、工业窑炉、生产装置等建筑物、构筑物的工程方案，主要研究其建筑特征（面积、层数、高度、跨度），建筑物、构筑物的结构形式，以及特殊建筑要求（防火、防爆、防腐蚀、隔音、隔热等），基础工程方案，抗震设防等。

（2）矿产开采项目的工程方案主要研究开拓方式，根据矿体分布、形态、地质构造等条件，结合矿产品位、可采资源量，确定井下开采或者露天开采的工程方案。这类项目的工程方案将直接转化为生产方案。

（3）铁路项目工程方案的主要研究内容包括线路、路基、轨道、桥涵、隧道、站场以及通信信号等方案。

（4）水利水电项目工程方案的主要研究内容包括防洪、治涝、灌溉、供水、发电等工程方案。水利水电枢纽和水库工程方案的主要研究内容包括坝址、坝型、坝体建筑结构、坝基处理以及各种建筑物、构筑物的工程方案。同时，还应研究提出库区移民安置的工程方案。

**（六）环境保护措施**

建设项目一般会引起项目所在地自然环境、社会环境和生态环境的变化，对环境状况、环境质量产生不同程度的影响。因此，需要在确定场址方案和技术方案时，对所在地的环境条件进行充分的调查研究，识别和分析拟建项目影响环境的因素，并提出治理和保护环境的措施，比选和优化环境保护方案。

1.环境保护的基本要求

工程建设项目应注意保护场址及其周围地区的水土资源、海洋资源、矿产资源、森林植被、文物古迹、风景名胜等自然环境和社会环境。其环境保护措施应坚持以下原则。

（1）符合法律、法规与规划要求。符合国家环境保护相关法律、法规以及环境功能规划的整体要求。

（2）采用清洁生产工艺。工业建设项目应当采用能耗物耗低、污染物产生量少的清洁生产工艺，合理利用自然资源，防止环境污染和生态破坏。

（3）坚持"三同时原则"。建设项目需要配套建设的环境保护设施，必须与主体工程同时设计、同时施工、同时投产使用。

（4）力求环境效益与经济效益相统一。工程建设与环境保护应全面规划、合理布局，统筹安排好工程建设和环境保护工作，力求环境保护治理方案技术可行和经济合理。

（5）注重资源综合利用和再利用。项目在环境治理过程中产生的废气、废水、固体废弃物等，应提出回水处理和再利用方案。

2.环境治理措施方案

对于在项目建设过程中涉及的污染源和排放的污染物等，应根据其性质的不同，采用有针对性的治理措施。

（1）废气污染治理，可采用冷凝、活性炭吸附法、催化燃烧法、催化氧化法、酸碱中和法、等离子法等方法。

（2）废水污染治理，可采用物理法（如重力分离、离心分离、过滤、蒸发结晶、高磁分离等）、化学法（如中和、化学凝聚、氧化还原等）、物理化学法（如离子交换、电渗析、反渗透、气泡悬上分离、汽提吹脱、吸附萃取等）、生物法（如自然氧化池、生物滤池、活性污泥、厌氧发酵）等方法。

（3）固体废弃物污染治理，有毒废弃物可采用防渗漏池堆存；放射性废弃物可采用封闭固化；无毒废弃物可采用露天堆存；生活垃圾可采用卫生填埋、堆肥、生物降解或者焚烧方式处理；利用无毒害固体废弃物加工制作建筑材料或者作为建材添加物，进行综合利用。

（4）粉尘污染治理，可采用过滤除尘、湿式除尘、电除尘等方法。

（5）噪声污染治理，可采用吸声、隔音、减振、隔振等措施。

（6）环境破坏治理，针对建设和生产运营引起的岩体滑坡、植被破坏、地面塌陷、土壤劣化等环境破坏,也应提出相应治理方案。

### 3. 环境治理方案比选

对环境治理的各局部方案和总体方案进行技术经济比较,做出综合评价,并推荐最优方案。环境治理方案比选的主要内容如下:

(1) 技术水平对比,分析对比不同环境保护治理方案所采用技术和设备的先进性、适用性、可靠性和可得性。

(2) 治理效果对比,分析对比不同环境保护治理方案在治理前及治理后环境指标的变化情况,以及能否满足环境保护法律法规的要求。

(3) 管理及监测方式对比,分析对比各治理方案所采用管理和监测方式的优缺点。

(4) 环境效益对比,将环境治理保护所需投资和环保措施运行费用与所获得的收益相比较,并将分析结果作为方案比选的重要依据。效益费用比值较大的方案为优。

### 实战案例

有一个大型地产开发的配套项目,主要内容是开发区域内的综合市政工程,包括区域内的道路、桥梁、管网、河道整治、绿化等。发包人分两个标段进行招标,两个标段的内容基本相同。A 施工企业是一家大型的省直属公路施工企业,本次招标的项目就在 A 施工企业所在的省会城市。

#### 一、投标决策

招标投标工作启动后,A 施工企业对项目和发包人进行评估,以决定是否参与项目投标。经评估,A 施工企业认为项目主要存在两种风险:一是付款风险,项目发包人是一家民营企业,合同付款条件约定工程款按工程进度的 75% 支付,完工一年内支付到 80%,完工两年内全部支付完成,对合同约定的工程款不能按时支付时,发包人不承担利息;二是资源风险,这类市政项目并非 A 施工企业的优势项目,自有的专业人员和机械设备也相对不足。

本项目就在 A 施工企业所在的城市,如果中标,施工管理较为便利,能够增加 A 施工企业的影响力,完成其年度经营目标;如果放弃投标,那就太可惜了。最后,A 施工企业决定利用一部分分包资源,只对标段 1 进行投标。

#### 二、带条件投标

投标时,A 施工企业决定带以下两个商务条件进行报价:一是付款必须达到工程进度的 85%,工程完工后支付到 95%,质保期 1 年后支付剩余的 5%;二是对发包人违约支付工程款进行了约定。

#### 三、第一轮谈判

投标文件递交后,A 施工企业的报价和方案评分最高,被确定为第一中标候选人。发包人和 A 施工企业进行谈判,提出如果 A 施工企业不带条件,并能够接受招标文件约定,标段 1 就能顺利授标。此时,发包人抛出一个大橄榄枝,A 施工企业面临着巨大诱惑。

A 施工企业随后与参与投标的分包商们进行谈判,把同样的条件传达给几家分包商,分包商们经过权衡利弊后表示可以接受。A 施工企业决定接受发包人提出的全部条件。

#### 四、第二轮谈判

此时,发包人通过对两个标段的评标分析发现,如果把标段 2 也交给 A 施工企业,按照 A 施工企业标段 1 的单价体系来计算标段 2 的价格,再降低一部分管理费,与标段 1、标段 2

各选一个中标企业相比较,发包人的成本至少能够降低 3%。为此,发包人和 A 施工企业进行第二轮谈判。

由于 A 施工企业没有参与标段 2 的投标,发包人给三天时间让 A 施工企业进行测算,提出如果两个标段价格在发包人给出的价格范围内,就可以把两个标段都授给 A 施工企业。发包人又抛出了一个大橄榄枝,A 施工企业又面临着诱惑。

A 施工企业详细计算标段 2 的价格,发现三天时间根本来不及,只能套用标段 1 的单价体系来计算标段 2 的价格,再加上两个标段的资源统筹,核算出的价格满足发包人提出的要求。另外,A 施工企业觉得可以通过分包商进行部分风险转移,最终 A 施工企业按照发包人的付款条件和违约责任条款,与发包人签订了两个标段的施工合同。

五、项目实施

在项目实施的过程中,前期评估的付款风险果然发生了,发包人资金不到位,不能按期支付工程款,分包商的承诺也形同虚设;同时由于标段 2 的地质条件与标段 1 也存在很大的不同,虽然施工项目差不多,但标段 2 的措施费用比标段 1 高出很多。由于时间仓促,标段 2 中的很多措施项目没有识别出来。

随着发包人抛出一个又一个橄榄枝,A 施工企业对风险的把控也一步步地降低了要求。面对激烈的市场竞争,这可能也是众多施工企业的无奈之举,但还是建议对一些原则性条款一定要坚持,并采取谨慎的态度。

## 学习任务 2  投资估算的编制

### 一、投资估算的含义

投资估算是在投资决策阶段,以方案设计或可行性研究文件为依据,按照规定的程序、方法和依据,对拟建项目所需总投资及其构成进行预测和估计;是在研究并确定项目的建设规模、产品方案、技术方案、工艺技术、设备方案、厂址方案、工程建设方案以及项目进度计划等的基础上,运用特定方法,估算项目从筹建、施工直至建成投产所需的全部建设资金总额,并测算建设期各年的资金使用计划的过程。投资估算的成果文件称作投资估算书,简称为投资估算。投资估算书是项目建议书或可行性研究报告的重要组成部分,也是项目决策的重要依据之一。

投资估算按委托内容,可分为建设项目的投资估算、单项工程的投资估算、单位工程的投资估算。投资估算的准确与否,不仅影响到可行性研究工作的质量和经济评价结果,而且直接关系到下一阶段设计概算和施工图预算的编制,以及建设项目的资金筹措方案。因此,全面准确地估算建设项目的工程造价,是可行性研究乃至整个决策阶段造价管理的重要任务。

## 二、投资估算的作用

投资估算作为论证拟建项目的重要经济文件,既是建设项目技术经济评价和投资决策的重要依据,又是该项目实施阶段投资控制的目标值。投资估算在建设工程的投资决策、造价控制、筹集资金等方面都有重要作用。

(1)项目建议书阶段的投资估算,是项目主管部门审批项目建议书的依据之一,也是编制项目规划、确定建设规模的参考依据。

(2)项目可行性研究阶段的投资估算,是项目投资决策的重要依据,也是研究、分析、计算项目投资经济效果的重要条件。政府投资项目的可行性研究报告被批准后,其投资估算额将作为设计任务书中下达的投资限额,即建设项目投资的最高限额,不能随意突破。

(3)项目投资估算是设计阶段造价控制的依据,投资估算一经确定,即成为限额设计的依据,用于对各设计专业实行投资切块分配,作为控制和指导设计的尺度。

(4)项目投资估算可作为项目资金筹措及建设贷款计划制订的依据,建设单位可根据批准的项目投资估算额,进行资金筹措和向银行申请贷款。

(5)项目投资估算是核算建设项目固定资产投资需要额和编制固定资产投资计划的重要依据。

(6)投资估算是建设工程设计招标、优选设计单位和设计方案的重要依据。在工程设计招标阶段,投标单位报送的投标书中包括项目设计方案、项目的投资估算和经济性分析,招标单位根据投资估算对各项设计方案的经济合理性进行分析、衡量、比较,在此基础上,择优确定设计单位和设计方案。

## 三、投资估算的阶段划分与精度要求

### (一)国外项目投资估算的阶段划分与精度要求

在英、美等国家,对一个建设项目从开发设想直至施工图设计期间的各阶段项目投资的预计额均称为估算,只是因各阶段设计深度、技术条件的不同,对投资估算的准确度要求也有所不同。英、美等国家把建设项目的投资估算分为以下五个阶段。

*1.投资设想阶段的投资估算*

在尚无工艺流程图、平面布置图,也未进行设备分析的情况下,即根据假想条件比照同类已投产项目的投资额,并考虑涨价因素来编制项目所需投资额。这一阶段称为毛估阶段,或称为比照估算。这一阶段投资估算的意义在于判断项目是否需要进行下一阶段工作,此阶段对投资估算精度的要求较低,允许误差大于±30%。

*2.投资机会研究阶段的投资估算*

此时已具有初步的工艺流程图、主要生产设备的生产能力及项目建设的地理位置等条件,故可套用相近规模厂的单位生产能力建设费用来估算拟建项目所需的投资额,可据以初步判断项目是否可行,或审查项目引起投资兴趣的程度。这一阶段称为粗估阶段,或称为因素估算,对投资估算精度的要求为误差控制在±30%以内。

## 3.初步可行性研究阶段的投资估算

此时已具有设备规格表、主要设备的生产能力和尺寸、项目的总平面布置、各建筑物的大致尺寸、公用设施的初步位置等条件。此时期的投资估算额,可据以决定拟建项目是否可行,或据以列入投资计划。这一阶段称为初步估算阶段,或称为认可估算,对投资估算精度的要求为误差控制在±20%以内。

## 4.详细可行性研究阶段的投资估算

此时项目细节已清晰,并已进行了建筑材料、设备的询价,也已进行了设计和施工的咨询,但工程图纸和技术说明尚不完备。可根据此时期的投资估算额进行筹款。这一阶段称为确定估算阶段,或称为控制估算阶段,对投资估算精度的要求为误差控制在±10%以内。

## 5.工程设计阶段的投资估算

此时已具有工程的全部设计图纸、详细的技术说明、材料清单、工程现场勘察资料等,故可根据单价逐项计算,从而汇总出项目所需的投资额,用于控制项目的实际建设。这一阶段称为详细估算阶段,或称为投标估算阶段,对投资估算精度的要求为误差控制在±5%以内。

### (二)我国项目投资估算的阶段划分与精度要求

投资估算是进行建设项目技术经济评价和投资决策的基础。在建设项目规划和项目建议书(投资机会研究)、预可行性研究、可行性研究阶段都应编制投资估算。投资估算的准确性,不仅影响可行性研究工作的质量和经济评价结果,还直接关系到下一阶段设计概算和施工图预算的编制。因此,准确编制投资估算尤为重要,项目决策的各个阶段编制投资估算的精度要求如下。

(1)建设项目规划和项目建议书阶段的投资估算。在建设项目规划和项目建议书阶段,按项目建议书中的产品方案、项目建设规模、产品主要生产工艺、企业车间组成、初选建厂地点等,估算建设项目所需投资额。此阶段项目投资估算是审批项目建议书的依据,也是判断项目是否需要进入下一阶段工作的依据,对投资估算精度的要求为误差控制在±30%以内。

(2)预可行性研究阶段的投资估算。在预可行性研究阶段,在掌握更详细、更深入的资料的条件下,估算建设项目所需投资额。此阶段项目投资估算是初步明确项目方案,为项目进行技术经济论证提供依据,同时也是判断是否进行可行性研究的依据,对投资估算精度的要求为误差控制在±20%以内。

(3)可行性研究阶段的投资估算。可行性研究阶段的投资估算尤为重要,是对项目进行较详细的技术经济分析,以决定项目是否可行,并比选出最佳投资方案的依据。此阶段的投资估算经审查批准后,即是工程设计任务书中规定的项目投资限额,对工程设计概算起控制作用,对投资估算精度的要求为误差控制在±10%以内。

根据《建设项目投资估算编审规程》(CECA/GC 1—2015)的规定,有时在方案设计(包括概念方案设计和报批方案设计)以及项目申请报告中也可能需要编制投资估算。

### 四、投资估算的内容

投资估算按照编制估算的工程对象划分,包括建设项目投资估算、单项工程投资估算和单位工程投资估算等。投资估算文件一般由封面、签署页、编制说明、投资估算分析、总投资估算表、单项工程估算表、主要技术经济指标等内容组成。

### （一）投资估算编制说明

投资估算编制说明一般包括以下内容：工程概况、编制范围、编制方法、编制依据、主要技术经济指标、有关参数、率值选定的说明（如征地拆迁、供电供水、考察咨询等费用的费率标准选用情况）、特殊问题的说明（包括采用新技术、新材料、新设备、新工艺的情况）；必须说明的价格的确定；进口材料、设备、技术费用的构成与技术参数；采用特殊结构的费用估算方法；安全、节能、环保、消防等专项投资占总投资的比重；建设项目总投资中未计算项目或费用的必要说明等；采用限额设计的工程还应对投资限额和投资分解做进一步说明；采用方案比选的工程还应对方案比选的估算和经济指标做进一步说明；资金筹措方式。

### （二）投资估算分析

投资估算分析应包括以下内容。

（1）工程投资比例分析。一般民用项目要分析土建及装修、给排水、消防、采暖、通风空调、电气等主体工程和道路、广场、围墙、大门、室外管线、绿化等室外附属/总体工程占建设项目总投资的比例；一般工业项目要分析主要生产系统（需列出各生产装置）、辅助生产系统、公用工程（给排水、供电和通信、供气、总图运输等）、服务性工程、生活福利设施、厂外工程等占建设项目总投资的比例。

（2）各类费用构成占比分析。分析设备及工器具购置费、建筑工程费、安装工程费、工程建设其他费用、预备费占建设项目总投资的比例；分析引进设备费占全部设备费用的比例等。

（3）分析影响投资的主要因素。

（4）与类似工程项目的比较，对投资总额进行分析。

### （三）总投资估算

总投资估算包括汇总单项工程估算、工程建设其他费用、基本预备费、价差预备费，并计算建设期利息等。

### （四）单项工程投资估算

单项工程投资估算中，应按建设项目划分的各个单项工程，分别计算组成工程费用的建筑工程费、设备及工器具购置费和安装工程费。

### （五）工程建设其他费用估算

工程建设其他费用估算应按预期将要发生的工程建设其他费用种类，逐项详细估算其费用金额。

### （六）主要技术经济指标

工程造价人员应根据项目特点，计算并分析整个建设项目、各单项工程和主要单位工程的主要技术经济指标。

### 五、投资估算的编制依据、要求及步骤

#### (一)投资估算的编制依据

建设项目投资估算的编制依据是指在编制投资估算时所遵循的计量规则、市场价格、费用标准及工程计价有关参数、率值等基础资料,主要有以下几个方面。

(1)国家、行业和地方政府的有关法律、法规或规定;政府有关部门、金融机构等发布的价格指数、利率、汇率、税率等有关参数。

(2)行业部门、项目所在地工程造价管理机构或行业协会等编制的投资估算指标、概算指标(定额)、工程建设其他费用定额(规定)、综合单价、各类工程造价指标、指数和有关造价文件等。

(3)类似工程的各种技术经济指标和参数。

(4)工程所在地同期的人工、材料、机具市场价格,建筑、工艺及附属设备的市场价格和相关费用。

(5)与建设项目有关的工程地质资料、设计文件、图纸或有关设计专业提供的主要工程量和主要设备清单等。

(6)委托单位提供的其他技术经济资料。

#### (二)投资估算的编制要求

建设项目投资估算编制时,应满足以下要求。

(1)应根据主体专业设计的阶段和深度,结合各行业的特点,所采用生产工艺流程的成熟性,以及国家及地区、行业或部门、市场相关投资估算基础资料和数据的合理、可靠、完整程度,采用合适的方法,对建设项目投资估算进行编制,并对主要技术经济指标进行分析。

(2)应做到工程项目内容和费用构成齐全,不重不漏,不提高或降低估算标准,计算过程合理。

(3)应充分考虑拟建项目设计的技术参数和投资估算所采用的估算系数、估算指标,在质和量方面所综合的内容,应遵循口径一致的原则。

(4)参考工程造价管理部门发布的投资估算指标或各类工程造价指标和指数等,依据工程所在地市场价格水平,结合项目实体情况及科学合理的建造工艺,全面反映建设项目建设前期和建设期的全部投资。对于建设项目的边界条件,如建设用地费和外部交通、水、电、通信条件,或市政基础设施配套条件等差异所产生的与主要生产内容投资无必然关联的费用,应结合建设项目的实际情况进行修正。

(5)应对影响造价变动的因素进行敏感性分析,分析市场的变动因素,充分估计物价上涨因素和市场供求情况对项目造价的影响,确保投资估算的编制质量。

(6)投资估算精度应能满足控制初步设计概算要求,并尽量减少投资估算的误差。

#### (三)投资估算的编制步骤

根据投资估算的不同阶段,主要包括项目建议书阶段及可行性研究阶段的投资估算。可行性研究阶段的投资估算的编制一般包含静态投资部分、动态投资部分与流动资金估算三部分,主要包括以下步骤。

(1)分别估算各单项工程所需建筑工程费、设备及工器具购置费、安装工程费,在汇总

各单项工程费用的基础上,估算工程建设其他费用和基本预备费,完成工程项目静态投资部分的估算。

(2)在静态投资部分的基础上,估算价差预备费和建设期利息,完成工程项目动态投资部分的估算。

(3)估算流动资金。

(4)估算建设项目总投资。

建设项目投资估算编制的具体流程图,如图2.1所示。

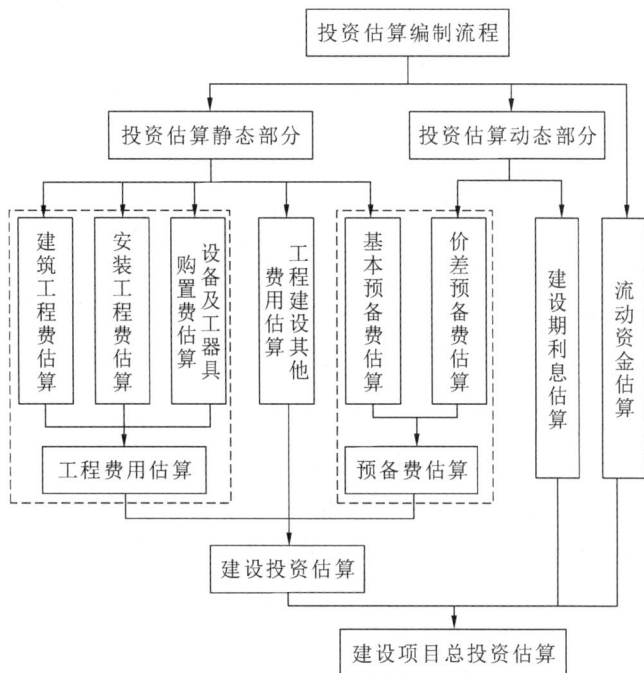

图2.1　建设项目投资估算编制的具体流程图

## 六、静态投资部分的估算方法

静态投资部分估算的方法很多,其适用的条件、范围、误差程度各不相同。一般情况下,应根据项目的性质、占有的技术经济资料和数据的具体情况,选用适宜的估算方法。在项目建议书阶段,投资估算的精度较低,可采取简单的匡算法,如生产能力指数法、系数估算法、比例估算法或混合法等,在条件允许时,也可采用指标估算法;在可行性研究阶段,投资估算精度要求高,需采用相对详细的投资估算方法,如指标估算法等。

### (一)项目建议书阶段投资估算方法

(1)生产能力指数法,又称为指数估算法,是根据已建成的类似项目生产能力和投资额来粗略估算同类但生产能力不同的拟建项目静态投资额的方法,其计算公式为

$$C_2 = C_1 \left(\frac{Q_2}{Q_1}\right)^x \cdot f$$

式中:$C_1$——已建成类似项目的静态投资额;

$C_2$——拟建项目的静态投资额；

$Q_1$——已建类似项目的生产能力；

$Q_2$——拟建项目的生产能力；

$f$——不同时期、不同地点的定额、单价、费用和其他差异的综合调整系数；

$X$——生产能力指数。

上式表明造价与规模（或容量）呈非线性关系，且单位造价随工程规模（或容量）的增大而减小。生产能力指数法的关键是生产能力指数的确定，一般要结合行业特点确定，并应有可靠的例证。正常情况下，$0 \leqslant x \leqslant 1$。不同生产率水平的国家和不同性质的项目中，$x$ 的取值是不同的。若已建类似项目规模与拟建项目规模的比值在 0.5～2 之间时，$x$ 的取值近似为 1；若已建类似项目规模与拟建项目规模的比值为 2～50，且拟建项目生产规模的扩大仅靠增大设备规模来达到时，则 $x$ 的取值为 0.6～0.7；若是靠增加相同规格设备的数量达到时，$x$ 的取值在 0.8～0.9 之间。

【例 2.1】 某地 2024 年拟建一年产 20 万吨化工产品的项目。根据调查，该地区 2022 年建设的年产 10 万吨相同产品的已建项目的投资额为 5000 万元。生产能力指数为 0.6，2022 年至 2024 年工程造价平均每年递增 10%。估算该项目的建设投资。

**解** 该项目的建设投资 $= 5000 \times \left(\dfrac{20}{10}\right)^{0.6} \times (1+10\%)^2 = 9170.0852$（万元）

生产能力指数法误差可控制在 ±20% 以内。生产能力指数法主要应用于设计深度不足，拟建建设项目与类似建设项目的规模不同，设计定型并系列化，行业内相关指数和系数等基础资料完备的情况。一般拟建项目与已建类似项目生产能力比值不宜大于 50，以在 10 倍内效果较好，否则误差就会增大。另外，尽管该办法估价误差仍较大，但有其独特的好处，即这种估价方法不需要详细的工程设计资料，只需要知道工艺流程及规模就可以，在总承包工程报价时，承包人大都采用这种方法。

（2）系数估算法，也称为因子估算法，是以拟建项目的主体工程费或主要设备购置费为基数，以其他辅助配套工程费与主体工程费或设备购置费的百分比为系数，依此估算拟建项目静态投资的方法。本办法主要应用于设计深度不足，拟建建设项目与类似建设项目的主体工程费或主要设备购置费比重较大，行业内相关系数等基础资料完备的情况。在我国国内常用的方法有设备系数法和主体专业系数法，世行项目投资估算常用的方法是朗格系数法。

① 设备系数法，是指以拟建项目的设备购置费为基数，根据已建成的同类项目的建筑安装工程费和其他工程费等与设备价值的百分比，求出拟建项目建筑安装工程费和其他工程费，进而求出项目的静态投资，其计算公式为

$$C = E(1 + f_1 P_1 + f_2 P_2 + f_3 P_3 + \cdots) + I$$

式中：$C$——拟建项目的静态投资；

$E$——拟建项目根据当时当地价格计算的设备购置费；

$P_1, P_2, P_3 \cdots$——已建成类似项目中建筑安装工程费及其他工程费等与设备购置费的比例；

$f_1, f_2, f_3 \cdots$——不同建设时间、地点而产生的定额、价格、费用标准等差异的调整系数；

$I$——拟建项目的其他费用。

【例2.2】　某拟建项目设备购置费为20000万元,根据已建同类项目统计资料,建筑工程费占设备购置费的23％,安装工程费占设备购置费的9％,该拟建项目的其他有关费用估价为3000万元,调整系数$f_1$、$f_2$均为1.1,试估算该项目的建设投资。

**解**　该项目的建设投资为

$$C = E(1 + f_1 P_1 + f_2 P_2 + f_3 P_3 + \cdots) + I$$
$$= 20000 \times (1 + 23\% \times 1.1 + 9\% \times 1.1) + 3000$$
$$= 30040(万元)$$

② 主体专业系数法,是指以拟建项目中投资比重较大,并与生产能力直接相关的工艺设备投资为基数,根据已建同类项目的有关统计资料,计算出拟建项目各专业工程(总图、土建、采暖、给排水、管道、电气、自控等)与工艺设备投资的百分比,据以求出拟建项目各专业投资,然后加总即为拟建项目的静态投资,其计算公式为

$$C = E(1 + f_1 P'_1 + f_2 P'_2 + f_3 P'_3 + \cdots) + I$$

式中：$E$——与生产能力直接相关的工艺设备投资；

$P'_1$,$P'_2$,$P'_3 \cdots$——已建项目中各专业工程费用与工艺设备投资的比重。

其他符号同设备系数法公式。

③ 朗格系数法,即以设备购置费为基数,乘以适当系数来推算项目的静态投资。这种方法在国内不常见,是世行项目投资估算常采用的方法。该方法的基本原理是将项目建设的总成本费用中的直接成本和间接成本分别计算,再合为项目的静态投资,其计算公式为

$$C = E \cdot (1 + \sum K_i) \cdot K_c$$

式中：$K_i$——管线、仪表、建筑物等项费用的估算系数；

$K_c$——管理费、合同费、应急费等间接费用在内的总估算系数。

其他符号同上面公式。

静态投资与设备购置费之比为朗格系数$K_L$,其计算公式为

$$K_L = (1 + \sum K_i) \cdot K_c$$

朗格系数法包含的内容如表2.4所示。

朗格系数法是国际上估算一个工程项目或一套装置的费用时,采用较为广泛的方法。但是应用朗格系数法进行工程项目或装置估价的精度仍不是很高,主要原因为a) 装置规模大小发生变化;b) 不同地区自然地理条件的差异;c) 不同地区经济地理条件的差异;d) 不同地区气候条件的差异;e) 主要设备材质发生变化时,设备费用变化较大而安装费变化不大。

表2.4　朗格系数法包含的内容

| 项目 | | 固体流程 | 固流流程 | 流体流程 |
|---|---|---|---|---|
| 朗格系数 $K_L$ | | 3.1 | 3.63 | 4.74 |
| 内容 | (a)包括基础、设备、绝热、油漆及设备安装费 | Ex1.43 | | |
| | (b)包括上述在内和配管工程费 | (a)x1.1 | (a)x1.25 | (a)x1.6 |
| | (c)装置直接费 | (b)x1.5 | | |
| | (d)包括上述在内和间接费,总投资C | (c)x1.31 | (c)x1.35 | c)x1.38 |

尽管如此,由于朗格系数法是以设备购置费为计算基础,而设备费用在一项工程中所占的比重较大,对于石油、石化、化工工程而言,该比重占 $45\%\sim55\%$;同时,一项工程中每台设备所包含的管道、电气、自控仪表、绝热、油漆、建筑等,都有一定的规律。因此,只要对各种不同类型工程的朗格系数掌握得准确,估算精度仍可较高。朗格系数法估算误差在 $10\%\sim15\%$。

【例2.3】 某投资者在某地投资兴建电子计算机生产企业,已知该企业设备到达工地的费用为230000万元,试估算该企业的静态投资。

**解** 电子计算机企业生产流程为固体流程。

(1)基础、绝热、油漆及设备安装费:$230000\times1.43-230000=98900$(万元)

(2)配管工程费:$230000\times1.43\times1.1-230000-98900=32890$(万元)

(3)装置直接费:$230000\times1.43\times1.1\times1.5=542685$(万元)

(4)间接费:$230000\times1.43\times1.1\times1.5\times1.31-542685=168232.35$(万元)

(5)该企业的静态投资:$230000\times1.43\times1.1\times1.5\times1.31=710917.35$(万元)

(3)比例估算法,是根据已知的同类建设项目主要设备购置费占整个建设项目静态投资的比例,先逐项估算出拟建项目主要设备购置费,再按比例估算拟建项目的静态投资的方法。本办法主要应用于设计深度不足,拟建建设项目与类似建设项目的主要设备购置费比重较大,行业内相关系数等基础资料完备的情况,其计算公式为

$$I=\frac{\sum_{i=1}^{n}Q_iP_i}{K}$$

式中:$I$——拟建项目的静态投资;

$K$——已建项目主要设备购置费占已建项目静态投资的比例;

$n$——主要设备的种类数;

$Q_i$——第 $i$ 种主要设备的数量;

$P_i$——第 $i$ 种主要设备的购置单价(到厂价格)。

【例2.4】 已建项目A主要设备投资占项目静态投资比例 $65\%$,拟建项目B需甲设备1000台,乙设备800台,价格分别为15万元和16万元,用比例估算法估算B项目静态投资。

**解**    $I=\dfrac{\sum_{i=1}^{n}Q_iP_i}{K}=(1000\times15+800\times16)\div65\%\approx42769.23$(万元)

(4)混合法,是根据主体专业设计的阶段和深度,投资估算编制者所掌握的各类主体发布的相关投资估算基础资料和数据,以及其他统计和积累的可靠的相关造价基础资料,对一个拟建项目采用上述多种方法混合估算其静态投资额的方法。

### (二)可行性研究阶段投资估算方法

为了保证编制精度,可行性研究阶段建设项目投资估算原则上应采用指标估算法。指标估算法是指依据投资估算指标,对各单位工程或单项工程费用进行估算,进而估算建设项目总投资的方法。

可行性研究阶段投资估算均应满足项目的可行性研究与评估需要,并最终满足国家和地方相关部门批复或备案的要求。预可行性研究阶段、方案设计阶段项目建设投资估算视设计深度,宜参照可行性研究阶段的编制办法进行。当采用指标估算法时,可行性研究阶段投资估算的具体编制方法如下。

（1）建筑工程费用估算。主要采用单位实物工程量投资估算法，是以单位实物工程量的建筑工程费乘以实物工程总量来估算建筑工程费的方法。当无适当估算指标或类似工程造价资料时，可采用计算主体实物工程量套用相关综合定额或概算定额进行估算，但通常需要较为详细的工程资料，工作量较大。建筑工程费估算通常应根据不同的专业工程，选择不同的实物工程量计算方法。

① 工业与民用建筑物以"m²""m³"为单位，套用规模相当、结构形式和建筑标准相适应的投资估算指标或类似工程造价资料进行估算；构筑物以"延长米""m²""m³"或"座"为单位，套用技术标准、结构形式相适应的投资估算指标或类似工程造价资料进行估算。

② 大型土方、总平面竖向布置、道路及场地铺砌、室外综合管网和线路、围墙大门等，分别以"m³""m²""延长米"或"座"为单位，套用技术标准、结构形式相适应的投资估算指标或类似工程造价资料进行估算。

③ 矿山井巷开拓、露天剥离工程、坝体堆砌等，分别以"m³""延长米"为单位，套用技术标准、结构形式、施工方法相适应的投资估算指标或类似工程造价资料进行估算。

④ 公路、铁路、桥梁、隧道、涵洞设施等，分别以"千米（铁路、公路）""100平方米桥面（桥梁）""100平方米断面（隧道）""道（涵洞）"为单位，套用技术标准、结构形式、施工方法相适应的投资估算指标或类似工程造价资料进行估算。

（2）设备及工器具购置费估算。见第一单元相应内容。

（3）安装工程费估算。安装工程费包括安装主材费和安装费。其中，安装主材费可以根据行业和地方相关部门定期发布的价格信息或市场询价进行估算；安装费根据设备专业属性，可按以下方法估算。

① 工艺设备安装费估算，以单项工程为单元，根据单项工程的专业特点和各种具体的投资估算指标，采用按设备费百分比估算指标进行估算；或根据单项工程设备总重，采用以"t"为单位的综合单价指标进行估算，其计算公式为

$$安装工程费＝设备原价×设备安装费率$$
$$安装工程费＝设备吨重×单位重量（t）安装费指标$$

② 工艺非标准件、金属结构和管道安装费估算，以单项工程为单元，根据设计选用的材质、规格，以"t"为单位，套用技术标准、材质和规格、施工方法相适应的投资估算指标或类似工程造价资料进行估算，其计算公式为

$$安装工程费＝重量总量×单位重量安装费指标$$

③ 工业炉窑砌筑和保温工程安装费估算，以单项工程为单元，以"t"、"m³"或"m²"为单位，套用技术标准、材质和规格、施工方法相适应的投资估算指标或类似工程造价资料进行估算，其计算公式为

$$安装工程费＝重量（体积、面积）总量×单位重量（"m³""m²"）安装费指标$$

④ 电气设备及自控仪表安装费估算，以单项工程为单元，根据该专业设计的具体内容，采用相适应的投资估算指标或类似工程造价资料进行估算，或根据设备台套数、变配电容量、装机容量、桥架重量、电缆长度等工程量，采用相应综合单价指标进行估算，其计算公式为

$$安装工程费＝设备工程量×单位工程量安装费指标$$

（4）工程建设其他费用估算。工程建设其他费用的估算应结合拟建项目的具体情况，有合同或协议明确的费用按合同或协议列入；无合同或协议明确的费用，根据国家和各行业部门、工程所在地地方政府的有关工程建设其他费用定额（规定）和计算办法估算；没有定额

或计算办法的,参照市场价格标准计算。

(5)基本预备费估算。基本预备费的估算一般是以建设项目的工程费用和工程建设其他费用之和为基础,乘以基本预备费费率进行计算。基本预备费费率的大小,应根据建设项目的设计阶段和具体的设计深度,以及在估算中所采用的各项估算指标与设计内容的贴近度,按照项目所属行业主管部门的具体规定确定,其计算公式为

$$基本预备费 = (工程费用 + 工程建设其他费用) \times 基本预备费费率$$

(6)指标估算法注意事项。

① 影响投资估算精度的因素主要包括价格变化、现场施工条件、项目特征变化等。因此,在应用指标估算法时,应根据不同地区、建设年代、条件等进行调整。因为地区、年代不同,人工、材料与设备的价格均有差异,调整方法可以以人工、主要材料消耗量或"工程量"为计算依据,也可以按不同工程项目的"万元工料消耗定额"确定不同系数。在有关部门颁布定额或人工、材料价差系数(物价指数)以及其他各类工程造价指数时,可以据此调整。

② 使用估算指标法进行投资估算绝不能生搬硬套,必须对工艺流程、定额、价格及费用标准进行分析,经过实事求是的调整与换算后,才能提高其精确度。

## 七、动态投资部分的估算方法

动态投资部分包括价差预备费和建设期利息两部分。动态部分的估算应以基准年静态投资的资金使用计划为基础来计算,而不是以编制年的静态投资为基础计算。

### (一)价差预备费

价差预备费计算可详见第一单元相关知识。

### (二)建设期利息

建设期利息包括银行借款和其他债务资金的利息,以及其他融资费用。其他融资费用是指某些债务融资中发生的手续费、承诺费、管理费、信贷保险费等融资费用,一般情况下,应将其单独计算并计入建设期利息;在项目前期研究的初期阶段,也可做粗略估算并计入建设投资;对于不涉及国外贷款的项目,在可行性研究阶段,也可做粗略估算并计入建设投资。建设期利息的计算可详见第一单元相关知识。

## 八、流动资金的估算

### (一)流动资金估算方法

流动资金是指项目运营需要的流动资产投资,是生产经营性项目投产后,为进行正常生产运营,用于购买原材料、燃料,支付工资及其他经营费用等所需的周转资金。流动资金估算一般采用分项详细估算法,个别情况或者小型项目可采用扩大指标法。

(1)分项详细估算法。流动资金的显著特点是在生产过程中不断周转,其周转额的大小与生产规模及周转速度直接相关。分项详细估算法是根据项目的流动资产和流动负债,估算项目所占用流动资金的方法。其中,流动资产的构成要素一般包括存货、库存现金、应收账款和预付账款;流动负债的构成要素一般包括应付账款和预收账款。流动资金等于流

动资产和流动负债的差额,其计算公式为

$$流动资金=流动资产-流动负债$$
$$流动资产=应收账款+预付账款+存货+库存现金$$
$$流动负债=应付账款+预收账款$$
$$流动资金本年增加额=本年流动资金-上年流动资金$$

进行流动资金估算时,首先计算各类流动资产和流动负债的年周转次数,然后再分项估算占用资金额。

① 周转次数,是指流动资金的各个构成项目在一年内完成多少个生产过程,可用 1 年的天数(通常按 360 天计算)除以流动资金的最低周转天数计算,则各项流动资金的年平均占用额度为流动资金的年周转额度除以流动资金的年周转次数,其计算公式为

$$周转次数=360/流动资金最低周转天数$$

各类流动资产和流动负债的最低周转天数,可参照同类企业的平均周转天数并结合项目特点确定,或按部门(行业)的规定执行。另外,在确定最低周转天数时应考虑储存天数、在途天数,并考虑适当的保险系数。

② 应收账款,是指企业对外赊销商品、提供劳务尚未收回的资金,其计算公式为

$$应收账款=\frac{年经营成本}{应收账款周转次数}$$

③ 预付账款,是指企业为购买各类材料、半成品或服务所预先支付的款项,其计算公式为

$$预付账款=\frac{外购商品或服务年费用金额}{预付账款周转次数}$$

④ 存货,是指企业为销售或者生产耗用而储备的各种物资,主要有原材料、辅助材料、燃料、低值易耗品、维修备件、包装物、商品、在产品、自制半成品和产成品等。为简化计算,仅考虑外购原材料、燃料、其他材料、在产品和产成品,并分项进行计算,其计算公式为

$$存货=外购原材料、燃料+其他材料+在产品+产成品$$
$$外购原材料、燃料=\frac{年外购原材料、燃料费用}{分项周转次数}$$
$$其他材料=\frac{年其他材料费用}{其他材料周转次数}$$
$$在产品=年外购原材料、燃料费用+年工资及福利费+年修理费$$
$$+年其他制造费用/在产品周转次数$$

⑤ 现金,项目流动资金中的现金是指货币资金,即企业生产运营活动中停留于货币形态的那部分资金,包括企业库存现金和银行存款,其计算公式为

$$年其他费用=制造费用+管理费用+营业费用$$
$$-(以上三项费用中所含的工资及福利费、折旧费、摊销费、修理费)$$

⑥ 流动负债估算,是指在一年或者超过一年的一个营业周期内,需要偿还的各种债务,包括短期借款、应付票据、应付账款、预收账款、应付工资、应付福利费、应付股利、应交税金、其他暂收应付款、预提费用和一年内到期的长期借款等。在可行性研究中、流动负债的估算可以只考虑应付账款和预收账款两项,其计算公式为

$$应付账款=\frac{年外购原材料+年外购燃料}{应付账款周转次数}$$
$$预收账款=\frac{预收的营业收入年金额}{预收账款周转次数}$$

（2）扩大指标估算法，是根据现有同类企业的实际资料，求得各种流动资金率指标，也可依据行业或部门给定的参考值或经验来确定比率。将各类流动资金率乘以相对应的费用基数来估算流动资金。一般常用的基数有营业收入、经营成本、总成本费用和建设投资等，具体采用何种基数依行业习惯而定，其计算公式为

$$年流动资金额＝年费用基数×各类流动资金率$$

扩大指标估算法简便易行，但准确度不高，适用于项目建议书阶段的估算。

**（二）流动资金估算应注意的问题**

（1）采用分项详细估算法时，应根据项目实际情况分别确定现金、应收账款、预付账款、存货、应付账款和预收账款的最低周转天数，并考虑一定的保险系数。因为最低周转天数减少，将增加周转次数，从而减少流动资金需用量，所以，必须切合实际地选用最低周转天数。对于存货中的外购原材料和燃料，要分品种和来源，综合考虑运输方式和运输距离，以及占用流动资金的比重大小等因素确定。

（2）流动资金属于长期性（永久性）流动资产，流动资金的筹措可通过长期负债和资本金（一般要求占 30%）的方式来解决。流动资金一般要求在投产前一年开始筹措，为简化计算，可规定在投产的第一年开始按生产负荷安排流动资金需用量。其借款部分按全年计算利息，流动资金利息应计入生产期间财务费用，项目计算期末收回全部流动资金（不含利息）。

（3）用扩大指标估算法计算流动资金，可能需以经营成本及其中的某些科目为基数，因此，实际上流动资金估算应在经营成本估算之后进行。

（4）在不同生产负荷下的流动资金，应按不同生产负荷所需的各项费用金额，根据上述公式分别估算，而不能直接按照 100% 生产负荷下的流动资金乘以生产负荷百分比求得。

## 学习任务 3　建设项目财务评价

### 一、财务评价的概念

财务评价是根据国家现行财税制度和价格体系，分析、计算项目直接发生的财务效益和费用，编制财务报表，计算评价指标，以此考察项目盈利能力、清偿能力以及外汇平衡等财务状况，进而判断项目的财务可行性。其作用主要是用以衡量项目财务盈利能力，用于筹措资金，为协调企业利益和国家利益提供依据。

财务评价是建设项目可行性研究的核心。它是通过对若干个建设方案进行比较，选出技术上先进、经济上合理的方案，并对拟建项目进行全面的技术、经济、社会等方面的评价，提出综合评价意见，其评价结论是决定项目取舍的重要决策依据。

### 二、财务评价的目的

（1）评价项目的盈利能力。

一个建设项目是否值得投资，最重要的是其投产后是否盈利和盈利多少。因此，财务评

价首先评价项目的盈利能力,主要有三个评价指标:正常年份的投资利润率、项目寿命期的净现值、项目的财务收益率。

(2)评价项目的偿还能力。

项目的投资偿还包括两个方面:一是整个项目的投资回收;二是投资构成中贷款的偿还。能否如期回收投资和偿还贷款,直接决定了项目的投资和贷款能否顺利进行。

(3)评价项目的承受风险能力。

考虑到未来的市场有很多不确定因素,因此,应当考核项目承受客观因素变动的能力,即承受风险的能力。承受风险的能力越强,项目越可行。

### 三、财务评价的内容与评价指标

(1)财务盈利能力评价主要考察投资项目的盈利水平。因此,需编制全部投资现金流量表、自有资金现金流量表和损益表三个基本财务报表,还需计算财务内部收益率、财务净现值、投资回收期、投资收益率等指标。

(2)投资项目的资金构成一般可分为借入资金和自有资金。自有资金可长期使用,而借入资金必须按期偿还。项目的投资者自然要关心项目偿债能力;借入资金的所有者——债权人也非常关心贷出资金能否按期收回本息。项目偿债能力分析可在编制贷款偿还表的基础上进行。为了表明项目的偿债能力,可按尽早还款的方法计算。在计算中,贷款利息一般做如下假设:长期借款,当年贷款按半年计息,当年还款按全年计息。

(3)外汇平衡分析主要考察涉及外汇收支的项目在计算期内各年的外汇余缺程度,在编制外汇平衡表的基础上,了解各年外汇余缺状况,对外汇不能平衡的年份根据外汇短缺程度,提出切实可行的解决方案。

(4)不确定性分析是指在信息不足,无法用概率描述因素变动规律的情况下,估计可变因素变动对项目可行性的影响程度及项目承受风险能力的一种分析方法。不确定性分析包括盈亏平衡分析和敏感性分析。

(5)风险分析是指在可变因素的概率分布已知的情况下,分析可变因素在各种可能状态下项目经济评价指标的取值,从而了解项目的风险状况。

### 四、财务评价的程序

建设项目财务评价一般按照以下流程开展。

(1)收集、整理和计算有关财务基础数据资料。根据项目市场调查和分析结果,以及现行价格体系和财税制度进行财务数据分析,确定项目计算期,估算出项目的投资额、销售收入、总成本、利润及税金等一系列财务基础数据,并将这些财务基础数据编制成财务数据估算表。

(2)编制财务评价报表。根据财务数据估算表,分别编制现金流量表、利润与利润分配表、资产负债表和借款偿还计划表等财务评价报表。

(3)财务评价指标的计算与评价。根据财务评价报表,计算财务净现值、财务内部收益率、投资回收期、总投资收益率、资本金净利润率、借款偿还期、利息备付率和偿债备付率等财务评价指标,并分别与对应的项目评价参数进行比较,对各项财务状况作出评价并得出结论。

（4）进行不确定性分析。通过盈亏平衡分析、敏感性分析及概率分析等不确定性分析方法,分析项目可能面临的风险及项目在不确定情况下的抗风险能力,得出项目在不确定情况下的财务评价结论和建议。

### 五、财务评价指标体系与方法

建设项目财务评价指标体系根据不同的标准,可做不同的分类。根据计算项目财务评价指标时是否考虑资金的时间价值,可将常用的财务评价指标分为静态指标和动态指标两类,如图 2-2 所示。静态评价指标主要用于技术经济数据不完备和不精确的方案初选阶段,或对寿命期比较短的方案进行评价;动态评价指标则用于方案最后决策前的详细可行性研究阶段,或对寿命期较长的方案进行评价。项目财务评价指标按评价内容不同,还可分为盈利能力分析指标和清偿能力分析指标两类,如图 2.2 所示。

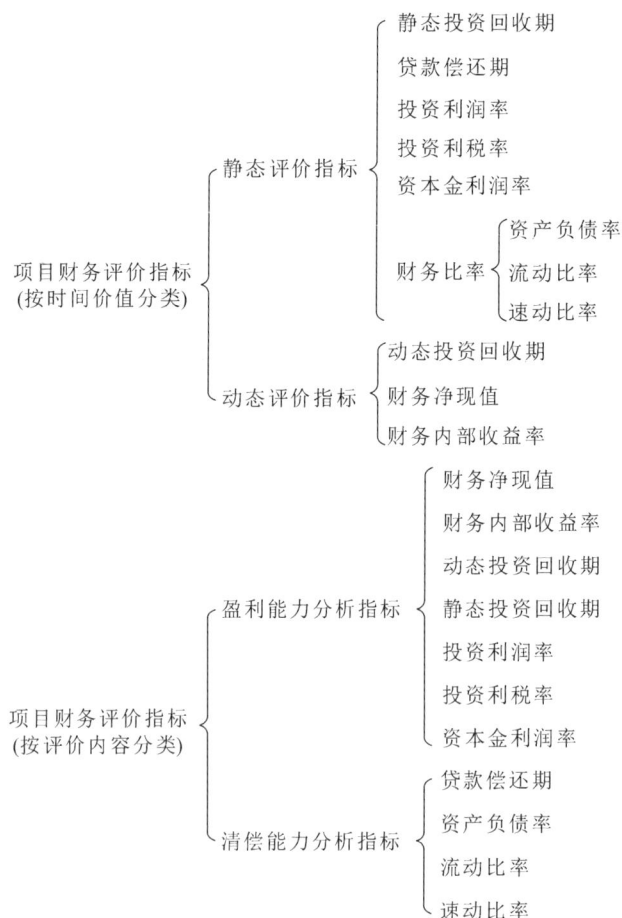

项目财务评价指标
(按时间价值分类)
- 静态评价指标
  - 静态投资回收期
  - 贷款偿还期
  - 投资利润率
  - 投资利税率
  - 资本金利润率
  - 财务比率
    - 资产负债率
    - 流动比率
    - 速动比率
- 动态评价指标
  - 动态投资回收期
  - 财务净现值
  - 财务内部收益率

项目财务评价指标
(按评价内容分类)
- 盈利能力分析指标
  - 财务净现值
  - 财务内部收益率
  - 动态投资回收期
  - 静态投资回收期
  - 投资利润率
  - 投资利税率
  - 资本金利润率
- 清偿能力分析指标
  - 贷款偿还期
  - 资产负债率
  - 流动比率
  - 速动比率

图 2.2    财务评价指标体系

## 六、建设项目财务评价方法

### (一)财务盈利能力评价

财务盈利能力评价主要考察投资项目的盈利水平。因此,需编制全部投资现金流量表、自有资金现金流量表和损益表三个基本财务报表,还需计算财务内部收益率、财务净现值、投资回收期、投资收益率等指标。

(1) 财务净现值(FNPV)。

财务净现值是指把项目计算期内各年的财务净现金流量,按照给定的标准折现率(基准收益率)折算到建设期初(项目计算期第一年年初)的现值之和。财务净现值是考察项目在其计算期内盈利能力的主要动态评价指标,其表达式为

$$\text{FNPV} = \sum_{t=0}^{n} (\text{CI} - \text{CO})_t (1 + i_c)^{-t}$$

式中:FNPV——财务净现值;

$(\text{CI} - \text{CO})_t$——第 $t$ 年的净现金流量;

$n$——项目计算期;

$i_c$——标准折现率。

如果项目建成投产后,各年净现金流量相等,均为 $A$,投资现值为 $K_p$,其计算公式为

$$\text{FNPV} = A \times (p/A, i_c, n) - K_p$$

如果项目建成投产后,各年净现金流量不相等,则财务净现值只能按照上述公式计算。财务净现值表示建设项目的收益水平超过基准收益的额外收益。该指标用于投资方案的经济评价时,财务净现值大于等于零,项目可行。

【例 2.5】　某工程项目第 1 年投资 1000 万元,第 2 年投资 500 万元,两年建成投产并获得收益。每年的收益和经营成本如表 2.5 所示。该项目寿命期为 8 年。若基准折现率为 5%,试计算该项目的净现值,并判断方案是否可行。

**表 2.5　某工程项目净现金流量表**

| 年 | 0 | 1 | 2 | 3 | 4 | 5 | 6 | 7 | 8 | 9 |
|---|---|---|---|---|---|---|---|---|---|---|
| 净现金流量 | −1000 | −500 | 100 | 150 | 250 | 250 | 250 | 250 | 250 | 300 |

**解**　该项目的净现值为

$$\begin{aligned}
\text{FNPV} &= 100(P/F, 5\%, 2) + 150(P/F, 5\%, 3) + 250(P/A, 5\%, 5)(P/F, 5\%, 3) \\
&\quad + 300(P/F, 5\%, 9) - 500(P/F, 5\%, 1) - 1000 \\
&= -127.5945(万元)
\end{aligned}$$

因为该项目的 FNPV<0,所以该项目不可行,不能接受。

(2) 财务内部收益率(FIRR)。

财务内部收益率是指项目在整个计算期内各年财务净现金流量的现值之和等于零时的折现率,也就是使项目的财务净现值等于零时的折现率,其表达式为

$$\text{NPV(IRR)} = \sum_{t=0}^{n} (\text{CI} - \text{CO})_t (1 + \text{IRR})^{-t}$$

式中：IRR——内部收益率。

财务内部收益率是反映项目实际收益率的一个动态指标，该指标越大越好。一般情况下，财务内部收益率大于等于基准收益率时，项目可行。财务内部收益率的计算过程如下：

① 用估计的某一折现率对拟建项目整个计算期内各年财务净现金流量进行折现，并求出净现值。如果得到的财务净现值等于零，则选定的折现率即为财务内部收益率；如果得到的净现值为正数，则再选一个更高的折现率再次试算，直至正数财务净现值接近零为止。

② 在第①步的基础上，再继续提高折现率，直至计算出接近零的负数财务净现值为止。

③ 根据上两步计算所得的正、负财务净现值及其对应的折现率，运用试差法的公式计算财务内部收益率，其计算公式为

$$FIRR = i_1 + (i_2 - i_1) \times \frac{FNPV_1}{FNPV_1 - FNPV_2}$$

式中：FIRR——财务内部收益率。

【例 2.6】 已知某建设工程项目已开始运营。如果运营期是已知的并且不会发生变化，那么采用不同的折现率就会影响到项目所获得的净现值，可以利用不同的净现值来估算项目的财务内部收益率。根据定义，项目的财务内部收益率是当项目净现值等于零时的收益率。采用试差法，当折现率为 16% 时，某项目的净现值是 338 元；当折现率为 18% 时，净现值是 −22 元，则其财务内部收益率计算方法如下。

**解**

$$FIRR = i_1 + (i_2 - i_1) \times \frac{FNPV_1}{FNPV_1 - FNPV_2}$$
$$= 16\% + (18\% - 16\%) \times [338 \div (338 + 22)]$$
$$\approx 17.88\%$$

（3）投资回收期。

投资回收期按照是否考虑资金时间价值，可以分为静态投资回收期和动态投资回收期。

① 静态投资回收期。静态投资回收期是指以项目每年的净收益回收项目全部投资所需要的时间，是考察项目财务上投资回收能力的重要指标。这里的全部投资既包括固定资产投资，又包括流动资金投资。项目每年的净收益是指税后利润加折旧。静态投资回收期的表达式为

$$\sum_{t=1}^{P_t} (CI - CO)_t = 0$$

式中：$p_t$——静态投资回收期。

静态投资回收期一般以"年"为单位，自项目建设开始年算起。当然，也可以计算自项目建成投产年算起的静态投资回收期，但对于这种情况，需要加以说明，以防止两种情况的混淆。如果项目建成投产后，每年的净收益相等，则投资回收期的计算公式为

$$P_t = \frac{K}{NB} + T_k$$

式中：$K$——全部投资；

NB——每年的净收益；

$T_k$——项目建设期。

如果项目建成投产后各年的净收益不相同，则静态投资回收期可根据累计净现金流量求得，其计算公式为

$$P_t = 累计净现金流量开始出现正值的年份 - 1 + \dfrac{上年度累计净现金流量的绝对值}{当年净现金流量}$$

当静态投资回收期小于等于基准投资回收期时,项目可行。

**【例 2.7】**　某项目现金流量表如表 2.6 所示,求其静态投资回收期。

表 2.6　某项目现金流量表

| T 年末 | 0 | 1 | 2 | 3 | 4 | 5 | 6 |
|---|---|---|---|---|---|---|---|
| 净现金流量 | −550 | −600 | −200 | 76 | 312 | 560 | 560 |
| 累计净现金流量 | −550 | −1150 | −1350 | −1274 | −962 | −402 | 158 |

**解**　计算累计净现金流量

$$P_t = T - 1 + \dfrac{第(T-1)年累计净现金流量的绝对值}{第\ T\ 年净现金流量} = 6 - 1 + \dfrac{402}{560} = 5.72(年)$$

② 动态投资回收期。动态投资回收期是指在考虑资金时间价值的情况下,以项目每年的净收益回收项目全部投资所需要的时间。这个指标主要是为了克服静态投资回收期指标没有考虑资金时间价值的缺点而提出的。动态投资回收期的表达式为

$$\sum_{t=0}^{p'_t} (CI - CO)_t (1 + i_c)^{-t} = 0$$

式中: $p'_t$ ——动态投资回收期。

动态投资回收期是在考虑项目合理收益的基础上收回投资的时间,只要在项目寿命期结束之前能够收回投资,就表示项目已获得合理的收益。因此,只要动态投资回收期不大于项目寿命期,项目就可行。

(4) 投资收益率。

投资收益率又称投资效果系数,是指项目达到设计能力后,每年的净收益与项目全部投资的比率,是考察项目单位投资盈利能力的静态指标,其表达式为

投资收益率=年净收益或年平均净收益/投资总额×100%

当项目在正常生产年份内各年的收益情况变化幅度较大时,可用年平均净收益替代年净收益来计算投资收益率。采用投资收益率对项目进行经济评价时,若投资收益率不小于行业平均投资收益率(或投资者要求的最低收益率),项目即可行。投资收益率指标因计算口径不同,又可分为投资利润率、投资利税率、资本金利润率等指标,其计算公式分别为

投资利润率=利润总额/投资总额

年利润总额=年销售收入−年总成本费用−销售税金及附加

投资利税率=(年利润总额+销售税金及附加)/投资总额

=(年销售收入−年总成本费用)/投资总额

资本金利润率=税后利润/资本金

**(二)清偿能力评价**

投资项目的资金构成一般可分为借入资金和自有资金。自有资金可长期使用,而借入资金必须按期偿还。项目的投资者自然要关心项目偿债能力;借入资金的所有者——债权人也非常关心贷出资金能否按期收回本息。因此,偿债分析是财务分析中的一项重要内容。

(1) 贷款偿还期。

项目偿债能力分析可在编制贷款偿还表的基础上进行。为表明项目的偿债能力,可按

尽早还款的方法计算。计算中,贷款利息一般作如下假设:长期借款,当年贷款按半年计息,当年还款按全年计息。假设在建设期借入资金,生产期逐期归还,其计算公式为

$$建设期年利息＝(年初借款累计＋本年借款/2)×年利率$$

$$生产期年利息＝年初借款累计×年利率$$

流动资金借款及其他短期借款按全年计息。贷款偿还期的计算公式与投资回收期公式相似,其计算公式为

$$贷款偿还期＝借款偿还后出现盈余的年份数－1＋\frac{当年应偿还借款额}{当年可用于还款的资金额}$$

贷款偿还期小于等于借款合同规定的期限时,项目可行。

(2)资产负债率。

$$资产负债率＝负债总额/资产总额$$

资产负债率反映项目总体偿债能力。这一比率越低,则偿债能力越强。但是资产负债率的高低还反映了项目利用负债资金的程度,因此,该指标水平应适度。

(3)流动比率。

$$流动比率＝流动资产总额/流动负债总额$$

该指标反映企业偿还短期债务的能力。流动比率越高,意味着将有更多的流动资产作保障,短期偿债能力就越强。但是可能会导致流动资产利用效率低下,影响项目效益。因此,流动比率一般以 2:1 为宜。

(4)速动比率。

$$速动比率＝速动资产总额/流动负债总额$$

该指标反映了企业在很短时间内偿还短期债务的能力。速动资产＝流动资产－存货,是流动资产中变现最快的部分,速动比率越高,短期偿债能力越强。同样,速动比率过高也会影响资产利用效率,进而影响企业经济效益。因此,速动比率一般以 1 左右为宜。

### (三)不确定性分析

#### 1.盈亏平衡分析

(1)盈亏平衡分析的基本原理。

盈亏平衡分析主要研究建设项目投产后,以利润为零时产量的收入与费用支出的平衡为基础,在既无盈利又无亏损的情况下,测算项目的负荷状况,分析项目适应市场变化的能力,衡量建设项目抵抗风险的能力。项目利润为零时产量的收入与费用支出的平衡点,被称为盈亏平衡点(BEP),用生产能力利用率或量表示。项目的盈亏平衡点越低,说明项目适应市场变化的能力越强,抗风险的能力越大,亏损的风险越小。

在进行盈亏平衡分析时,需要一些假设条件作为分析的前提,包括以下几种:

① 产量变化,单位产品变动成本不变,总成本是产量或销售数量的函数;

② 产量等于销售数量;

③ 变动成本随产量成正比例变化;

④ 在所分析的产量范围内,固定成本保持不变;

⑤ 产量变化时,销售单价不变,销售收入是销售价格和销售数量的线性函数;

⑥ 只计算一种产品的盈亏平衡点,如果是生产多种产品的,则将产品组合,且生产数量的比例应保持不变。

(2) 盈亏平衡分析的基本方法。

① 代数法。代数法是以代数方程来计算盈亏平衡点的一种方法,其计算公式为

$$\text{BEP}_Q = \frac{F}{R - V - T}$$

式中:$F$——项目年总固定成本;

　　　$V$——单位产品变动成本;

　　　$T$——单位产品税金;

　　　$R$——单位产品销售价格。

生产能力利用率盈亏平衡点计算公式为:

$$\text{BEP}_r = \frac{F}{(R - V - T) \times Q} \times 100\%$$

式中:$Q$——项目设计生产能力。

② 几何法。几何法是通过图示的方法,把项目的销售收入、总成本费用、产销量三者之间的变动关系反映出来,从而确定盈亏平衡点的方法。几何法求解盈亏平衡点—盈亏平衡图如图 2.3 所示。

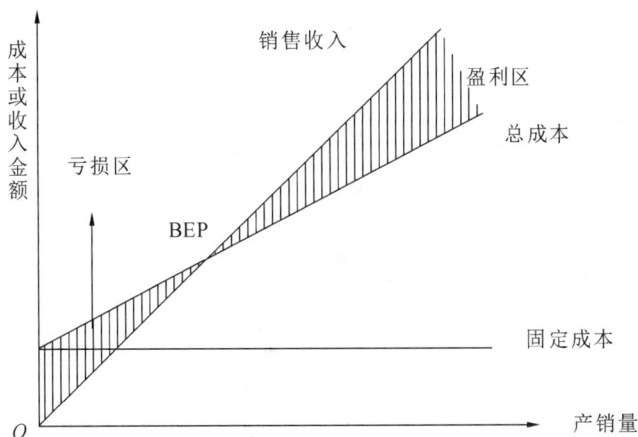

图 2.3　几何法求解盈亏平衡点

盈亏平衡图用横坐标表示产销量,纵坐标表示成本或收入金额。销售收入与总成本线相交处,即为盈亏平衡点。盈亏平衡产量、盈亏平衡价格、盈亏平衡单位产品可变成本、盈亏平衡生产能力利用率,其计算公式分别为

盈亏平衡产量　　　　　　$Q^* = F / [P(1-k) - C_V]$

盈亏平衡价格　　　　　　$p^* = (F + C_V Q_c) / [(1-k) \times Q_c]$

盈亏平衡单位产品可变成本　$C_V^* = P(1-k) - F / Q_c$

盈亏平衡生产能力利用率　　$a^* = Q^* / Q_c \times 100\%$

式中:$Q_c$——设计生产能力;

　　　$C_V$——单位产品变动成本;

　　　$P$——单位产品售价;

　　　$F$——固定成本;

　　　$K$——销售税金及附加的税率。

盈亏平衡产量表示项目的保本产量,盈亏平衡产量越低,项目保本越容易,则项目风险

越低;盈亏平衡价格表示项目可接受的最低价格,该价格仅能收回成本,价格水平越低,表示单位产品成本越低,项目的抗风险能力就越强;盈亏平衡单位产品可变成本表示单位产品可变成本的最高上限,实际单位产品可变成本低于该成本时,项目盈利。因此,$C_V^*$ 越大,项目的抗风险能力越强。

**【例 2.8】** 某项目设计生产能力为年产 50 万件产品,根据资料分析,估计单位产品价格为 100 元,单位产品可变成本为 80 元,固定成本为 300 万元,试用生产能力利用率、产量、单位产品价格分别表示项目的盈亏平衡点。已知该产品销售税金及附加的合并税率为 5%。

**解**　　生产能力利用率 $a^* = Q^*/Q_c \times 100\%$

$$= \frac{300}{(100-80-100\times5\%)\times50}\times100\% = 40\%$$

$$产量 = 40\%\times500000 = 200000(件)$$

$$单位产品价格 = \frac{F+C_VQ_c}{(1-k)Q_c} = \frac{3000000+80\times500000}{(1-0.05)\times500000} = 90.53(元)$$

**【例 2.9】** 某房地产开发公司拟开发一普通住宅,建成后,每平方米售价为 7000 元,已知住宅项目总建筑面积为 2000 m²,营业税金及附加税率为 5.565%,预计每平方米建筑面积的可变成本 3700 元,假设开发期间的固定成本为 400 万元,计算盈亏平衡点时的销售量和生产能力利用率,并计算项目预期利润。

**解**　BEP(销售量) $= \dfrac{年固定成本}{单位产品售价-单位产品销售税金及附加-单位产品可变成本}$

$$= \frac{4000000}{7000\times(1-5.565\%)-3700} = 1374.36(m^2)$$

$$BEP(生产能力利用率) = \frac{BEP(销售量)}{Q_c}\times100\% = \frac{1374.36}{2000}\times100\% = 68.72\%$$

预期利润 = 单位售价×销售量×(1-营业税金及附加税率)

　　　　-固定成本-单位可变成本×销售量

$$= 7000\times2000\times(1-5.565\%)-4000000-3700\times2000 = 182.09(万元)$$

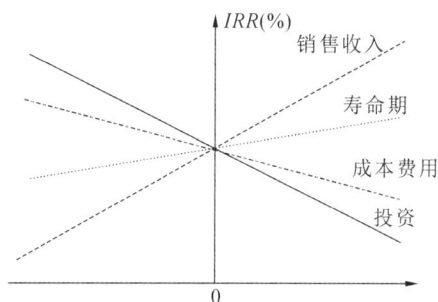

图 2.4　敏感性分析图

**2. 敏感性分析**

(1) 敏感性分析的概念、作用。

**概念:** 敏感性分析就是研究某些影响因素的不确定性给经济效果带来的不确定性影响。具体地说,就是研究某一拟建项目中的各个影响因素(单价、产量、成本、投资等),在所指定的范围内变动时,而引起其经济效果指标(净现值、内部收益率、投资回收期等)的变化。敏感性分析图如图2.4 所示。

目的和作用:

① 研究影响因素变动所引起的经济效果指标变动的范围;

② 找出影响工程项目经济效果的关键因素;

③ 通过多方案敏感性大小的对比,选取敏感性小的方案,也就是风险小的方案;

④ 通过对可能出现的最有利和最不利经济效果范围的分析,用寻找替代方案或对原方案采取某些控制措施的方法,来确定最现实的方案。

(2) 敏感性分析的基本方法。

① 确定敏感性分析的经济评价指标。敏感性分析的经济评价指标是指敏感性分析的对象,必须针对不同的项目特点和要求,选择最能反映项目盈利能力和偿债能力的经济评价指标作为敏感性分析的对象,例如项目的净现值和内部收益率等动态指标,投资回收期等静态指标。最常用的敏感性分析是分析全部投资内部收益率指标对变量因素的敏感程度。

② 选取不确定因素,设定不确定因素的变化幅度和范围。所选取的不确定因素是有可能对经济评价指标结果有较大影响,且有可能成为敏感性因素的那些影响因素。所以在选择时,要在预计的变化范围内,找出那些对经济评价指标值有较强影响的不确定因素。

③ 计算不确定因素对经济评价指标值的影响程度。计算方法是在固定其他不确定因素的条件下,依次按照事先预定的变化幅度来变动其中某个不确定因素,并计算出该不确定因素的变动对经济评价指标的影响程度(变化率),找出这个不确定因素变动幅度和经济评价指标变动幅度之间的关系,并绘制图表。

④ 确定敏感性因素。根据不确定因素的变动幅度与经济评价指标变动率的对应关系,通过比较找出对经济评价指标影响最强的因素,即为项目方案的敏感性因素。

⑤ 综合分析项目方案的各类因素。针对确定的敏感性因素,应分析研究不确定性产生的根源,并且在项目具体实施过程中尽量避免这些不确定性的发生,有效控制项目方案的实施。

某因素对全部投资内部收益率的影响曲线越接近于纵坐标,表明该因素敏感性越大;反之,影响曲线越接近于横坐标,表明该因素敏感性越小。

【例 2.10】 某建设项目投产后年产某产品 10 万台,每台售价 800 元,年总成本 5000 万元,项目总投资 9000 万元,销售税率为 12%,项目寿命期 15 年。以产品销售价格、总投资、总成本为变量因素,各按照±10%和±20%的幅度变动,试对该项目的投资利税率进行敏感性分析。

解　　　　　投资利税率=(年销售收入-年总成本费用)/项目总投资

根据题目给定数据分别计算 3 个不确定因素的不同变动幅度对投资利税率的影响程度,计算结果如表 2.7 所示。

表 2.7　敏感性分析计算表

| 项目 | | 年产量/万台 ① | 单价/元 ② | 销售收入/万元 ③=①×② | 年总成本/万元 ④ | 总投资/万元 ⑤ | 年利税/万元 ⑥=③-④ | 投资利税率/(%) ⑦=⑥÷⑤ | 敏感度系数/(%)⑧ |
|---|---|---|---|---|---|---|---|---|---|
| 基本方案 | | 10 | 800 | 8000 | 5000 | 9000 | 3000 | 33 | |
| 产品售价 | -20% | 10 | 640 | 6400 | 5000 | 9000 | 1400 | 15.56 | -87.2 |
| | -10% | 10 | 720 | 7200 | 5000 | 9000 | 2200 | 24.44 | -85.6 |
| | +10% | 10 | 880 | 8800 | 5000 | 9000 | 3800 | 42.22 | +92.2 |
| | +20% | 10 | 960 | 9600 | 5000 | 9000 | 4600 | 51.11 | +90.6 |

续表

| 项目 | | 年产量/万台 ① | 单价/元 ② | 销售收入/万元 ③=①×② | 年总成本/万元 ④ | 总投资/万元 ⑤ | 年利税/万元 ⑥=③-④ | 投资利税率/(%) ⑦=⑥÷⑤ | 敏感度系数/(%)⑧ |
|---|---|---|---|---|---|---|---|---|---|
| 总投资 | -20% | 10 | 800 | 8000 | 5000 | 7200 | 3000 | 41.67 | +43.35 |
| | -10% | 10 | 800 | 8000 | 5000 | 8100 | 3000 | 37.03 | +40.30 |
| | +10% | 10 | 800 | 8000 | 5000 | 9900 | 3000 | 30.30 | -27.00 |
| | +20% | 10 | 800 | 8000 | 5000 | 10800 | 3000 | 27.78 | -26.10 |
| 总成本 | -20% | 10 | 800 | 8000 | 4000 | 9000 | 4000 | 44.44 | +57.2 |
| | -10% | 10 | 800 | 8000 | 4500 | 9000 | 3500 | 38.89 | +58.9 |
| | +10% | 10 | 800 | 8000 | 5500 | 9000 | 2500 | 27.78 | -52.2 |
| | +20% | 10 | 800 | 8000 | 6000 | 9000 | 2000 | 22.22 | -53.9 |

注:不确定因素发生时,敏感度系数=相应指标的变化率/不确定因素变化率。

从表 2.7 可以得出结论:产品价格为最敏感因素,只要销售价格增长 1%,投资利税率可增长 60% 以上,其次是成本。

一般来说,项目相关因素的不确定性是建设项目具有风险性的根源。敏感性强的因素,其不确定性给项目带来更大的风险。因此,敏感性分析的核心是从诸多影响因素中找出最敏感因素,并设法对该因素进行有效控制,以降低项目经济效益的损失。

### 七、基础财务报表的编制

为了进行投资项目的经济效果分析,需编制的财务报表主要有财务现金流量表、损益表、资金来源与运用表和资产负债表。对于大量使用外汇的项目,还要编制外汇平衡表。

#### (一)现金流量及现金流量表的概念

在商品货币经济体系下,任何建设项目的效益和费用都可以抽象为现金流量系统。从项目财务评价角度看,在某一时点上流出项目的资金称为现金流出,记为 CO;流入项目的资金称为现金流入,记为 CI。现金流入与现金流出统称为现金流量,其中,现金流入为正现金流量,现金流出为负现金流量。同一时点上的现金流入量与现金流出量的代数和(CI-CO)称为净现金流量,记为 NCF。

#### (二)全部投资现金流量表的编制

全部投资现金流量表是站在项目全部投资的角度,或者说不区分投资资金来源,是在设定项目全部投资均为自有资金条件下的项目现金流量系统的表格式反映,如表 2.8 所示。表中计算期的年序为 $1,2,\cdots,n$,建设开始年作为计算期的第一年,年序为 1。当项目建设期以前所发生的费用占总费用比例不大时,为简化计算,这部分费用可列入年序 1。若需单独列出,可在年序 1 以前另加一栏"建设起点",年序填 0,将建设期以前发生的现金流出填入该栏。

(1) 现金流入为产品销售(营业)收入、回收固定资产余值、回收流动资金三项之和。

① 产品销售(营业)收入。产品销售(营业)收入是项目建成投产后对外销售产品或提

供劳务所取得的收入。对于房地产项目而言,主要指项目销售过程中取得的总收入。计算销售收入时,假设生产出来的产品全部售出,即销售量等于生产量,则

销售收入＝销售量×销售价格＝生产量×销售价格

销售价格一般采用出厂价格,也可根据需要采用送达用户的价格或离岸价格。产品销售(营业)收入的各年数据取自产品销售(营业)收入和销售税金及附加估算表。

②回收固定资产余值。固定资产余值在计算期最后一年回收。固定资产余值等于固定资产原值减去累计提取的折旧,可在折旧费估算表中用固定资产期末净值合计求得。

③回收流动资金。流动资金为项目正常生产年份流动资金的占用额,流动资金在计算期最后一年全额回收。

(2)现金流出包含固定资产投资、流动资金、经营成本及销售税金及附加。固定资产投资和流动资金的数额分别取自固定资产投资估算表及流动资金估算表。流动资金投入为各年流动资金增加额。经营成本是指总成本费用扣除固定资产折旧费、维简费、无形资产及递延资产摊销费和利息支出后的余额。其计算公式为

经营成本＝总成本费用－折旧费－维简费－摊销费－利息支出

经营成本取自总成本费用估算表。销售税金及附加包含增值税、营业税、消费税、资源税、城乡维护建设税和教育费附加,它们取自产品销售(营业)收入和销售税金及附加估算表。所得税的数据来源于损益表。

项目计算期各年的净现金流量为各年现金流入量减去对应年份的现金流出量,各年累计净现金流量为本年及以前各年净现金流量之和。

所得税前净现金流量为上述净现金流量加上所得税之和,也即在现金流出中不计入所得税时的净现金流量。

表 2.8　财务现金流量表(全部投资)　　　　　　　单位:万元

| 序号 | 项目 | 合计 | 建设期 | | 投产期 | | 达到设计能力生产期 | | | |
|---|---|---|---|---|---|---|---|---|---|---|
| | | | 1 | 2 | 3 | 4 | 5 | 6 | … | $n$ |
| | 生产负荷(%) | | | | | | | | | |
| 1 | 现金流入 | | | | | | | | | |
| 1.1 | 产品销售(营业)收入 | | | | | | | | | |
| 1.2 | 回收固定资产余值 | | | | | | | | | |
| 1.3 | 回收流动资金 | | | | | | | | | |
| 1.4 | 其他收入 | | | | | | | | | |
| 2 | 现金流出 | | | | | | | | | |
| 2.1 | 固定资产投资(含投资方向调节税) | | | | | | | | | |
| 2.2 | 流动资金 | | | | | | | | | |
| 2.3 | 经营成本 | | | | | | | | | |
| 2.4 | 销售税金及附加 | | | | | | | | | |
| 2.5 | 所得税 | | | | | | | | | |
| 3 | 净现金流量(1－2) | | | | | | | | | |

| 序号 | 项目 | 合计 | 建设期 | | 投产期 | | 达到设计能力生产期 | | | |
|---|---|---|---|---|---|---|---|---|---|---|
| | | | 1 | 2 | 3 | 4 | 5 | 6 | ⋯ | $n$ |
| 4 | 累计净现金流量 | | | | | | | | | |
| 5 | 所得税前净现金流量（3＋2.5） | | | | | | | | | |
| 6 | 所得税前累计现金流量 | | | | | | | | | |
| 计算指标 | 所得税前<br>财务内部收益率 FIRR<br>财务净现值 FNPV（$i=$设定的折现率）<br>投资回收期 | | | | | 所得税后<br>财务内部收益率 FIRR<br>财务净现值 FNPV（$i=$设定的折现率）<br>投资回收期 | | | | |

### （三）自有资金现金流量表的编制

自有资金现金流量表是站在项目投资主体角度考察项目的现金流入流出情况,从项目投资主体的角度看,建设项目投资借款是现金流入,但又同时将借款用于项目投资则在同一时点形成相同数额的现金流出,二者相抵,对净现金流量的计算无影响。因此,表中投资只计算自有资金。另一方面,现金流入又是因项目全部投资所获得的,故应将借款本金的偿还及利息支付计入现金流出,如表 2.9 所示。

（1）现金流入各项的数据来源与全部投资现金流量表相同。

（2）现金流出项目包括自有资金、借款本金偿还、借款利息支出、经营成本及税金。借款本金偿还由两部分组成:一部分为借款还本付息计算表中本年还本额;一部分为流动资金借款本金偿还,一般发生在计算期的最后一年。借款利息支付数额来自总成本费用估算表中的利息支出项。现金流出中其他各项与全部投资现金流量表中相同。

（3）项目计算期各年的净现金流量为各年现金流入量减去对应年份的现金流出量。

**表 2.9　财务现金流量表（自有资金）**　　　　　　　　　　单位:万元

| 序号 | 项目 | 合计 | 建设期 | | 投产期 | | 达到设计能力生产期 | | | |
|---|---|---|---|---|---|---|---|---|---|---|
| | | | 1 | 2 | 3 | 4 | 5 | 6 | ⋯ | $n$ |
| | 生产负荷（%） | | | | | | | | | — |
| 1 | 现金流入 | | | | | | | | | — |
| 1.1 | 产品销售（营业）收入 | | | | | | | | | — |
| 1.2 | 回收固定资产余值 | | | | | | | | | — |
| 1.3 | 回收流动资金 | | | | | | | | | — |
| 1.4 | 其他收入 | | | | | | | | | — |
| 2 | 现金流出 | | | | | | | | | — |
| 2.1 | 自有资金 | | | | | | | | | — |
| 2.2 | 借款本金偿还 | | | | | | | | | — |
| 2.3 | 借款利息支出 | | | | | | | | | — |

续表

| 序号 | 项目 | 合计 | 建设期 | | 投产期 | | 达到设计能力生产期 | | | |
|---|---|---|---|---|---|---|---|---|---|---|
| | | | 1 | 2 | 3 | 4 | 5 | 6 | … | n |
| 2.4 | 经营成本 | | | | | | | | — | |
| 2.5 | 销售税金及附加 | | | | | | | | — | |
| 2.6 | 所得税 | | | | | | | | — | |
| 3 | 净现金流量(1-2) | | | | | | | | — | |

计算指标　财务内部收益率 FIRR
财务净现值 FNPV($i$=设定的折现率)

### (四)损益表的编制

损益表用于反映项目计算期内各年的利润总额、所得税及税后利润的分配情况。损益表的编制以利润总额的计算过程为基础,如表 2.10 所示。利润总额的计算公式为

利润总额=营业利润+投资净收益+营业外收支净额

式中:营业利润=主营业务利润+其他业务利润-管理费-财务费

主营业务利润=主营业务收入-主营业务成本-销售费用-销售税金及附加营业外收支净额=营业外收入-营业外支出

在测算项目利润时,投资净收益一般属于项目建成投产后的对外再投资收益,这类活动在项目评价时难以估算,因此可以暂不计入。营业外收支净额,除非已有明确的来源和开支项目需单独列出,否则也暂不计入。

(1)产品销售(营业)收入、销售税金及附加、总成本费用的各年度数据分别取自相应的辅助报表。

(2)利润总额等于产品销售(营业)收入减去销售税金及附加再减去总成本费用。

(3)所得税=应纳税所得额×所得税税率。应纳税所得额为利润总额根据国家有关规定进行调整后的数额。在建设项目财务评价中,主要是按减免所得税及用税前利润弥补上年度亏损的有关规定进行调整。按现行《工业企业财务制度》的规定,企业发生的年度亏损,可以用下一年度的税前利润等弥补;下一年度利润不足弥补的,可以在 5 年内延续弥补;5 年内不足弥补的,用税后利润弥补。

(4)税后利润=利润总额-所得税。

(5)弥补损失主要是指支付被没收的财物损失,支付各项税收的滞纳金及罚款,以及弥补以前年度亏损。

(6)税后利润按法定盈余公积金、公益金、应付利润及未分配利润等项进行分配。

① 表 2.10 中法定盈余公积金按照税后利润扣除用于弥补损失的金额后的 10% 提取,盈余公积金已达注册资金 50% 时可以不再提取。公益金主要用于企业的职工集体福利设施支出。

② 应付利润为向投资者分配的利润。

③ 未分配利润主要是指向投资者分配完利润后剩余的利润,可用于偿还固定资产投资借款及弥补以前年度亏损。

表 2.10 损益表　　　　　　　　　　　　　　单位:万元

| 序号 | 项目 | 投产期 | | | 计算期 | | | 合计 |
|---|---|---|---|---|---|---|---|---|
| | | 3 | 4 | 5 | 6 | … | n | |
| | 生产负荷(%) | | | | | | | |
| 1 | 产品销售(营业)收入 | | | | | | | |
| 2 | 销售税金及附加 | | | | | | | |
| 3 | 总成本费用 | | | | | | | |
| 3.1 | 其中:折旧费 | | | | | | | |
| 3.2 | 摊销费 | | | | | | | |
| 4 | 利润总额(1-2-3) | | | | | | | |
| 5 | 弥补以前年度亏损 | | | | | | | |
| 6 | 应纳税所得额(4-5) | | | | | | | |
| 7 | 所得税 | | | | | | | |
| 8 | 税后利润(4-7) | | | | | | | |
| 9 | 盈余公积金 | | | | | | | |
| 10 | 公益金 | | | | | | | |
| 11 | 应付利润 | | | | | | | |
| 11.1 | 本年应付利润 | | | | | | | |
| 11.2 | 未分配利润转分配 | | | | | | | |
| 12 | 未分配利润 | | | | | | | |
| 13 | 累计未分配利润 | | | | | | | |

**(五)资金来源与运用表的编制**

资金来源与运用表能全面反映项目资金活动全貌。编制该表时,首先要计算项目计算期内各年的资金来源与资金运用情况,然后通过资金来源与资金运用的差额反映项目各年的资金盈余或短缺情况,如表 2.11 所示。项目资金来源包括利润、折旧、摊销、长期借款、短期借款、自有资金、其他资金、回收固定资产余值、回收流动资金等;项目资金运用包括固定资产投资、建设期利息、流动资金投资、所得税、应付利润、长期借款还本、短期借款还本等。项目的资金筹措方案和借款及偿还计划应能使表中各年度的累计盈余资金数额始终大于或等于零,否则项目将因资金短缺而不能按计划顺利运行。

资金来源与运用表反映项目计算期内各年的资金盈余或短缺情况,用于选择资金筹措方案,制定适宜的借款及偿还计划,并为编制资产负债表提供依据。

(1)利润总额、折旧费、摊销费数据分别取自损益表、固定资产折旧费估算表、无形及递延资产摊销估算表。

(2)长期借款、流动资金借款、其他短期借款、自有资金及"其他"项的数据均取自投资计划与资金筹措表。

(3)回收固定资产余值及回收流动资金见全部投资现金流量表编制中的有关说明。

（4）固定资产投资、建设期利息及流动资金数据取自投资计划与资金筹措表。

（5）所得税及应付利润数据取自损益表。

（6）长期借款本金偿还额为借款还本付息计算表中本年还本数；流动资金借款本金一般在项目计算期末一次偿还；其他短期借款本金偿还额为上年度的其他短期借款金额。

（7）盈余资金等于资金来源减去资金运用。

（8）累计盈余资金各年数额为当年及以前各年盈余资金之和。

表 2.11 资金来源与运用表　　　　　　　　　　　　单位：万元

| 序号 | 项目 | 建设期 | | 投产期 | | 达到设计能力生产期 | | | |
|---|---|---|---|---|---|---|---|---|---|
| | | 1 | 2 | 3 | 4 | 5 | 6 | ⋯ | $n$ |
| | 生产负荷(%) | | | | | | | | |
| 1 | 资金来源 | | | | | | | | |
| 1.1 | 利润总额 | | | | | | | | |
| 1.2 | 折旧费 | | | | | | | | |
| 1.3 | 摊销费 | | | | | | | | |
| 1.4 | 长期借款 | | | | | | | | |
| 1.5 | 流动资金借款 | | | | | | | | |
| 1.6 | 短期借款 | | | | | | | | |
| 1.7 | 资本金 | | | | | | | | |
| 1.8 | 其他资金 | | | | | | | | |
| 1.9 | 回收固定资产余值 | | | | | | | | |
| 1.10 | 回收流动资金 | | | | | | | | |
| 2 | 资金运用 | | | | | | | | |
| 2.1 | 固定资产投资(含投资方向调节税) | | | | | | | | |
| 2.2 | 建设期贷款利息 | | | | | | | | |
| 2.3 | 流动资金 | | | | | | | | |
| 2.4 | 所得税 | | | | | | | | |
| 2.5 | 应付利润 | | | | | | | | |
| 2.6 | 长期借款本金偿还 | | | | | | | | |
| 2.7 | 流动资金借款本金偿还 | | | | | | | | |
| 2.8 | 其他短期借款本金偿还 | | | | | | | | |
| 3 | 盈余资金 | | | | | | | | |
| 4 | 累计盈余资金 | | | | | | | | |

### （六）资产负债表的编制

资产负债表综合反映项目计算期内各年末资产、负债和所有者权益的增减变化情况及对应关系，用以考察项目资产、负债、所有者权益的结构是否合理，进行清偿能力分析，如表

2.12 所示。资产负债表的编制依据是"资产＝负债＋所有者权益"。

（1）资产由流动资产、在建工程、固定资产净值、无形及递延资产净值四项组成。

① 流动资产总额为应收账款、存货、现金、累计盈余资金之和。前三项数据取自流动资金估算表；累计盈余资金数额取自资金来源与运用表，但应扣除其中包含的回收固定资产余值及自有流动资金。

② 在建工程是指投资计划与资金筹措表中的年固定资产投资额，其中包括固定资产投资方向调节税和建设期利息。

③ 固定资产净值和无形及递延资产净值分别从固定资产折旧费估算表和无形及递延资产摊销估算表取得。

（2）负债包括流动负债和长期负债。流动负债中的应付账款数据可由流动资金估算表直接取得。流动资金借款和其他短期借款这两项流动负债及长期借款均指借款余额，需根据资金来源与运用表中的对应项及相应的本金偿还项进行计算。

① 长期借款及其他短期借款余额的计算公式为

$$第\ T\ 年借款余额 = \sum_{t=1}^{T} (借款 - 本金偿还)_t$$

式中：$(借款-本金偿还)_t$ 为资金来源与运用表中第 $t$ 年借款与同一年度本金偿还之差。

② 按照流动资金借款本金在项目计算期末用回收流动资金一次偿还的一般假设，流动资金借款余额的计算公式为

$$第\ T\ 年借款余额 = \sum_{t=1}^{T} (借款)_t$$

式中：$(借款)_t$ 为资金来源与运用表中第 $t$ 年流动资金借款额。若为其他情况，可参照长期借款的计算方法计算。

**表 2.12　资产负债表**　　　　　　　　　　　　　　　单位：万元

| 序号 | 项目 | 合计 | 建设期 | | 揽产期 | | 达到设计能力生产期 | | | |
|---|---|---|---|---|---|---|---|---|---|---|
| | | | 1 | 2 | 3 | 4 | 5 | 6 | … | $n$ |
| 1 | 资产 | | | | | | | | | |
| 1.1 | 流动资产 | | | | | | | | | |
| 1.1.1 | 应收账款 | | | | | | | | | |
| 1.1.2 | 存货 | | | | | | | | | |
| 1.1.3 | 现金 | | | | | | | | | |
| 1.1.4 | 累计盈余资金 | | | | | | | | | |
| 1.1.5 | 其他流动资产 | | | | | | | | | |
| 1.2 | 在建工程 | | | | | | | | | |
| 1.3 | 固定资产 | | | | | | | | | |
| 1.3.1 | 原值 | | | | | | | | | |
| 1.3.2 | 累计折旧 | | | | | | | | | |

续表

| 序号 | 项目 | 合计 | 建设期 | | 揽产期 | | 达到设计能力生产期 | | | |
|---|---|---|---|---|---|---|---|---|---|---|
| | | | 1 | 2 | 3 | 4 | 5 | 6 | … | $n$ |
| 1.3.3 | 净值 | | | | | | | | | |
| 1.4 | 无形及递延资产净值 | | | | | | | | | |
| 2 | 负债及所有者权益 | | | | | | | | | |
| 2.1 | 流动负债总额 | | | | | | | | | |
| 2.1.1 | 应付账款 | | | | | | | | | |
| 2.1.2 | 流动资金借款 | | | | | | | | | |
| 2.1.3 | 其他流动负债 | | | | | | | | | |
| 2.2 | 中长期借款 | | | | | | | | | |
| 2.2.1 | 中期借款 | | | | | | | | | |
| 2.2.2 | 长期借款 | | | | | | | | | |
| | 负债小计 | | | | | | | | | |
| 2.3 | 所有者权益 | | | | | | | | | |
| 2.3.1 | 资本金 | | | | | | | | | |
| 2.3.2 | 资本公积金 | | | | | | | | | |
| 2.3.3 | 累计盈余公积金 | | | | | | | | | |
| 2.3.4 | 累计未分配利润 | | | | | | | | | |

清偿能力分析:1.资产负债率(%)

　　　　　　　2.流动比率(%)

　　　　　　　3.速动比率

（3）所有者权益包括资本金、资本公积金、累计盈余公积金及累计未分配利润。其中，累计未分配利润可直接取自损益表；累计盈余公积金也可由损益表中的盈余公积金项计算各年份的累计值,但应根据有无用盈余公积金弥补亏损或转增资本金的情况进行相应调整。资本金为项目投资中的累计自有资金(扣除资本溢价),当存在由资本公积金或盈余公积金转增资本金的情况时应进行相应调整。资本公积金为累计资本溢价及赠款,转增资本金时需相应调整资产负债表,使其满足等式:资产＝负债＋所有者权益。

### （七）财务外汇平衡表的编制

　　财务外汇平衡表主要适用于存在外汇收支的项目,用以反映项目计算期内各年的外汇余缺程度,进行外汇平衡分析。

　　财务外汇平衡表格式如表 2.13 所示。"外汇余缺"可由表中其他各项数据,按照"外汇来源等于外汇运用"的等式直接推算。其他各项数据分别取自与收入、投资、资金筹措、成本费用、借款偿还等相关的估算报表或估算资料。

表 2.13　财务外汇平衡表　　　　　　　　　　单位:万元

| 序号 | 项目 | 建设期 | | 投产期 | | 达到设计能力生产期 | | | |
|---|---|---|---|---|---|---|---|---|---|
| | | 1 | 2 | 3 | 4 | 5 | 6 | … | n |
| | 生产负荷 | | | | | | | | |
| 1 | 外汇来源 | | | | | | | | |
| 1.1 | 产品销售外汇收入 | | | | | | | | |
| 1.2 | 外汇借款 | | | | | | | | |
| 1.3 | 其他外汇收入 | | | | | | | | |
| 2 | 外汇运用 | | | | | | | | |
| 2.1 | 固定资产中外汇支出 | | | | | | | | |
| 2.2 | 进口原材料 | | | | | | | | |
| 2.3 | 进口零部件 | | | | | | | | |
| 2.4 | 技术转让费 | | | | | | | | |
| 2.5 | 偿付外汇借款本息 | | | | | | | | |
| 2.6 | 其他外汇支出 | | | | | | | | |
| 2.7 | 外汇余缺 | | | | | | | | |

注:1. 其他外汇收入包括自筹外汇。
2. 技术转让费是指生产期支付的技术转让费。

## 思政育人

开展工程经济评价优秀案例教育,通过了解三峡工程、南水北调工程等国家重大工程项目历经几十年的漫长可行性研究过程,感受咨询工程师的严谨、审慎、负责的工作态度,以及客观、公正、科学的求实精神。方案的比选和优化是造价人员的基本工作,是提高工程咨询质量、增强决策科学性的关键工作。做好这项工作既是专业的要求,更是职业的使命。同时,开展反面典型案例教育,从决策失败的工程案例中探寻现金流归集错误、基础数据主观臆断、工程经济评价失误、决策建议疏忽等导致失败的缘由,警示工程经济评价看似只是纸面工作,但会切实影响现实工程和资金投入,以此激发钻研奋进、精益求精、追求卓越的品质,埋下工匠精神的种子。

# 课后习题

## 一、单选题

1. 关于项目决策与工程造价的关系,下列说法正确的是(　　)。

A. 项目不同决策阶段的投资估算精度要求是一致的

B. 项目决策的内容与工程造价无关

C. 项目决策的正确性不影响设备选型

D. 工程造价的金额会影响项目决策的结果

2. 对于技术密集型建设项目,选择建设地区应遵循的原则是(　　)。

A. 选择在大中型发达城市　　　　　B. 靠近原料产地

C. 靠近产品消费地　　　　　　　　D. 靠近电(能)源地

3. 在进行建设厂址多方案全寿命周期技术经济分析时,应计入项目投产后生产经营费用的是(　　)。

A. 拆迁补偿费　　　　　　　　　　B. 生活设施费

C. 动力设施费　　　　　　　　　　D. 原材料运输费

4. 某地 2019 年拟建一座年产 40 万吨某产品的化工厂。根据调查,该地区 2017 年已建年产 30 万吨相同产品项目的建筑工程费为 4000 万元,安装工程费为 2000 万元,设备购置费为 8000 万元。已知按 2019 年该地区价格计算的拟建项目设备购置费为 9500 万元,征地拆迁等其他费用为 1000 万元,且该区 2017 年至 2019 年建筑安装工程费平均每年递增 4%,则该拟建项目的静态投资估算为(　　)万元。

A. 16989.6　　　　B. 17910.0　　　　C. 18206.4　　　　D. 19152.8

5. 当初步设计深度不够,只有设备出厂价而无详细规格、重量时,编制设备安装工程费概算可选用的方法是(　　)。

A. 设备价值百分比法　　　　　　　B. 设备系数法

C. 综合吨位指标法　　　　　　　　D. 预算单价法

6. 世界银行贷款项目的投资估算常采用朗格系数法推算建设项目的静态投资,该方法的计算基数是(　　)。

A. 主体工程费　　　　　　　　　　B. 设备购置费

C. 其他工程费　　　　　　　　　　D. 安装工程费

## 二、多选题

1. 确定项目建设规模需要考虑的政策因素有(　　)。

A. 国家经济发展规划　　　　　　　B. 产业政策

C. 生产协作条件　　　　　　　　　D. 地区经济发展规划

E. 技术经济政策

2. 在技术改造项目中,可采用生产能力平衡法来确定合理生产规模。下列属于生产能力平衡法的是(　　)。

A. 盈亏平衡产量分析法　　　　　　B. 平均成本法

C. 最小公倍数法　　　　　　　　　D. 最大工序生产能力法

E. 设备系数法

3.流动资产的构成要素一般包括(　　)。

A.存货　　　　　　　　　　　B.库存现金

C.应收账款　　　　　　　　　D.应付账款

E.预付账款

4.在技术改造项目中,可采用生产能力平衡法来确定合理生产规模。下列属于生产能力平衡法的是(　　)。

A.盈亏平衡产量分析法　　　　B.平均成本法

C.最小公倍数法　　　　　　　D.最大工序生产能力法

E.设备系数法

## 三、案例题

1.某建设项目计算期20年,各年现金流量(CI−CO)及行业基准收益率 $i_c=10\%$ 的折现系数 $[1/(1+i_c)^{-t}]$ 如表2.14所示。

表2.14　各年现金流量表

| 年份 | 1 | 2 | 3 | 4 | 5 | 6 | 7 | 8 | 9~20 |
|---|---|---|---|---|---|---|---|---|---|
| 净现金流量/万元 | —180 | —250 | —150 | 84 | 112 | 150 | 150 | 150 | 12×150 |
| $i_c=10\%$ 的折现系数 | 0.909 | 0.826 | 0.751 | 0.683 | 0.621 | 0.564 | 0.513 | 0.467 | 3.18① |

注:① 3.18是第9年~第20年各年折现系数之和。

试根据项目的财务净现值(FNPV)判断此项目是否可行,并计算项目的静态投资回收期 $P_t$。

2.某拟建项目生产规模为年产某产品500万吨。现有生产规模为年产400万吨的同类产品的投资额为3000万元,设备投资的综合调整系数为1.08,生产能力指数为0.7。该项目年销售收入估算为14000万元,存货资金占用估算为4700万元,全部职工人数为1000人,每人每年工资及福利费估算为9600元,年其他费用估算为3500万元,年外购原材料、燃料及动力费为15000万元。各项资金的周转天数:应收账款为30天,现金为15天,应付账款为30天。估算该拟建项目的投资额、流动资金额及铺底流动资金。

3.拟建某星级宾馆,两年建成交付营业,资金来源为自有,营业期10年,出租率为100%。基本数据如下:

(1) 固定资产投资44165万元,第一年投入22083万元,第二年投入22082万元;

(2) 第三年注入流动资金7170万元;

(3) 预测年营业收入25900万元;

(4) 预计年销售税金及附加1813万元;

(5) 预计年经营成本13237万元;

(6) 年所得税2196万元;

(7) 第十年实现转售收入110000万元。

问题:试编制现金流量表,并计算该项目所得税后的投资回收期(计算投资回收期需列出计算式,计算结果保留两位小数)。若基准收益率为15%,则 $P'$ 为多少?

# 项目二

## 建设项目设计阶段工程造价控制

JIANSHE XIANGMU SHEJI JIEDUAN
GONGCHENG ZAOJIA KONGZHI

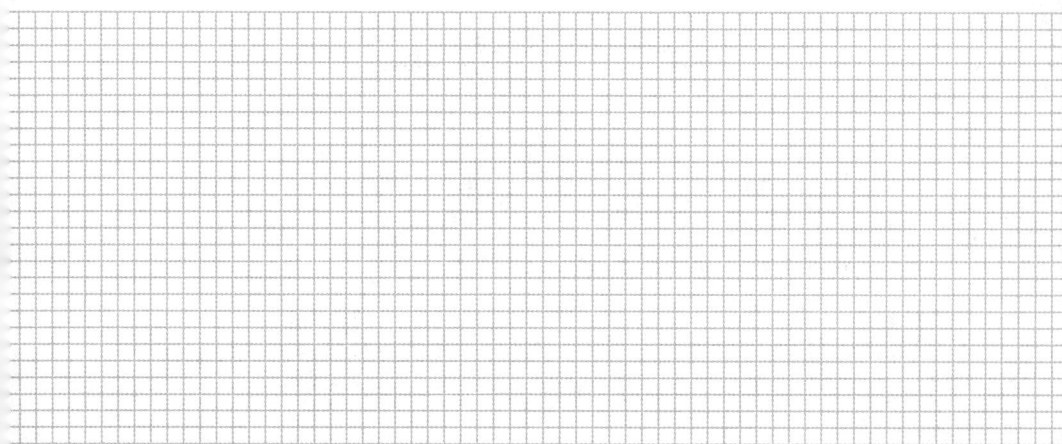

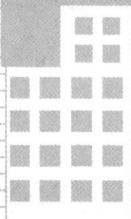

1. 熟悉设计阶段影响工程造价的主要因素;
2. 理解限额设计及价值工程原理;
3. 掌握设计方案评价与优化的内容和方法;
4. 掌握设计概算和施工图预算的编制方法。

　　某市城市投资有限公司为改善本市越江交通状况,拟定了以下两个投资方案。

　　**方案1**:在原桥基础上加固、扩建。该方案预计投资 40000 万元,建成后可通行 20 年。这期间每年需维护费用 1000 万元。每 10 年需进行一次大修,每次大修费用为 3000 万元,运营 20 年后报废时没有残值。

　　**方案2**:拆除原桥,在原址建一座新桥。该方案预计投资 120000 万元,建成后可通行 60 年。这期间每年需维护费用 1500 万元。每 20 年需进行一次大修,每次大修费用为 3000 万元,运营 60 年后报废时可回收残值 5000 万元。不考虑两方案建设期的差异,基准收益率为 6%。

　　该城市投资有限公司聘请专家对越江大桥应具备的功能进行了深入分析,认为从 $F_1$、$F_2$、$F_3$、$F_4$、$F_5$ 共 5 个方面对功能进行评价。其中,$F_1$ 和 $F_2$ 同样重要,$F_4$ 和 $F_5$ 同样重要,$F_1$ 相对于 $F_4$ 很重要,$F_1$ 相对于 $F_3$ 较重要。专家对两个方案的 5 个功能的评分结果如表 3.1 所示。资金时间价值系数表如表 3.2 所示。

表 3.1　各方案功能评分表

| 功能项目 | 方案 1 | 方案 2 |
|---|---|---|
| $F_1$ | 6 | 10 |
| $F_2$ | 7 | 9 |
| $F_3$ | 6 | 7 |
| $F_4$ | 9 | 8 |
| $F_5$ | 9 | 9 |

表 3.2　资金时间价值系数表

| $n$ | 10 | 20 | 30 | 40 | 50 | 60 |
|---|---|---|---|---|---|---|
| $(P/F,6\%,n)$ | 0.5584 | 0.3118 | 0.1741 | 0.0972 | 0.0543 | 0.0303 |
| $(A/F,6\%,n)$ | 0.1359 | 0.0872 | 0.0726 | 0.0665 | 0.0634 | 0.0619 |

　　**问题**:1. 计算各功能的权重。(权重计算结果保留 3 位小数)

　　2. 列式计算两方案的年费用。(计算结果保留 2 位小数)

　　3. 若采用价值工程方法对两方案进行评价,分别列式计算两方案的成本指数(以年费用为基础)、功能指数和价值指数,并根据计算结果确定最终应入选的方案。(计算结

果保留 3 位小数)

4.若未来将通过收取车辆通行费的方式收回该桥梁投资和维持运营,预计机动车年通行量不会少于 1500 万辆,分别列式计算两方案每辆机动车的平均最低收费额。(计算结果保留 2 位小数)

**解析:**

问题 1:根据背景资料所给出的条件,各功能权重的计算结果如表 3.3 所示。

**表 3.3　各功能权重的计算结果**

| | $F_1$ | $F_2$ | $F_3$ | $F_4$ | $F_5$ | 得分 | 权重 |
|---|---|---|---|---|---|---|---|
| $F_1$ | × | 2 | 3 | 4 | 4 | 13 | 0.325 |
| $F_2$ | 2 | × | 3 | 4 | 4 | 13 | 0.325 |
| $F_3$ | 1 | 1 | × | 3 | 3 | 8 | 0.200 |
| $F_4$ | 0 | 0 | 1 | × | 2 | 3 | 0.075 |
| $F_5$ | 0 | 0 | 1 | 2 | × | 3 | 0.075 |
| 合计 | | | | | | 40 | 1 |

问题 2:

方案 1 的年费用 $=1000+40000\times(A/P,6\%,20)+3000\times(P/F,6\%,10)\times(A/P,6\%,20)=1000+40000\times0.0872+3000\times0.5584\times0.0872=4634.08$(万元)

方案 2 的年费用 $=1500+120000\times(A/P,6\%,60)+5000\times(P/F,6\%,20)(A/P,6\%,60)+5000\times(P/F,6\%,40)(A/P,6\%,60)-5000\times(P/F,6\%,60)(A/P,6\%,60)=1500+120000\times0.0619+5000\times0.3118\times0.0619+5000\times0.0972\times0.0619-5000\times0.0303\times0.0619=9045.21$(万元)

问题 3:

(1)计算各方案成本指数

方案 1:$C_1=4634.08/(4634.08+9045.21)=0.339$

方案 2:$C_2=9045.21/(4638.08+9045.21)=0.661$

(2)计算各方案功能指数

① 各方案综合得分

方案 1:$6\times0.325+7\times0.325+6\times0.200+9\times0.075+9\times0.075=6.775$

方案 2:$10\times0.325+9\times0.325+7\times0.200+8\times0.075+9\times0.075=8.850$

② 各方案功能指数

方案 1:$F_1=6.775/(6.775+8.850)=0.434$

方案 2:$F_2=8.850/(6.775+8.850)=0.566$

(3)计算各方案价值指数

方案 1:$V_1=F_1/C_1=0.434/0.339=1.280$

方案 2:$V_2=F_2/C_2=0.566/0.661=0.856$

由于方案 1 的价值指数大于方案 2 的价值指数,故应选择方案 1。

问题 4:

方案 1 的最低收费额:$4634.08/1500=3.09$(元/辆)

方案 2 的最低收费额:$9045.20/1500=6.03$(元/辆)

## 学习任务 1　概述

### 一、工程设计的含义及阶段划分

#### （一）工程设计的含义

工程设计是指在工程开始施工之前，设计者根据已批准的设计任务书，为具体实现拟建项目的技术、经济要求，拟定建筑、安装及设备制造等所需的规划、图纸、数据等技术文件的工作。

#### （二）工程设计阶段的划分

设计阶段为保证工程建设和设计工作有机的配合和衔接，将工程设计划分为几个阶段。我国规定，对于一般工业项目与民用建设项目，设计按初步设计和施工图设计两个阶段进行，称为"两阶段设计"；对于技术上复杂而又缺乏设计经验的项目，可按初步设计、技术设计和施工图设计三个阶段进行，称为"三阶段设计"。

初步设计是设计的第一个阶段，设计单位根据批准的可行性研究报告或设计承包合同和基础资料进行初步设计，并编制初步设计文件。技术设计是对技术复杂而又无设计经验或特殊的建设工程，设计单位应根据初步设计文件进行技术设计，并编制技术设计文件（含修正总概算）。施工图设计是设计单位根据批准的初步设计文件（或技术设计文件）和主要设备订货情况进行施工图设计，并编制施工图设计文件（含施工图预算）。

图 3.1 反映了各阶段影响工程项目投资的一般规律。从图 3.1 中可以看出，初步设计阶段对投资的影响约为 80%，技术设计阶段对投资的影响约为 40%，施工图设计准备阶段对投资的影响约为 25%。在设计一开始就将控制投资的思想根植于设计人员的头脑中，可以保证选择恰当的设计标准和合理的功能水平。

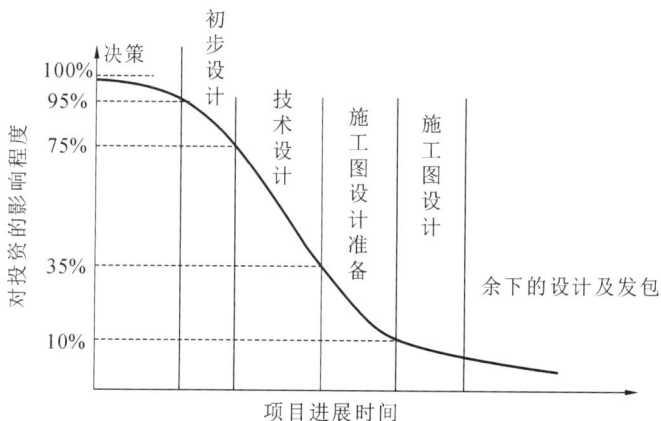

图 3.1　项目各阶段对投资影响程度

## 二、设计阶段影响工程造价的因素

### (一)影响工业建设项目工程造价的主要因素

#### 1.总平面设计

总平面设计是指总图运输设计和总平面配置。主要内容包括：厂址方案、占地面积和土地利用情况；总图运输、主要建筑物和构筑物及公用设施的配置；外部运输、水、电、气及其他外部协作条件等。总平面设计中影响工程造价的因素如下。

(1)现场条件。现场条件对工程造价的影响主要在地质、水文、气象条件等影响基础形式的选择、基础的埋深(持力层、冻土线)；地形地貌影响平面及室外标高的确定；场地大小、临近建筑物地上附着物等影响平面布置、建筑层数、基础形式及埋深。

(2)占地面积。占地面积的大小一方面影响征地费用的高低，另一方面也会影响管线布置成本及项目建成运营后的运输成本。

(3)功能分区。合理的功能分区既可以充分发挥建筑物的各项功能，又可以使总平面布置紧凑、安全，避免大挖大填，减少土石方量和节约用地，降低工程造价。对于工业建筑而言，合理的功能分区还可以使生产工艺流程顺畅，从全生命周期造价管理考虑还可以使运输简便，降低项目建成后的运营成本。

(4)运输方式。运输方式决定运输效率及成本，不同运输方式的效率和成本不同，要综合考虑建设项目生产工艺流程和功能区的要求，以及建设场地等具体情况，选择经济合理的运输方式。

#### 2.工艺设计

工艺设计阶段影响工程造价的主要因素有建设规模、标准和产品方案；工艺流程和主要设备的选型；主要原材料、燃料供应，生产组织及生产过程中的劳动定员情况，"三废"治理及环保措施。

#### 3.建筑设计

在进行建筑设计时，应首先考虑业主所要求的建筑标准，根据建筑物、构筑物的使用性质、功能及业主的经济实力等因素确定；其次应在考虑施工过程合理组织和施工条件的基础上，决定工程的立体平面设计和结构方案的工艺要求。建筑设计阶段影响工程造价的主要因素如下。

(1)平面形状。一般来说，建筑物平面形状越简单，单位面积造价越低。因为不规则的建筑物将导致室外工程、排水工程、砌砖工程及屋面工程等复杂化，增加工程费用。一般情况下，建筑物周长系数 $K_{周}$(建筑物周长与建筑面积比，即单位建筑面积所占外墙长度)越低，设计越经济。$K_{周}$按圆形、正方形、矩形、T形、L形的次序依次增大。

(2)流通空间。建筑物经济平面布置的主要目标之一，是在满足建筑物使用要求的前提下，将流通空间减少到最小。因为门厅、走廊、过道、楼梯以及电梯井等流通空间都不能为了获利目的而加以使用，但是却需要相当多的采光、采暖、装饰、清扫等方面的费用。

(3)空间组合。空间组合包括建筑物的层高、层数、室内外高差等因素。在建筑面积不变的情况下，建筑层高增加会引起各项费用的增加。例如，楼梯造价和电梯设备费用的增加,供暖空间体积的增加,墙面有关粉刷、装饰费用的提高。另外,由于施工垂直运输量增加,可能增加屋面造价等。建筑物层数对造价的影响,因建筑类型、形式和结构不同而不同。如果增加一个楼层不影响建筑物的结构形式,单位建筑面积的造价可能会降低。但是当建筑物超过一定层数时,结构形式就要改变,单位造价通常会增加。室内外高差过大,则建筑物的工程造价提高,高差过小又影响使用及卫生要求等。

(4)建筑物的体积与面积。建筑物尺寸的增加,一般会引起单位面积造价的降低。对于工业建筑,采用大跨度、大柱距的平面设计形式,可提高平面利用系数,从而降低工程造价。

(5)建筑结构。建筑结构的选择既要满足力学要求,又要考虑经济性。对于五层以下的建筑物一般选用砌体结构;对于大中型工业厂房一般选用钢筋混凝土结构;对于多层房屋或大跨度建筑,选用钢结构明显优于钢筋混凝土结构;对于高层或者超高层建筑,框架结构和剪力墙结构比较经济。

(6)柱网布置。柱网布置是确定柱子的行距(跨度)和间距(每行柱子中相邻两个柱子间的距离)的依据。柱网的选择与厂房中有无吊车、吊车的类型及吨位、屋顶的承重结构以及厂房的高度等因素有关。对于单跨厂房,当柱间距不变时,跨度越大单位面积造价越低。对于多跨厂房,当跨度不变时,中跨数目越多越经济。柱网布置是否合理,对工程造价和厂房面积的利用效率都有较大的影响。

### 4.材料和设备选用

建筑材料的选择是否合理,不仅直接影响到工程质量、使用寿命、耐火抗震性能,而且对施工费用、工程造价有很大影响。建筑材料一般占直接费的70%,降低材料费用,不仅可以降低直接费,而且还可以降低间接费。因此,设计阶段合理选择建筑材料,控制材料单价或工程量,是控制工程造价的有效途径。

现代建筑越来越依赖于设备。对于住宅来说,楼层越多设备系统越庞大。例如,高层建筑物内部空间的交通工具电梯,室内环境的调节设备如空调、通风、采暖等,各个系统的分布占用空间都在考虑之列,既有面积、高度的限额,又有位置的优选和规范的要求。因此,设备配置是否恰当,直接影响建筑产品整个寿命周期的成本。设备选用的重点因设计形式的不同而不同,应选择能满足生产工艺和生产能力要求的最适用的设备和机械。此外,根据工程造价资料的分析,设备安装工程造价约占工程总投资的20%~50%,由此可见设备方案设计对工程造价的影响。设备的选用应充分考虑自然环境对能源节约的有利条件,从建筑产品的整个寿命周期分析,能源节约是一笔不可忽略的费用。

### (二)影响民用建设项目工程造价的主要因素

民用建设项目设计是根据建筑物的使用功能要求,确定建筑标准、结构形式、建筑物空间与平面布置以及建筑群体的配置等。民用建筑设计包括住宅设计、公共建筑设计以及住宅小区设计。住宅建筑是民用建筑中最多、最主要的建筑形式。

### 1.住宅小区建设规划中影响工程造价的主要因素

在进行住宅小区建设规划时,要根据小区的基本功能和要求,确定各构成部分的合理层次与关系,据此安排住宅建筑、公共建筑、管网、道路及绿地的布局,确定合理人口与建筑密度、房屋间距和建筑层数,布置公共设施项目、规模及服务半径,以及水、电、热、煤气的供应等,并划分包括土地开发在内的上述各部分的投资比例。小区规划设计的核心问题是提高土地利用率。

（1）占地面积。居住小区的占地面积不仅直接决定土地费的高低，而且影响小区内道路、工程管线长度和公共设备的数量，而这些费用对小区建设投资的影响通常很大。因而，占地面积指标在很大程度上影响小区建设的总造价。

（2）建筑群体的布置形式。建筑群体的布置形式对用地的影响不容忽视，通过采取高低搭配、点条结合、前后错列以及局部东西向布置、斜向布置或拐角单元等手法节省用地。在保证小区居住功能的前提下，适当集中公共设施，提高公共建筑的层数，合理布置道路，充分利用小区内的边角用地，有利于提高建筑密度，降低小区的总造价。或者通过合理压缩建筑间距、适当提高住宅层数或高低层搭配以及适当增加房屋长度等方式节约用地。

2.民用住宅建筑设计中影响工程造价的主要因素

（1）建筑物平面形状和周长系数。与工业项目建筑设计类似，按使用指标来看，虽然圆形建筑 $K_周$ 最小，但由于施工复杂，施工费用较矩形建筑增加 20%～30%，故其墙体工程量的减少不能使建筑工程造价降低，而且使用面积有效利用率不高以及用户使用不便。因此，一般都建造矩形和正方形住宅，既有利于施工，又能降低造价且使用方便。在矩形住宅建筑中，又以长∶宽=2∶1为佳。一般住宅单元以 3～4 个单元、房屋长度 60～80 m 较为经济。

在满足住宅功能和质量的前提下，适当加大住宅宽度。这是由于宽度加大，墙体面积系数相应减少，有利于降低造价。

（2）住宅的层高和净高。住宅的层高和净高直接影响工程造价。根据不同性质的工程综合测算，住宅层高每降低 10 cm，可降低造价 1.2%～1.5%。层高降低还可提高住宅区的建筑密度，节约土地成本及市政设施费。但是，层高设计中还需考虑采光与通风问题，层高过低不利于采光及通风，因此，民用住宅的层高一般不宜超过 2.8 m。

（3）住宅的层数。在民用建筑中，在一定幅度内，住宅层数的增加具有降低造价和使用费用以及节约用地的优点。如表 3.4 所示，分析了砖混结构的住宅单方造价与层数之间的关系。

表 3.4　砖混结构多层住宅层数与造价的关系

| 住宅层数 | 一 | 二 | 三 | 四 | 五 | 六 |
|---|---|---|---|---|---|---|
| 单方造价系数/(%) | 138.05 | 116.95 | 108.38 | 103.51 | 101.68 | 100 |
| 边际造价系数/(%) | — | −21.1 | −8.57 | −4.87 | −1.83 | −1.68 |

由表 3.4 可知，随着住宅层数的增加，单方造价系数在逐渐降低，即层数越多越经济。但是边际造价系数也在逐渐减小，说明随着层数的增加，单方造价系数下降幅度减缓。根据《住宅设计规范》(GB 50096—2011)的规定，7 层及 7 层以上住宅或住户入口层楼面距室外设计地面的高度超过 16 m 时必须设置电梯，需要较多的交通面积（过道、走廊要加宽）和补充设备（供水设备和供电设备等）。当住宅层数超过一定限度时，要承受较强的风力荷载，需要提高结构强度，改变结构形式，会使工程造价大幅度上升。

（4）住宅单元组成、户型和住户面积。据统计，三居室住宅的设计比两居室的设计可降低 1.5% 左右的工程造价。四居室的设计又比三居室的设计降低 3.5% 的工程造价。衡量单元组成、户型设计的指标是结构面积系数（住宅结构面积与建筑面积之比值），系数越小设计方案越经济。因为结构面积小，有效面积就增加。结构面积系数除与房屋结构有关外，还与房屋外形及其长度和宽度有关,同时也与房间平均面积大小和户型组成有关。房屋平均面积越大,内墙、隔墙在建筑面积中所占比重就越小。

(5) 住宅建筑结构的选择。随着我国工业化水平的提高,住宅工业化建筑体系的结构形式多种多样,考虑工程造价时应根据实际情况,因地制宜、就地取材,采用适合本地区经济合理的结构形式。

### 3. 其他影响因素

除了以上几种因素之外,在设计阶段影响工程造价的因素还包括以下内容。

(1) 设计单位和设计人员的知识水平。

设计单位和设计人员的知识水平对工程造价的影响是客观存在的。为了有效地降低工程造价,设计单位和设计人员首先要能够充分利用现代设计理念,运用科学的设计方法优化设计成果;其次要善于将技术与经济相结合,运用价值工程理论优化设计方案;最后,设计单位和设计人员应及时与造价咨询单位进行沟通,使得造价咨询人员能够在前期设计阶段就参与项目,达到技术与经济的完美结合。

(2) 项目利益相关者。

设计单位和设计人员在设计过程中要综合考虑业主、承包商、建设单位、施工单位、监管机构、咨询单位、运营单位等利益相关者的要求和利益,并通过均衡利益诉求以达到和谐的目的,避免后期频繁出现设计变更而导致工程造价增加。

(3) 风险因素。

设计阶段承担着重大的风险,它对后续的工程招标和施工有着重要的影响。该阶段是确定建设工程总造价的一个重要阶段,决定着项目的总体造价水平。

## 学习任务 2 ｜ 限额设计与设计方案评价

### 一、限额设计的概念

限额设计是按照批准的设计任务书及投资估算控制初步设计,并依据批准的初步设计总概算控制施工图设计;同时,各专业在保证达到使用功能的前提下,按分配的投资限额开展设计工作,并严格控制技术设计和施工图设计的不合理变更,以保证总投资限额不被突破。

限额设计过程中,工程的使用功能不能减少,技术标准不能降低,工程规模也不能削减。限额设计需要在投资额度不变的情况下,实现使用功能和建设规模的最大化。它是工程造价控制系统中的一个重要环节,是设计阶段进行技术经济分析、实施工程造价控制的一项重要措施。

### 二、限额设计的工作内容

(1) 确定合理的设计限额目标。

投资决策阶段是限额设计的关键。对政府工程而言,投资决策阶段的可行性研究报告是政府部门核准投资总额的主要依据,而批准的投资总额则是进行限额设计的重要依据。因此,应在多方案技术经济分析和评价后确定最终方案,提高投资估算的准确度,从而确定合理的设计限额目标。

（2）确定合理的初步设计方案。

初步设计阶段需要依据最终确定的可行性研究方案和投资估算,对影响投资的因素按照专业进行分解,并将规定的投资限额下达到各专业设计人员。设计人员应用价值工程的基本原理,通过多方案技术经济比选,创造出价值较高、技术经济性较为合理的初步设计方案,并将设计概算控制在批准的投资估算范围之内。

（3）在概算范围内进行施工图设计。

施工图是设计单位的最终成果文件,应按照批准的初步设计方案进行限额设计,且施工图预算需控制在批准的设计概算范围之内。

### 三、限额设计的纵向控制

（1）设计前准备阶段的投资分解。

投资分解是实行限额设计的有效途径和主要方法。设计任务书获批准后,设计单位在开展设计工作之前应在设计任务书的总体框架内,将投资先分解到各专业,然后再分配到各单项工程和单位工程,作为初步设计的造价控制目标。这种分配往往不是只凭设计任务书就能办到的,而是要进行方案设计,在此基础上做出决策。

（2）初步设计阶段的限额设计。

初步设计阶段要重视设计方案比选,将设计概算造价控制在批准的投资估算限额之内。在初步设计开始时,项目总设计师应将可行性研究报告的设计原则、建设方针和各项控制经济指标向工作人员交底,对关键设备、工艺流程、主要建筑和各项费用指标要提出技术方案比选;研究实现可行性研究报告中投资限额的可行性,特别要注意对投资影响较大的因素,将设计任务和投资限额按专业下达给设计人员,促使设计人员进行多方案比选。若因设计方案发生重大变化而增加的投资,应本着节约的原则,在概算静态投资不大于同年度估算投资的110%的前提下,经方案优化,报总工程师和主管院长批准后,方可列入工程概算。

为控制概算不超过投资估算,主要对工程量和设备、材质进行控制。因此,初步设计阶段的限额设计工程量应以可行性研究阶段审定的设计工程量和设备、材质标准为依据,对可行性研究阶段不易确定的某些工程量,可参照参考设计和通用设计或类似已建工程的实物工程量确定。

在初步设计限额过程中,要鼓励专业设计人员增强工程造价意识,解放思想,开拓思路,激发创作灵感,使功能好、造价低、效益高、技术经济合理的设计方案脱颖而出。

（3）施工图设计阶段的限额设计。

施工图设计阶段要认真进行技术经济分析,使施工图设计预算控制在设计概算造价之内。施工图设计是设计单位的最终产品,是指导工程建设的重要文件,是施工企业实施施工的依据。设计单位出具的施工图及其预算造价要严格控制在批准的概算内,并应有所节约。

在施工图设计阶段,必须注意以下几点。

① 施工图设计必须严格按批准的初步设计所确定的原则、范围、内容、项目和投资额进行。

② 由于初步设计深度不同和外部条件的变化,可以在已确认的设计概算造价允许范围内进行调整,但必须经设计院主管院长和建设单位的许可。

③ 当建设规模、产品方案、工艺流程或设计方案发生重大变更时,必须重新编制或修改初步设计及其概算,并报原主管审查部门审批。投资额以批准的修改或新编的初步设计概算造价为准。

(4) 加强设计变更管理,实行限额动态控制。

在初步设计阶段,由于外部条件的制约和人们主观认识的局限,往往会造成施工图设计阶段甚至施工过程中的局部修改和变更,这是使设计、建设更趋于完善的正常现象,由此会引起已经确认的概算价格发生变化,这种变化在一定范围内是允许的,但必须经过核算和调整。如果施工图设计变化涉及建设规模、产品方案、工艺流程或设计方案的重大变更,而使原初步设计失去对施工图设计的指导意义,则必须重新编制或修改初步设计文件,并重新报原审查单位审批。

对于非发生不可的设计变更,应尽量提前,以减少变更对工程造成的损失。变更发生得越早,损失越小,反之就越大。如果在设计阶段变更,则只需修改图纸,其他费用尚未发生,损失有限;如果在采购阶段变更,不仅需要修改图纸,而且设备、材料还需重新采购;如果在施工阶段变更,除上述费用外,已施工的工程还需拆除,势必造成重大变更损失。因此,必须加强设计变更管理,尽可能把设计变更控制在设计阶段初期,尤其对影响工程造价的重大设计变更,更要用先算账后变更的办法解决,使工程造价得到有效控制。

长期以来,编制概算习惯算死账,套定额,乘费率,只求合法,不求合理,基本上属于静态管理。为了在工程建设过程中体现物价指数变化引起的价差因素影响,应当在设计概算、预算中引入"原值""现值""终值"三个不同的概念。所谓原值,是指在编制估算、概算时,根据当时价格预计的工程造价,不包括价差因素。所谓现值,是指在工程开工年份,按当时的价格指数对原值进行调整后的工程造价,不包括以后年度的价差。所谓终值,是指工程开工后分年度投资各自产生的不同价差叠加到现值中去算得的工程造价。为了排除价格上涨对限额设计的影响和有利于政府的宏观管理,限额设计指标均以原值为准,设计概算、预算的计算均采用投资估算或造价指标所依据的同年价格。

## 四、限额设计的横向控制

限额设计控制工程造价的另外一种途径是对设计单位及其内部各专业、科室及设计人员进行考核,实施奖惩,进而保证设计质量的一种控制方法,称为横向控制。

限额设计横向控制的主要工作就是健全和加强设计单位对建设单位以及设计单位内部的经济责任制,必须明确设计单位以及设计单位内部各有关人员、各专业科室对限额设计所负的职责和经济责任,建立设计部门内部专业投资分配考核制。在设计开始前,按照设计过程的估算、概算、预算不同阶段,将工程投资按专业进行分配,并分段考核。下段指标不得突破上段指标。当某一专业突破控制造价指标时,首先分析突破原因,用修改设计的方法解决。问题发生在哪一阶段,就消灭在哪一阶段。责任的落实越接近个人,效果越明显。

## 五、设计方案优选

### (一)工程设计方案评价的内容

#### 1.工业建筑设计评价

工业建筑设计是由总平面设计、工艺设计及建筑设计三部分组成,它们之间是相互关联且相互制约的。因此,分别对各部分设计方案进行技术经济分析与评价,是保证总设计方案经济合理的前提。各部分设计方案侧重点不同,故评价内容也略有差异。

(1)总平面设计评价。

总平面设计是工业建筑项目设计的重要组成部分。工业项目总平面设计的目的是在保证生产、满足工艺要求的前提下,根据自然条件、运输要求及城市规划等具体条件,确定建筑物、构筑物、交通线路、地上地下技术管线及绿化美化设施的相互配置;创造符合该企业生产特性的统一建筑整体。在布置总平面时,应充分考虑竖向布置、管道、交通线路、人流、物流等是否经济合理。

工业项目总平面设计的要求包括:总平面设计要注意节约用地,不占或少占农田;总平面设计必须满足生产工艺过程的要求;总平面设计要合理组织厂内外运输,选择方便经济的运输设施和合理的运输线路;总平面布置应适应建设地点的气候、地形、工程水文地质等自然条件;总平面设计必须符合城市规划的要求。

工业项目总平面设计的评价指标包括建筑系数(建筑密度)、土地利用系数、工程量指标、经济指标。

(2)工艺设计评价。

工艺设计是工程设计的核心,它根据工业企业生产的特点、生产性质和功能来确定。

工艺设计的要求包括:工艺设计要以市场研究为基础;工艺设计要考虑技术发展的最新动态,选择先进适用的技术方案。

设备选型和设计应注意下列要求:设备选型应该注意标准化、通用化和系列化;采用高效率的先进设备要符合技术先进、稳妥可靠、经济合理的原则;设备的选择应立足国内,对于国内不能生产的关键设备,进口时要注意与工艺流程相适应,并与有关设备配套,避免重复引进;设备选型与设计要考虑建设地点的实际情况和动力、运输、资源等具体条件。

工艺技术方案的评价:不同的工艺技术方案会产生不同的投资效果,工艺技术方案的评价就是互斥投资项目的比选,因此评价指标有净现值、净年值、差额内部收益率等。

(3)建筑设计评价。

建筑设计的要求:工业建筑设计必须为合理生产创造条件。因此,在建筑平面布置和立面形式选择上,应满足生产工艺要求。在进行建筑设计时,应该熟悉生产工艺资料,掌握生产工艺特性及其对建筑的影响,必须采用各种切合实际的先进技术,从建筑形式、材料和结构的选择、结构布置和环境保护等方面采取措施,以满足生产工艺对建筑设计的要求。

建筑设计评价指标包括单位面积造价、建筑物周长与建筑面积比、厂房展开面积、厂房有效面积与建筑面积比、工程全寿命成本。

**2.民用建筑设计评价**

民用建筑一般包括公共建筑和住宅建筑两大类。民用建筑设计要坚持"适用、经济、美观"的原则。

(1)民用建筑设计的要求。

平面布置合理,长度和宽度比例适当;合理确定户型和住户面积;合理确定层数与层高;合理选择结构方案。

(2)民用建筑设计的评价指标。

① 公共建筑设计评价。

公共建筑类型繁多,具有共性的评价指标有土地面积、建筑面积、使用面积、辅助面积、有效面积、平面系数、建筑体积、单位指标($m^2$/人,$m^2$/床,$m^2$/座)、建筑密度等。

② 居住建筑设计评价。

a) 平面系数:

$$平面系数\ K=使用面积/建筑面积$$
$$平面系数\ K_1=居住面积/有效面积$$
$$平面系数\ K_2=辅助面积/有效面积$$
$$平面系数\ K_3=结构面积/建筑面积$$

b) 建筑周长指标:该指标是墙长与建筑面积之比。居住建筑进深加大,则单元周长缩小,可节约用地,减少墙体积,降低造价。

$$单元周长指标=单元周长/单元建筑面积(m/m^2)$$
$$单元周长指标=建筑周长/建筑占地面积(m/m^2)$$

c) 建筑体积指标:该指标是建筑体积与建筑面积之比,是衡量层高的指标。建筑体积指标=建筑体积/建筑面积($m^3/m^2$)。

d) 平均每户建筑面积=建筑面积/总户数。

e) 户型比:指不同居室数的户数占总户数的比例,是评价户型结构是否合理的指标。

③ 居住小区设计评价。

小区是城市居住区的一个组成部分,它是组织居民日常生活的比较完整和相对独立的居住单位。小区规划设计是否合理,直接关系到居民的生活环境,同时也关系到建设用地、工程造价及总体建筑艺术效果。小区规划设计的核心问题是提高土地利用率。

在小区规划设计中节约用地的主要措施:压缩建筑的间距;提高住宅层数或高低层搭配;适当增加房屋长度;提高公共建筑的层数;合理布置道路。

居住小区设计方案评价指标:

$$建筑毛密度=居住和公共建筑基地面积/居住小区占地总面积\times100\%$$
$$居住建筑净密度=居住建筑基地面积/居住建筑占地面积\times100\%$$
$$居住面积密度=居住面积/居住建筑占地面积(m^2/ha)$$
$$居住建筑面积密度=居住建筑面积/居住建筑占地面积(m^2/ha)$$
$$人口毛密度=居住人数/居住小区占地总面积(人/ha)$$
$$人口净密度=居住人数/居住建筑占地面积(人/ha)$$
$$绿化比率=居住小区绿化面积/居住小区占地总面积$$

居住建筑净密度是衡量用地经济性和保证居住区必要卫生条件的主要技术经济指标。其数值的大小与建筑层数、房屋间距、层高、房屋排列方式等因素有关。适当提高建筑密度,可节省用地,但应保证日照、通风、防火、交通安全的基本需要。

居住面积密度是反映建筑布置、平面设计与用地之间关系的重要指标。影响居住面积密度的主要因素是房屋的层数,增加层数其数值就增大,有利于节约土地和管线费用。

**(二)设计方案评价方法**

1. 多指标评价法

通过对反映建筑产品功能和耗费特点的若干技术经济指标的计算、分析、比较,评价设计方案的经济效果。该方法又可分为多指标对比法和多指标综合评分法。

(1)多指标对比法。

这是目前采用比较多的一种方法。它的基本特点是使用一组适用的指标体系,将对比方案的指标值列出,然后一一进行对比分析,根据指标值的高低分析判断方案优劣。

这种方法的优点是指标全面、分析确切,可通过各种技术经济指标定性或定量直接反映方案技术经济性能的主要方面。其缺点是容易出现不同指标的评价结果相悖的情况,这样就使分析工作变得复杂化。有时,也会因方案的可比性而产生客观标准不统一的现象。因此,在进行综合分析时,要特别注意检查对比方案在使用功能和工程质量方面的差异,并分析这些差异对各指标的影响,避免导致错误的结论。

(2)多指标综合评分法。

这种方法首先对需要进行分析评价的设计方案设定若干个评价指标,并按其重要程度确定各指标的权重,然后确定评分标准,并就各设计方案对各指标的满足程度打分,最后计算各方案的加权得分,以加权得分高者为最优设计方案。其计算公式为

$$S = \sum_{i=1}^{n} w_i \times S_i$$

式中:$S$——设计方案总得分;

$S_i$——某方案在评价指标 $i$ 上的得分;

$W_i$——评价指标 $i$ 的权重;

$n$——评价指标数。

这种方法的优点在于避免了多指标对比法各指标间可能发生相互矛盾的现象,评价结果是唯一的。但是在确定权重及评分过程中存在主观臆断成分。同时,由于分值是相对的,因此不能直接判断各方案的各项功能实际水平。

【例3.1】　某建筑工程有三个设计方案,选定评价的指标为实用性、平面布置、经济性、美观性四项。各指标的权重及各方案的得分(10分制)如表3.5所示,试选择最优设计方案。

表3.5　建筑方案各指标权重及评价得分表

| 评价指标 | 权重 | 方案 A | | 方案 B | | 方案 C | |
|---|---|---|---|---|---|---|---|
| | | 得分 | 加权得分 | 得分 | 加权得分 | 得分 | 加权得分 |
| 实用性 | 0.4 | 8 | 3.2 | 6 | 2.4 | 7 | 2.8 |
| 平面布置 | 0.2 | 7 | 1.4 | 8 | 1.6 | 9 | 1.8 |
| 经济性 | 0.3 | 9 | 2.7 | 9 | 2.7 | 8 | 2.4 |
| 美观性 | 0.1 | 7 | 0.7 | 8 | 0.8 | 9 | 0.9 |
| 合计 | | | 8 | | 7.5 | | 7.9 |

从表 3.5 可得知:方案 A 的加权得分最高,因此,方案 A 最优。

这种方法的优点在于避免了各指标间可能产生相互矛盾的现象,评价结果是唯一的,但是在确定权重及评分过程中存在主观臆断成分。同时,由于分值是相对的,因此不能直接判断各方案的各项功能实际水平。

2. 单指标评价法

单指标评价法是以单一指标为基础,对建设工程技术方案进行综合分析与评价的方法。单指标评价法有很多种类,各种方法的使用条件也不尽相同,较常用的有以下几种。

(1) 综合费用法。这里的费用包括方案投产后的年度使用费、方案的建设投资,以及由于工期提前或延误而产生的收益或亏损等。该方法的基本出发点在于将建设投资和使用费结合起来考虑,同时考量建设周期对投资效益的影响,以综合费用最小为最佳方案。综合费用法是一种静态价值指标评价方法,没有考虑资金的时间价值,只适用于建设周期较短的工程。此外,由于综合费用法只考虑费用,未能反映功能、质量、安全、环保等方面的差异,因此只有在方案的功能、建设标准等条件相同或基本相同时才能采用。

(2) 全寿命期费用法。建设工程全寿命期费用除包括筹建、征地拆迁、咨询、勘察、设计、施工、设备购置以及贷款支付利息等与工程建设有关的一次性投资费用之外,还包括工程完成后交付使用期内经常发生的费用支出,如维修费、设施更新费、采暖费、电梯费、空调费、保险费等。这些费用统称为使用费,按年计算时称为年度使用费。全寿命期费用法考虑了资金的时间价值,是一种动态的价值指标评价方法。由于不同技术方案的寿命期不同,因此,应用全寿命期费用法计算费用时,不用净现值法,而用年度等值法,以年度费用最小者为最优方案。

(3) 价值工程法。价值工程法主要是对产品进行功能分析,研究如何以最低的全寿命期成本实现产品的必要功能,从而提高产品价值。在建设工程施工阶段应用该方法来提高建设工程价值的作用是有限的。要使建设工程的价值能够大幅提高,获得较高的经济效益,必须首先在设计阶段应用价值工程法,使建设工程的功能与成本合理匹配。也就是说,在设计中应用价值工程的原理和方法,在保证建设工程功能不变或功能改善的情况下,力求节约成本,以设计出更加符合用户要求的产品。

在工程设计阶段,应用价值工程法对设计方案进行评价的步骤如下。

① 功能分析。分析工程项目满足社会和生产需要的各主要功能。

② 功能评价。比较各项功能的重要程度,确定各项功能的重要性系数。目前,功能重要性系数一般通过打分法来确定。

③ 计算功能评价系数($F$)。其计算公式为

功能评价系数＝某方案功能满足程度总分/所有参加评选方案功能满足程度总分之和

④ 计算成本系数($C$)。其计算公式为

成本系数＝某方案每平方米造价/所有评选方案每平方米造价之和

⑤ 求出价值系数($V$)并对方案进行评价。按 $V=F/C$ 分别求出各方案的价值系数,价值系数最大的方案为最优方案。

价值工程在工程设计中的运用过程,实际上是发现矛盾、分析矛盾和解决矛盾的过程。具体地说,就是分析功能与成本之间的关系,以提高建设工程的价值系数。工程设计人员要以提高价值为目标,以功能分析为核心,以经济效益为出发点,从而真正实现对设计方案的优化。

（4）多因素评分优选法。多因素评分优选法是多指标法与单指标法相结合的一种方法。对需要进行分析评价的设计方案设定若干个评价指标，按其重要程度分配权重，然后按照评价标准给各指标打分，将各项指标所得分数与其权重采用综合方法整合，得出各设计方案的评价总分，以获得总分最高者为最佳方案。多因素评分优选法综合了定量分析评价与定性分析评价的优点，可靠性高，应用较广泛。

### （三）工程设计优化途径

通过设计招标和设计方案竞选来优化设计方案。建设单位首先就拟建工程的设计任务，通过报刊、信息网络或其他媒介发布公告，吸引设计单位参加设计招标或设计方案竞选，以获得众多的设计方案；然后组织 7～11 人的专家评定小组，其中技术专家人数应占 2/3 以上；最后，专家评定小组采用科学的方法，按照经济、适用、美观的原则，以及技术先进、功能全面、结构合理、安全适用、满足建设节能及环境等要求，综合评定各设计方案的优劣，从中选择最优的设计方案，或将各方案的可取之处重新组合，提出最佳方案。

## 学习任务 3　价值工程在设计阶段的应用

### 一、价值工程原理

价值工程是通过各相关领域的协作，对所研究对象的功能与费用进行系统分析，不断创新，旨在提高研究对象价值的思想方法和管理技术。其目的是以研究对象的最低寿命周期成本可靠地实现使用者所需的功能，以获取最佳的综合效益。价值工程的目标是提高研究对象的价值，其基本原理是

$$价值(V) = \frac{功能(F)}{成本(C)}$$

提高产品价值的途径有以下五种：

（1）在提高产品功能的同时，又降低产品成本，这是提高价值最为理想的途径。但对生产者要求较高，往往要借助科学技术的突破才能实现；

（2）在产品成本不变的情况下，通过提高产品的功能，提高资源利用的效果和效用，达到提高产品价值的目的；

（3）在保持产品功能不变的前提下，通过降低产品的寿命周期成本，达到提高产品价值的目的；

（4）产品功能有较大幅度提高，产品成本有较少提高；

（5）功能水平稍有下降，但成本大幅度下降。在某些情况下，为了满足购买力较低的用户需求，或一些注重价格竞争而不需要高档的产品，适当生产价廉的低档品，也能取得较好的经济效益。

价值工程是一项有组织的管理活动，涉及面广，研究过程复杂，必须按照一定的程序进行。价值工程的工作程序如表 3.6 所示。

表 3.6　价值工程的工作程序

| 工作阶段 | 工作步骤 | 对应问题 |
|---|---|---|
| 一、准备阶段 | 对象选择<br>组成价值工程领导小组<br>制定工作计划 | 价值工程的研究对象是什么<br>围绕价值工程对象需要做哪些准备工作 |
| 二、分析阶段 | 收集整理资料<br>功能定义<br>功能整理<br>功能评价 | 价值工程对象的功能是什么<br>价值工程对象的成本是什么<br>价值工程对象的价值是什么 |
| 三、创新阶段 | 方案创造<br>方案评价<br>提案编写 | 有无其他方法可以实现同样功能<br>新方案的成本是什么<br>新方案能满足要求吗 |
| 四、方案实施与评价阶段 | 方案审批<br>方案实施<br>成果评价 | 如何保证新方案的实施<br>如何保证价值工程活动的效果 |

## 二、价值工程的方法

### (一)选择价值工程对象的方法

价值工程对象选择的方法有多种,不同的方法适宜于不同的价值工程对象。应根据具体情况选用适当的方法,以取得较好的效果。常用的方法有以下几种:因素分析法、ABC 分析法、强制确定法、百分比分析法、价值指数法,下面重点介绍 ABC 分析法。

ABC 分析法,又称重点选择法或不均匀分布定律法,是指应用数理统计分析的方法来选择对象,其基本原理为"关键的少数和次要的多数",抓住关键的少数可以解决问题的大部分。在价值工程中,这种方法的基本思路是首先将一个产品的各种部件(或企业各种产品)按成本的大小由高到低排列起来,然后绘成费用累积分配图;接着将占总成本 70%～80% 而占零部件总数 10%～20% 的零部件划分为 A 类部件,将占总成本 5%～10% 而占零部件总数 60%～80% 的零部件划分为 C 类,其余为 B 类。其中,A 类零部件是价值工程的主要研究对象。ABC 分析法如图 3.2 所示。

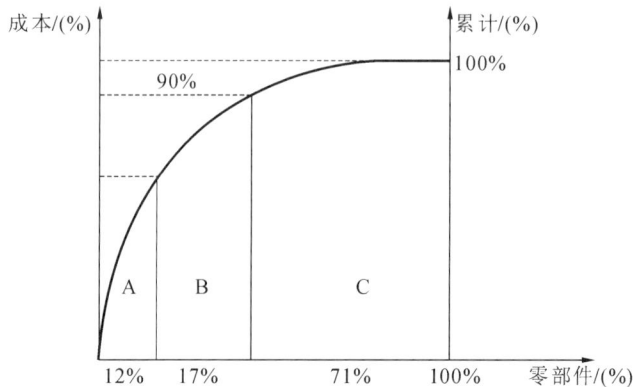

图 3.2　ABC 分析法

有些产品不是由各个部件组成,如工程造价等,对这类产品可按费用构成项目分类,如分为管理费、动力费、人工费等,将其中所占比重最大的部分作为价值工程的重点研究对象。

ABC分析法抓住成本比重大的零部件或工序作为研究对象,有利于集中精力重点突破,取得较大效果,同时方法简便易行,因此广泛为人们所用。但在实际工作中,有时由于成本分配不合理,造成成本比重不大但用户认为功能重要的对象可能被漏选或排序推后。ABC分析法的这一缺点可以通过经验分析法、强制确定法等方法进行补充修正。

**(二)功能的系统分析**

功能分析是价值工程活动的核心和基本内容,主要是分析研究对象具有哪些功能,各项功能之间的关系如何。功能分析包括功能分类、功能定义、功能整理和功能计量等内容,通过功能分析,可以准确掌握用户的功能要求。

(1)功能分类。

根据功能的不同特性,可将功能从不同的角度进行分类。如果按用户的需求分类,功能可分为必要功能和不必要功能。

必要功能是指用户所要求的功能以及与实现用户所需求功能有关的功能,使用功能、美学功能、基本功能、辅助功能等均为必要功能。建筑产品的使用功能一般包括可靠性、安全性和维修性等,其美学功能一般包括造型、色彩、图案等。又如,建设工程承重外墙的基本功能是承受荷载,室内间壁墙的基本功能是分隔空间。辅助功能是为了更有效地实现基本功能而附加的功能,是次要功能。如墙体的隔声、隔热就是墙体的辅助功能。

不必要功能是不符合用户要求的功能,又包括三类:一是多余功能,二是重复功能,三是过剩功能。不必要的功能,必然产生不必要的费用,这不仅增加了用户的经济负担,还造成资源浪费。

价值工程对产品的分析,首先是对其功能的分析,通过功能分析,弄清哪些功能是必要的,哪些功能是不必要的,从而在创新方案中去掉不必要功能,补充不足功能,使产品的功能结构更加合理,达到可靠实现使用者所需功能的目的。

(2)功能定义。

任何产品都具有使用价值,即功能。功能定义就是以简洁的语言对产品的功能加以描述。这里要求描述的是"功能",而不是对象的结构、外形或材质。因此,功能定义的过程即是解剖分析的过程,如图3.3所示。

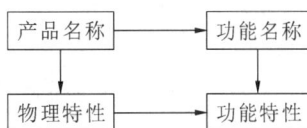
图3.3　功能定义

(3)功能整理。

功能整理的一般程序。功能整理的主要任务就是建立功能系统图。因此,功能整理的过程也就是绘制功能系统图的过程,其工作程序如下。

① 编制功能卡片;
② 选出最基本的功能;
③ 明确各功能之间的关系;
④ 对功能定义做必要的修改、补充和取消;
⑤ 按上下位的关系,将经过调整、修改和补充的功能排列成功能系统图。

(4)功能计量。

功能计量是以功能系统图为基础,依据各个功能之间的逻辑关系,以对象整体功能的定量指标为出发点,从左向右地逐级测算、分析,确定出各级功能程度的数量指标,揭示出各级功能领域中有无功能不足或功能过剩的情况,从而为保证必要功能、剔除过剩功能、补足不足功能的后续活动(功能评价、方案创新等)提供定性与定量相结合的依据。

**(三)功能评价**

通过功能分析与整理明确必要功能后,价值工程的下一步工作就是功能评价。功能评价,即评定功能的价值,是指找出实现功能的最低费用作为功能的目标成本(又称功能评价值)。以功能目标成本为基准,通过与功能现实成本进行比较,求出两者的比值(功能价值)和两者的差异值(改善期望值),然后选择功能价值低、改善期望值大的功能作为价值工程活动的重点对象。功能评价工作可以更准确地选择价值工程研究对象,同时,制定目标成本,有利于提高价值工程的工作效率。功能评价的程序如图 3.4 所示。

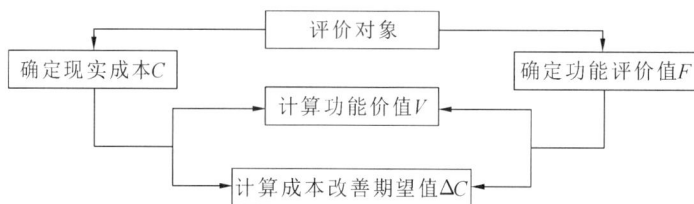

图 3.4　功能评价的程序

(1)功能现实成本 $C$ 的计算。

在计算功能现实成本时,需要根据传统的成本核算资料,将产品或零部件的现实成本换算成功能的现实成本。具体来讲,当一个零部件只具有一个功能时,该零部件的成本就是其本身的功能成本;当一项功能要由多个零部件共同实现时,该功能的成本就等于这些零部件的功能成本之和。当一个零部件具有多项功能或与多项功能有关时,就需要将零部件成本根据具体情况分摊给各项有关功能。如表 3.7 所示就是一项功能由若干零部件组成或一个零部件具有几个功能的情形。

表 3.7　功能与零部件成本分摊表

| 零部件 | | | 功能区或功能领域 | | | | | |
|---|---|---|---|---|---|---|---|---|
| 序号 | 名称 | 成本(元) | $F_1$ | $F_2$ | $F_3$ | $F_4$ | $F_5$ | $F_6$ |
| 1 | 甲 | 300 | 100 | | 100 | | | 100 |
| 2 | 乙 | 500 | | 50 | 150 | 200 | | 100 |
| 3 | 丙 | 60 | | | | 40 | | 20 |
| 4 | 丁 | 140 | 50 | 40 | | | 50 | |
| | | $C$ | $C_1$ | $C_2$ | $C_3$ | $C_4$ | $C_5$ | $C_6$ |
| 合计 | | 1000 | 150 | 90 | 250 | 240 | 50 | 220 |

成本指数的计算。成本指数是指评价对象的现实成本在全部成本中所占的比率。其计算公式为

$$\text{第}\ i\ \text{个评价对象的成本指数}\ C_i = \frac{\text{第}\ i\ \text{个评价对象的现实成本}\ C_i}{\text{全部成本}}$$

(2)功能评价值 $F$ 的计算。

对象的功能评价值 $F$(目标成本),是指可靠地实现用户要求功能的最低成本,确定功能

评价值的方法较多,这里主要介绍功能重要性系数评价法。

功能重要性系数评价法是一种根据功能重要性系数确定功能评价值的方法。这种方法是将功能划分为几个功能区(即子系统),并根据各功能区的重要程度和复杂程度,确定各个功能区在总功能中所占的比重,即功能重要性系数。然后将产品的目标成本按功能重要性系数分配给各功能区作为该功能区的目标成本,即功能评价值。

① 确定功能重要性系数。功能重要性系数又称功能系数或功能指数,是指评价对象(如零部件等)的功能在整体功能中所占的比率。确定功能重要性系数的关键是对功能进行打分,常用的打分方法有强制评分法(0—1 评分法或 0—4 评分法)、多比例评分法、逻辑评分法、环比评分法等。这里主要介绍强制评分法。

强制评分法。强制评分法又称 FD 法,包括 0—1 评分法和 0—4 评分法两种方法,它是采用一定的评分规则,通过强制对比打分来评定评价对象的功能重要性。

0—1 评分法。0—1 评分法是请 5~15 名对产品熟悉的人员参加功能的评价。首先,按照功能重要程度一一对比打分,重要的打 1 分,相对不重要的打 0 分,如表 3.8 所示。表中,要分析的对象(零部件)自己与自己相比不得分,用"×"表示。最后,根据每个参与人员选择该零部件得到的功能重要性系数 $W_i$,可以得到该零部件的功能重要性系数平均值 $W$,其计算公式为

$$W = \frac{\sum_{i=1}^{k} W_i}{k}$$

式中:$k$——参加功能评价的人数。

表 3.8　功能重要性系数计算表

| 零部件 | A | B | C | D | E | 功能总分 | 修正得分 | 功能重要性系数 |
|---|---|---|---|---|---|---|---|---|
| A | × | 1 | 1 | 0 | 1 | 3 | 4 | 0.267 |
| B | 0 | × | 1 | 0 | 1 | 2 | 3 | 0.200 |
| C | 0 | 0 | × | 0 | 1 | 1 | 2 | 0.133 |
| D | 1 | 1 | 1 | × | 1 | 4 | 5 | 0.333 |
| E | 0 | 0 | 0 | 0 | × | 0 | 1 | 0.067 |
| 合计 | | | | | | 10 | 15 | 1.00 |

为了避免不重要的功能得零分,可将各功能累计得分加 1 分进行修正,用修正后的总分分别去除各功能累计得分,即得到功能重要性系数。

0—4 评分法。0—1 评分法中的重要程度的差别仅为 1 分,不能拉开档次。为了弥补这一不足,将分档扩大为 4 级,其打分矩阵仍同 0—1 评分法。档次划分如下:$F_1$ 比 $F_2$ 重要得多:$F_1$ 得 4 分,$F_2$ 得 0 分;$F_1$ 比 $F_2$ 重要:$F_1$ 得 3 分,$F_2$ 得 1 分;$F_1$ 与 $F_2$ 同等重要:$F_1$ 得 2 分,$F_2$ 得 2 分;$F_1$ 不如 $F_2$ 重要:$F_1$ 得 1 分,$F_2$ 得 3 分;$F_1$ 远不如 $F_2$ 重要:$F_1$ 得 0 分,$F_2$ 得 4 分。

强制确定打分法适用于被评价对象在功能重要程度上的差异性不太大,并且评价对象子功能数目不太多的情况。以各部件功能得分占总分的比例确定各部件功能评价指数,其计算公式为

$$第\ i\ 个评价对象的功能指数\ F_i = \frac{第\ i\ 个评价对象的功能得分值\ F_i}{全部功能得分值}$$

功能评价指数大,说明功能重要;反之,功能评价指数小,说明功能不太重要。

② 确定功能评价值 $F$。功能评价值的确定分以下两种情况:

a) 新产品设计。一般在产品设计之前,根据市场供需情况、价格、企业利润与成本水平,已初步设计了目标成本。因此,在功能重要性系数确定之后,就可将新产品设定的目标成本(如为 800 元)按已有的功能重要性系数加以分配计算,求得各个功能区的功能评价值,并将此功能评价值作为功能的目标成本,如表 3.9 所示。

表 3.9 新产品功能评价值计算表

| 功能区(1) | 功能重要性系数(2) | 功能评价值 $F$<br>(3)=(2)×800 |
|---|---|---|
| $F_1$ | 0.47 | 376 |
| $F_2$ | 0.32 | 256 |
| $F_3$ | 0.16 | 128 |
| $F_4$ | 0.05 | 40 |
| 合计 | 1.00 | 800 |

b) 既有产品的改进设计。既有产品应以现实成本为基础确定功能评价值,进而确定功能的目标成本。由于既有产品已有现实成本,就没有必要再假定目标成本。但是,既有产品的现实成本原已分配到各功能区中去的比例不一定合理,这就需要根据改进设计中新确定的功能重要性系数,重新分配既有产品的原有成本。从分配结果看,各功能区新分配成本与原分配成本之间有差异。正确分析和处理这些差异,就能合理确定各功能区的功能评价值,求出产品功能区的目标成本,如表 3.10 所示。

表 3.10 既有产品功能评价值计算表

| 功能区 | 功能现实成本 $C$/元 | 功能重要性系数 | 根据产品现实成本和功能重要性系数重新分配的功能区成本 | 功能评价值 $F$（目标成本） | 成本降低幅度 $\Delta C=(C-F)$ |
|---|---|---|---|---|---|
| | (1) | (2) | (3)=(2)×500 元 | (4) | (5) |
| $F_1$ | 130 | 0.47 | 235 | 130 | — |
| $F_2$ | 200 | 0.32 | 160 | 160 | 40 |
| $F_3$ | 80 | 0.16 | 80 | 80 | — |
| $F_4$ | 90 | 0.05 | 25 | 25 | 65 |
| 合计 | 500 | 1.00 | 500 | 395 | 105 |

表 3.10 中第(3)栏是将产品的现实成本 $C=500$,按改进设计方案的新功能重要性系数重新分配给各功能区的结果。此分配结果可能有三种情况。

a) 新分配的成本等于现实成本。如 $F_3$ 就属于这种情况。此时应以现实成本作为功能评价值 $F$。

b) 新分配的成本小于现实成本。如 $F_2$ 和 $F_4$ 就属于这种情况。此时应以新分配的成本作为功能评价值 $F$。

c) 新分配的成本大于现实成本。如 $F_1$ 就属于这种情况。如果是因为功能重要性系数定高了,经过分析后可以将其适当降低。因功能重要性系数确定过高可能会存在多余功能,此时需先调整功能重要性系数,再确定功能评价值。如因成本确实投入太少而不能保证必要功能,可以允许适当提高一些。除此之外,即可将目前成本作为功能评价值 $F$。表中,假定功能重要性系数合理,且现有 $F_1$ 投入能保证必要功能,故将现有投入作为功能评价值。这样使目标成本降低 105 元。

③ 功能价值 $V$ 的计算及分析。

通过计算和分析对象的价值 $V$,可以分析成本与功能的合理匹配程度。功能价值 $V$ 的计算方法可分为两大类,即功能成本法和功能指数法。

a)功能成本法。功能成本法又称绝对值法,是通过一定的测算方法,测定实现应有功能所必须耗费的最低成本,同时计算为实现应有功能所耗费的现实成本,经过分析、对比,求得对象价值系数和成本降低期望值,确定价值工程的改进对象。其计算公式为

$$\text{第 } i \text{ 个评价对象的功能评价值 } F = \frac{\text{第 } i \text{ 个评价对象的价值系数 } V}{\text{第 } i \text{ 个评价对象的现实成本 } C}$$

功能评价值与价值系数计算表如表 3.11 所示。

表 3.11　功能评价值与价值系数计算表

| 项目序号 | 子项目 | 功能重要性系数① | 功能评价值<br>②=目标成本×① | 现实成本<br>③ | 价值系数<br>④=②/③ | 改善幅度<br>⑤=③-② |
|---|---|---|---|---|---|---|
| 1 | A | | | | | |
| 2 | B | | | | | |
| 3 | C | | | | | |
| … | … | | | | | |
| 合计 | | | | | | |

研究对象的价值计算出来后,需要进行进一步分析,以揭示功能与成本之间的内在联系,确定评价对象是否为功能改进的重点,以及其功能改进的方向及幅度,从而为后面的方案创造工作奠定良好的基础。

根据上述计算公式,功能的价值系数计算结果有以下三种情况。

$V=1$,即功能评价值等于功能现实成本。这表明评价对象的功能现实成本与实现功能所必需的最低成本大致相当,此时评价对象的价值为最佳,一般无须改进。

$V<1$,即功能现实成本大于功能评价值。这表明评价对象的现实成本偏高,而功能要求不高。此时,一种可能是由于存在过剩的功能,另一种可能是功能虽无过剩,但实现功能的条件或方法不佳,以致实现功能的成本大于功能的现实需要。这两种情况都应列入功能改进的范围,并且以剔除过剩功能及降低现实成本为改进方向,使成本与功能比例趋于合理。

$V>1$,即功能现实成本小于功能评价值。这表明该部件功能比较重要,但分配的成本较少。此时,应进行具体分析:功能与成本的分配问题可能已较理想,或者存在不必要的功能,或者应该提高成本。

应注意一种情况,即 $V=0$ 时,要进一步分析:如果是不必要的功能,该部件应取消;但如果是最不重要的必要功能,则要根据实际情况处理。

【例 3.2】　某开发公司的某幢公寓建设工程,有 A、B、C、D 四个设计方案,经过有关专

家对上述方案进行技术经济分析和论证,得到的资料如表 3.12 和表 3.13 所示,试运用价值工程方法优选设计方案。

表 3.12    功能重要性评分表(0—4 评分法)

| 方案功能 | $F_1$ | $F_2$ | $F_3$ | $F_4$ | $F_5$ |
|---|---|---|---|---|---|
| $F_1$ | × | 4 | 2 | 3 | 1 |
| $F_2$ | 0 | × | 0 | 1 | 0 |
| $F_3$ | 2 | 4 | × | 3 | 1 |
| $F_4$ | 1 | 1 | 3 | × | 0 |
| $F_5$ | 3 | 4 | 3 | 4 | × |

表 3.13    方案功能得分及单方造价

| 方案功能 | 方案功能得分 | | | |
|---|---|---|---|---|
| | A | B | C | D |
| $F_1$ | 9 | 10 | 9 | 8 |
| $F_2$ | 10 | 10 | 8 | 9 |
| $F_3$ | 9 | 9 | 10 | 9 |
| $F_4$ | 8 | 8 | 8 | 7 |
| $F_5$ | 9 | 7 | 9 | 6 |
| 单方造价(元/m²) | 1420.00 | 1230.00 | 1150.00 | 1360.00 |

利用价值工程原理对各个方案进行优化选择,其基本步骤如下:

计算各方案的功能重要性系数:

$F_1$ 得分=4+2+3+1=10    功能重要性系数=10/40=0.25
$F_2$ 得分=0+0+1+0=1    功能重要性系数=1/40=0.025
$F_3$ 得分=2+4+3+1=10    功能重要性系数=10/40=0.25
$F_4$ 得分=1+1+3+0=5    功能重要性系数=5/40=0.125
$F_5$ 得分=3+4+3+4=14    功能重要性系数=14/40=0.35

总得分=10+1+10+5+14=40

计算功能系数:

$$\varphi_A = 9 \times 0.25 + 10 \times 0.025 + 9 \times 0.25 + 8 \times 0.125 + 9 \times 0.35 = 8.90$$
$$\varphi_B = 10 \times 0.25 + 10 \times 0.025 + 9 \times 0.25 + 8 \times 0.125 + 7 \times 0.35 = 8.45$$
$$\varphi_C = 9 \times 0.25 + 8 \times 0.025 + 10 \times 0.25 + 8 \times 0.125 + 9 \times 0.35 = 9.10$$
$$\varphi_D = 8 \times 0.25 + 9 \times 0.025 + 9 \times 0.25 + 7 \times 0.125 + 6 \times 0.35 = 7.45$$
$$总得分 = 8.90 + 8.45 + 9.10 + 7.45 = 33.90$$

功能系数计算:

$$F_A = 8.90/33.90 = 0.263 \quad F_B = 8.45/33.90 = 0.249$$
$$F_C = 9.10/33.90 = 0.268 \quad F_D = 7.45/33.90 = 0.220$$

计算成本系数:

$$C_A = 1420/5160 = 0.275 \qquad C_B = 1230/5160 = 0.238$$
$$C_C = 1150/5160 = 0.223 \qquad C_D = 1360/5160 = 0.264$$

计算价值系数：

$$V_A = F_A/C_A = 0.263/0.275 = 0.956$$
$$V_B = F_B/C_B = 0.249/0.238 = 1.046$$
$$V_C = F_C/C_C = 0.268/0.223 = 1.202$$
$$V_D = F_D/C_D = 0.220/0.264 = 0.833$$

优选方案：A、B、C、D 四个方案中，以 C 方案的价值系数最高，故方案 C 为最优方案。

b）功能指数法。功能指数法又称相对值法。在功能指数法中，功能的价值用价值指数 $V_I$ 来表示，它是通过评定各对象功能的重要程度，用功能指数来表示其功能程度的大小，然后将评价对象的功能指数与相对应的成本指数进行比较，得出该评价对象的价值指数，从而确定改进对象，并求出该对象的成本改进期望值。其计算公式为

$$\text{第} i \text{个评价对象的价值指数} V_I = \frac{\text{第} i \text{个评价对象的功能指数} F_I}{\text{第} i \text{个评价对象的成本指数} C_I}$$

根据功能指数和成本指数计算价值指数，可以通过列表进行，如表 3.14 所示。

表 3.14　价值指数计算表

| 零部件名称 | 功能指数① | 现实成本(元)② | 成本指数③ | 价值指数④＝①/③ |
|---|---|---|---|---|
| A | | | | |
| B | | | | |
| C | | | | |
| ... | | | | |
| 合计 | 1.00 | | 1.00 | |

价值指数的计算结果有以下三种情况。

$V_I = 1$，此时评价对象的功能比重与成本比重大致平衡，可以认为功能的现实成本是比较合理的。

$V_I < 1$，此时评价对象的成本比重大于其功能比重，表明相对于系统内的其他对象而言，目前所占的成本偏高，从而会导致该对象的功能过剩。应将评价对象列为改进对象，改善方向主要是降低成本。

$V_I > 1$，此时评价对象的成本比重小于其功能比重。出现这种情况的原因可能有三种：第一，由于现实成本偏低，不能满足评价对象实现其应具有的功能的要求，致使对象功能偏低，这种情况应列为改进对象，改善方向是增加成本；第二，对象目前具有的功能已经超过其应该具有的水平，也即存在过剩功能，这种情况也应列为改进对象，改善方向是降低功能水平；第三，对象在技术、经济等方面具有某些特征，在客观上存在着功能很重要而消耗的成本却很少的情况，这种情况一般不列为改进对象。

④ 确定 $V_E$ 对象的改进范围。

对产品部件进行价值分析，就是使每个部件的价值系数（或价值指数）尽可能趋近于 1，根据此标准，就明确了改进的方向、目标和具体范围。确定对象改进范围的原则如下。

a）$F/C$ 值低的功能区域。计算出来的 $V<1$ 的功能区域，基本上都应进行改进，特别是

$V$ 值比 1 小得较多的功能区域,应力求使 $V=1$。

b) $C-F$ 值大的功能区域。通过核算和确定对象的实际成本和功能评价值,分析、测算成本改善期望值,从而排列出改进对象的重点及优先次序。成本改善期望值的表达式为

$$\Delta C = C - F$$

式中:$\Delta C$——成本改善期望值,即成本降低幅度。

当 $n$ 个功能区域的价值系数同样低时,就要优先选择 $\Delta C$ 数值大的功能区域作为重点对象。一般情况下,当 $\Delta C$ 大于零时,$\Delta C$ 大者为优先改进对象。

c) 复杂的功能区域。复杂的功能区域,说明其功能是通过采用很多零部件来实现的。一般来说,复杂的功能区域其价值系数(或价值指数)也较低。

【例 3.3】　承包商 B 在某高层住宅楼的现浇楼板施工中,拟采用钢木组合模板体系或小钢模体系施工。经有关专家讨论,决定从模板总摊销费用($F_1$)、楼板浇筑质量($F_2$)、模板人工费($F_3$)、模板周转时间($F_4$)、模板装拆便利性($F_5$)等五个技术经济指标对该两个方案进行评价,并采用 0—1 评分法对各技术经济指标的重要程度进行评分,其部分结果如表 3.15 所示,两方案各技术经济指标的得分如表 3.16 所示。

经造价工程师估算,钢木组合模板在该工程的总摊销费用为 40 万元,每平方米楼板的模板人工费为 8.5 元;小钢模在该工程的总摊销费用为 50 万元,每平方米楼板的模板人工费为 6.8 元。该住宅楼的楼板工程量为 2.5 万 m²。

表 3.15　指标重要程度评分表

|  | $F_1$ | $F_2$ | $F_3$ | $F_4$ | $F_5$ |
|---|---|---|---|---|---|
| $F_1$ | × | 0 | 1 | 1 | 1 |
| $F_2$ |  | × | 1 | 1 | 1 |
| $F_3$ |  |  | × | 0 | 1 |
| $F_4$ |  |  |  | × | 1 |
| $F_5$ |  |  |  |  | × |

表 3.16　指标得分表

| 方案指标 | 钢木组合模板 | 小钢模 |
|---|---|---|
| 模板总摊销费用 | 10 | 8 |
| 楼板浇筑质量 | 8 | 10 |
| 模板人工费 | 8 | 10 |
| 模板周转时间 | 10 | 7 |
| 模板装拆便利性 | 10 | 9 |

问题:

1.试确定各技术经济指标的权重。

2.若以楼板工程的单方模板费用作为成本比较对象,试用价值指数法选择较经济的模板体系。

答:根据 0—1 评分法的计分办法,两指标(或功能)相比较时,较重要的指标得 1 分,另一较不重要的指标得 0 分。

各技术经济指标得分及权重计算表如表 3.17 所示。

表 3.17　各技术经济指标得分及权重计算表

|  | $F_1$ | $F_2$ | $F_3$ | $F_4$ | $F_5$ | 得分 | 修正得分 | 权重 |
|---|---|---|---|---|---|---|---|---|
| $F_1$ | × | 0 | 1 | 1 | 1 | 3 | 4 | 4/15＝0.267 |
| $F_2$ | 1 | × | 1 | 1 | 1 | 4 | 5 | 5/15＝0.333 |
| $F_3$ | 0 | 0 | × | 0 | 1 | 1 | 2 | 2/15＝0.133 |
| $F_4$ | 0 | 0 | 1 | × | 1 | 2 | 3 | 3/5＝0.200 |
| $F_5$ | 0 | 0 | 0 | 0 | × |  | 1 | 1/15＝0.067 |
| 合计 |  |  |  |  |  | 10 | 15 | 1.000 |

若以楼板工程的单方模板费用作为成本比较对象,用价值指数法选择较经济的模板体系。

先计算两方案的功能指数(见表 3.18):

表 3.18　功能指数计算表

| 技术经济指标 | 权重 | 钢木组合模板 | 小钢模 |
|---|---|---|---|
| 模板总摊销费用 | 0.267 | 10×0.267＝2.67 | 8×0.267＝2.14 |
| 楼板浇筑质量 | 0.333 | 8×0.333＝2.66 | 10×0.333＝3.33 |
| 模板人工费 | 0.133 | 8×0.133＝1.06 | 10×0.133＝1.33 |
| 模板周转时间 | 0.200 | 10×0.200＝2.00 | 7×0.200＝1.40 |
| 模板装拆便利性 | 0.067 | 10×0.067＝0.67 | 9×0.067＝0.60 |
| 合计 | 1.000 | 9.06 | 8.80 |
| 功能指数 |  | 9.06/(9.06＋8.80)＝0.507 | 8.80/(9.06＋8.80)＝0.493 |

再计算两方案的成本指数:

钢木组合模板的单方模板费用为　$40/2.5＋8.5＝24.5(元/m^2)$

小钢模的单方模板费用为　$50/2.5＋6.8＝26.8(元/m^2)$

则钢木组合模板的成本指数为　24.5/(24.5＋26.8)＝0.478

小钢模的成本指数为　26.8/(24.5＋26.8)＝0.522

最后计算两方案的价值指数:

钢木组合模板的价值指数为　0.507/0.478＝1.061

小钢模的价值指数为　0.493/0.522＝0.944

因为钢木组合模板的价值指数高于小钢模的价值指数,故应选用钢木组合模板体系。

> 实战案例

## 上海仙霞型高层住宅优化案例

如何判断一个设计是否优秀呢? 有这样的一系列评价指标:成本指标更经济、建筑空间和室内使用更合理、结构安全度更高、生产和施工更便利,以实现统筹考虑、综合最优的结果,即既"省钱"(更经济),又"更安全""更适用""更方便"。

下面的案例是一个发生在 34 年前的优化案例,全面阐释了设计优化的综合效益。

仙霞型住宅,是 20 世纪 80 年代初设计的风车型住宅,是上海乃至全国第一批高层住宅,地上 28 层,建筑高度 79.8 m。因为是初次设计高层住宅,所有内墙都设计成了钢筋混凝土剪力墙。也因为是第一批,所以随后被广泛套用于高层住宅的设计中。

上海东方明珠塔的设计者、我国工程院院士江欢成大师在 1985 年担任华东院总工程师后做的第一件事,就是对当时在上海广为流行且大量套用的仙霞型高层住宅进行大刀阔斧地改造,删掉了许多剪力墙(同时,楼板厚度由 120 mm 增加至 140 mm,见图 3.5)。"我刚从国外回来,觉得人家并非如此,这样做既浪费,住户使用的灵活性又很差。"

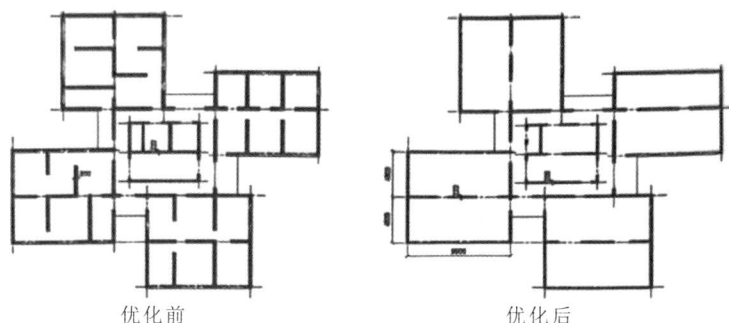

图 3.5　优化前后的结构图

按当时的造价计算,每栋住宅节约 100 万元。设计优化取得了较好的经济效益和舒适性、灵活的空间使用效果,施工难度也大大降低,而后在上海多个项目中套用,优化前后的技术经济指标对比如表 3.19 所示。(案例来源于江欢成大师《优化设计的探索和实践》)

表 3.19　优化前后的技术经济指标对比

| 序号 | 对比项 | 单位 | 优化前 | 优化后 | 差异 |
|---|---|---|---|---|---|
| 1 | 剪力墙长度 | m | 242 | 174 | −28% |
| 2 | 钢筋含量 | kg/m² | 57 | 40 | −30% |
| 3 | 混凝土含量 | m³/m² | 0.553 | 0.343 | −38% |

34 年过去了,这些措施至今仍行之有效。大师所采取的优化措施共有五项,包括减少剪力墙数量、减薄剪力墙、窗台墙改砖砌、长墙开洞、大开间设计。其中主要措施如表 3.20 所示。

表 3.20　高层住宅剪力墙优化效果汇总

| 序号 | 优化措施 | 优化工作量 | 优化效果 |
|---|---|---|---|
| 1 | 减少剪力墙长度 | 总延长米由 242 改 174(减少 28%) | 成本降低<br>净面积增大<br>室内空间增大<br>空间使用灵活性提升<br>剪力墙减少使结构延性提高,结构更合理、更安全 |

续表

| 序号 | 优化措施 | 优化工作量 | 优化效果 |
|---|---|---|---|
| 2 | 减少剪力墙厚度 | 1～6 层由 300 改 220（减少 27%）<br>7～15 层由 240 改 220（减少 8%）<br>16～28 层由 200 改 220（增加 10%）<br>内筒由 220 改 200（减少 9%） | 成本降低<br>净面积增大<br>室内空间增大<br>施工更方便 |
| 3 | 减少建筑自重 | 由 2.08 万 t 降至 1.87 万 t（减少 10%） | 基础成本降低<br>自重降低使抗震性能提高 |

　　在高层建筑中，剪力墙是普遍采用的结构形式，地上结构中剪力墙的钢筋用量占全部构件的 50% 左右，甚至以上。上述设计优化措施至今仍有借鉴意义。优化后，不仅成本更低，而且空间更灵活，施工进度也更快。归纳结构设计的综合效益主要体现在以下四个方面：一是在建筑空间和平面使用方面，改善了空间效果、增加了可使用面积，提升了建筑的空间效益（编者注：提升建筑的产品价值，获得销售溢价，这是增加效益）；二是在实物工程量上，可以节约 5%～10% 的经济效益（这是直接降低成本）；三是节约钢筋、混凝土所带来的减少自然资源消耗、减少污染排放等社会效益（这是间接降低成本）；四是减少工程量、节约材料的同时，通常有助于缩短工期，特别是地下工程的优化对工期缩短效果更为明显。缩短工期，能间接地降低工程成本、降低财务成本。

　　相比经济效益而言，建筑空间的使用效益和社会效益更大，因为这关系到可持续发展。

　　因此，结构设计优化不是以牺牲安全度来求得经济效益，相反结构设计优化通过减轻重量、调整刚度、增大延性等措施使结构更趋合理，从而提高安全度。而盲目、不科学地加大配筋率，不仅造成经济浪费，还会引发结构安全问题。

　　综合本章所述，既合理又经济的设计不会自动出现，成本资源的最优化配置也不会自动形成，而是需要管理干预，需要人的干预，干预方式包括成本优化、多方案比选及价值工程分析。

## 学习任务 4　设计概算与施工图预算

### 一、设计概算的概念

　　设计概算是以初步设计文件为依据，按照规定的程序、方法和依据，对建设项目总投资及其构成进行的概略计算。具体而言，设计概算是在投资估算的控制下，由设计单位根据初步设计或扩大初步设计的图纸及说明，利用国家或地区颁发的概算指标、概算定额、综合指标预算定额、各项费用定额或取费标准（指标）、建设地区自然和技术经济条件以及设备、设备材料预算价格等资料，按照设计要求，对建设项目从筹建至竣工交付使用所需全部费用进行的预计。设计概算的成果文件称作设计概算书，也简称设计概算。设计概算书是初步设计文件的重要组成部分，其特点是编制工作相对简略，无需达到施工图预算的准确程度。采用两阶段设计的建设项目,初步设计阶段必须编制设计概算;采用三阶段设计的建设项目,扩大初步设计阶段必须编制修正概算。

设计概算的编制内容包括静态投资和动态投资两个层次。静态投资作为考核工程设计和施工图预算的依据;动态投资作为项目筹措、供应和控制资金使用的限额。

政府投资项目的设计概算经批准后,一般不得调整。如果因下列原因需要调整概算,建设单位应调查分析变更原因,报主管部门审批同意后,由原设计单位核实并编制调整概算,再按有关审批程序报批。当影响工程概算的主要因素查明且工程量完成一定量后,方可对其进行调整。一个工程只允许调整一次概算。允许调整概算的原因包括以下几点:① 超出原设计范围的重大变更;② 超出基本预备费规定范围且不可抗拒的重大自然灾害引起的工程变动和费用增加;③ 超出工程造价调整预备费的国家重大政策性调整。

## 二、设计概算的编制内容

设计概算文件的编制应采用单位工程概算、单项工程综合概算、建设项目总概算三级概算编制形式。当建设项目为一个单项工程时,可采用单位工程概算、总概算两级概算编制形式。三级概算之间的相互关系和费用构成,如图 3.6 所示。

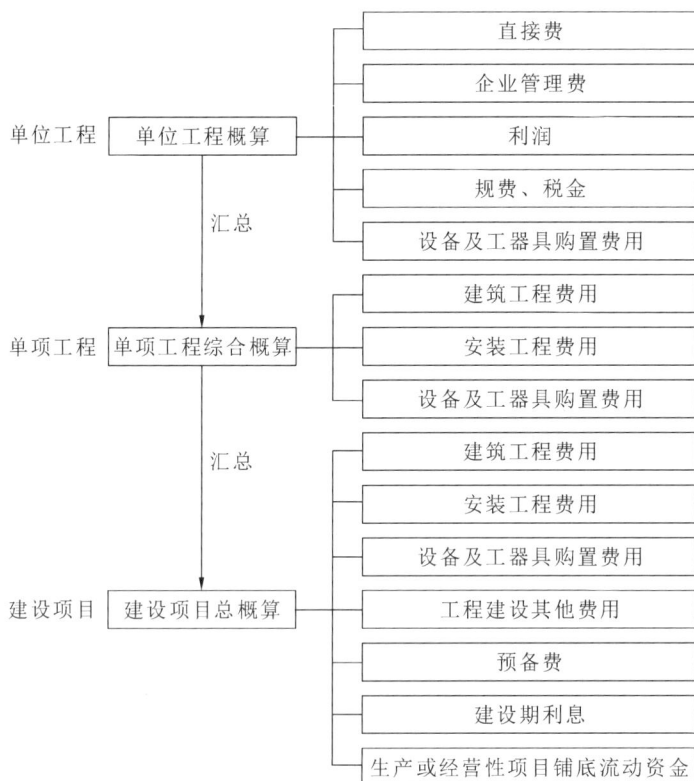

图 3.6　三级概算之间的相互关系和费用构成

(1) 单位工程概算。单位工程概算是以初步设计文件为依据,按照规定的程序、方法和依据,计算单位工程费用的成果文件,是编制单项工程综合概算(或项目总概算)的依据,也是单项工程综合概算的组成部分。

单位工程概算按其工程性质可分为建筑工程概算和设备及安装工程概算两大类。建筑工程概算包括土建工程概算,给排水、采暖工程概算,通风、空调工程概算,电气照明工程概算,弱电工程概算,特殊构筑物工程概算等;设备及安装工程概算包括机械设备及安装工程概算,电气设备及安装工程概算,热力设备及安装工程概算,工具、器具及生产家具购置费概算等。

(2) 单项工程概算。单项工程综合概算是以初步设计文件为依据,在单位工程概算的基础上汇总单项工程费用的成果文件,由单项工程中的各单位工程概算汇总编制而成,是建设项目总概算的组成部分。单项工程综合概算的组成内容,如图3.7所示。

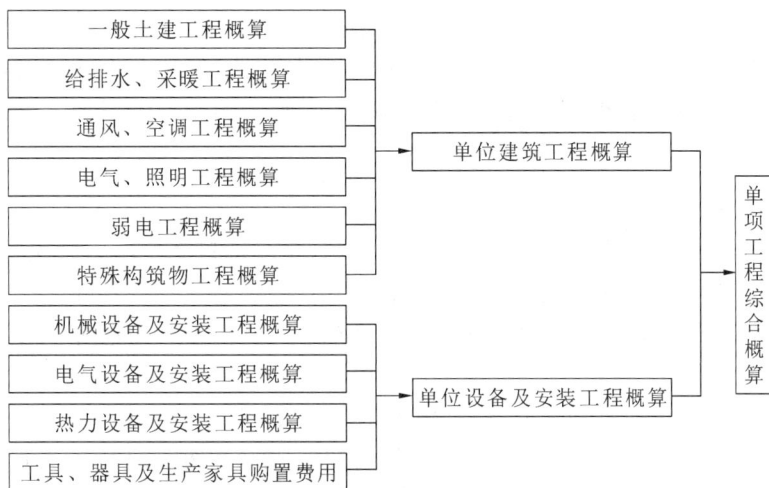

图 3.7　单项工程综合概算的组成内容

(3) 建设项目总概算。建设项目总概算是以初步设计文件为依据,在单项工程综合概算的基础上计算建设项目概算总投资的成果文件,由各单项工程综合概算、工程建设其他费用概算、预备费、建设期利息和铺底流动资金概算汇总编制而成的,如图3.8所示。

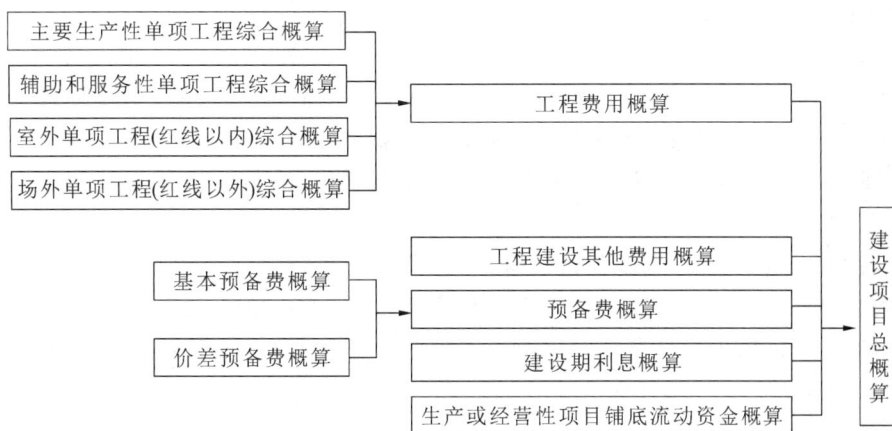

图 3.8　建设项目总概算的组成内容

若干个单位工程概算汇总后成为单项工程概算,若干个单项工程概算和工程建设其他费用、预备费、建设期利息、铺底流动资金等概算文件汇总后成为建设项目总概算。单项工程概算和建设项目总概算仅是一种归纳、汇总性文件,因此,最基本的计算文件是单位工程概算书。若建设项目为一个独立单项工程,则建设项目总概算书与单项工程综合概算书可合并编制。

### 三、单位工程概算的编制

单位工程概算应根据单项工程中所属的每个单体按专业分别编制,一般按土建、装饰、采暖通风、给排水、照明、工艺安装、自控仪表、通信、道路、总图竖向等专业或工程分别编制。总体而言,单位工程概算包括单位建筑工程概算和单位设备及安装工程概算两类。其中,建筑工程概算的编制方法有概算定额法、概算指标法、类似工程预算法等;设备及安装工程概算的编制方法有预算单价法、扩大单价法、设备价值百分比法和综合吨位指标法等。

#### (一)概算定额法

概算定额法又称扩大单价法或扩大结构定额法,是套用概算定额编制建筑工程概算的方法。运用概算定额法,要求初步设计必须达到一定深度,建筑结构尺寸比较明确,能按照初步设计的平面图、立面图、剖面图纸计算出楼地面、墙身、门窗和屋面等扩大分项工程(或扩大结构构件)项目的工程量时,方可采用。

建筑工程概算表的编制,按构成单位工程的主要分部分项工程和措施项目编制,根据初步设计中的工程量,套用工程所在省、市、自治区颁发的概算定额(指标)或行业概算定额(指标),以及工程费用定额进行计算。概算定额法编制设计概算的步骤如下。

(1)搜集基础资料、熟悉设计图纸和了解有关施工条件和施工方法。

(2)按照概算定额子目,列出单位工程中分部分项工程项目名称并计算工程量。工程量计算应按概算定额中规定的工程量计算规则进行,计算时采用的原始数据必须以初步设计图纸所标识的尺寸或初步设计图纸能读出的尺寸为准,并将计算所得各分部分项工程量按概算定额编号顺序,填入工程概算表内。

(3)确定各分部分项工程费。工程量计算完毕后,逐项套用各子目的综合单价,各子目的综合单价应包括人工费、材料费、施工机具使用费、管理费、利润、规费和税金。然后分别将其填入单位工程概算表和综合单价表中。如遇设计图中的分项工程项目名称、内容与采用的概算定额手册中相应的项目有某些不相符时,则按规定对定额进行换算后方可套用。

(4)计算措施项目费。措施项目费的计算分两部分进行:

① 可以计量的措施项目费与分部分项工程费的计算方法相同;

② 综合计取的措施项目费应以该单位工程的分部分项工程费和可以计量的措施项目费之和为基数乘以相应费率计算。

(5)计算汇总单位工程概算造价。如采用全费用综合单价,则

$$单位工程概算造价=分部分项工程费+措施项目费$$

(6)编写概算编制说明。单位建筑工程概算按照规定的表格形式进行编制,以全费用综合单价法为例,表格格式如表 3.21 和表 3.22 所示,所使用的综合单价应编制综合单价分析表。

表 3.21　建筑工程概算表

单项工程概算编号：　　　　　　　单项工程名称：　　　　　　　　　　　　　共　页　第　页

| 序号 | 项目编码 | 工程项目或费用名称 | 项目特征 | 单位 | 数量 | 综合单价/元 | 合价/元 |
|------|----------|-------------------|----------|------|------|-------------|---------|
| 一 | | 分部分项工程 | | | | | |
| （一） | | 土石方工程 | | | | | |
| 1 | ×× | ×××× | | | | | |
| 2 | ×× | ×××× | | | | | |
| （二） | | 砌筑工程 | | | | | |
| 1 | ×× | ×××× | | | | | |
| （三） | | 楼地面工程 | | | | | |
| 1 | ×× | ×××× | | | | | |
| （四） | | ××工程 | | | | | |
| | | 分部分项工程费小计 | | | | | |
| 二 | | 可计量措施项目 | | | | | |
| （一） | | ××工程 | | | | | |
| 1 | ×× | ×××× | | | | | |
| 2 | ×× | ×××× | | | | | |
| （二） | | ××工程 | | | | | |
| 1 | ×× | ×××× | | | | | |
| | | 可计量措施项目费小计 | | | | | |
| 三 | | 综合取定的措施项目费 | | | | | |
| 1 | | 安全文明施工费 | | | | | |
| 2 | | 夜间施工增加费 | | | | | |
| 3 | | 二次搬运费 | | | | | |
| 4 | | 冬雨季施工增加费 | | | | | |
| | ×× | ×××× | | | | | |
| | | 综合取定措施项目费小计 | | | | | |
| | | 合计 | | | | | |

注：建筑工程概算表应以单项工程为对象进行编制，表中的综合单价应通过综合单价分析表计算得出。

编制人：　　　　　　　　审核人：　　　　　　　　审定人：

表 3.22 建筑工程设计概算综合单价分析表

单项工程概算编号： 单项工程名称：

| 项目编码 | | 项目名称 | | | 计量单位 | | 工程数量 | |
|---|---|---|---|---|---|---|---|---|
| 综合单价组成分析 | | | | | | | | |

| 定额编号 | 定额名称 | 定额单位 | 定额直接费单价/元 | | | 直接费合价/元 | | |
|---|---|---|---|---|---|---|---|---|
| | | | 人工费 | 材料费 | 机具费 | 人工费 | 材料费 | 机具费 |
| | | | | | | | | |

| 间接费及利润税金计算 | 类别 | 取费基数描述 | 取费基数 | 费率/(%) | 金额/元 | 备注 | |
|---|---|---|---|---|---|---|---|
| | 管理费 | 如：人工费 | | | | | |
| | 利润 | 如：直接费 | | | | | |
| | 规费 | | | | | | |
| | 税金 | | | | | | |

| 综合单价/元 | | | | |
|---|---|---|---|---|

| 概算定额人材机消耗量和单价分析 | 人材机项目名称及规格、型号 | 单位 | 消耗量 | 单价/元 | 合价/元 | 备注 |
|---|---|---|---|---|---|---|
| | | | | | | |
| | | | | | | |
| | | | | | | |

注：1. 本表适用于采用概算定额法的分部分项工程项目，以及可以计量措施项目的综合单价分析；

2. 在进行概算定额消耗量和单价分析时，消耗量应采用定额消耗量，单价应为报告编制期的市场价。

编制人： 审核人： 审定人：

## （二）概算指标法

概算指标法是用拟建的厂房、住宅的建筑面积或体积，乘以技术条件相同或基本相同的概算指标得出人、材、机费，然后按规定计算出企业管理费、利润、规费和税金等，从而得出单位工程概算的方法。

（1）概算指标法适用的情况。

① 在方案设计中，由于设计无详图而只有概念性设计，或初步设计深度不够，不能准确地计算出工程量，但工程设计采用的技术比较成熟时，可以选定与该工程相似类型的概算指标编制概算。

② 设计方案急需造价概算且有类似工程概算指标可以利用的情况。

③ 图样设计间隔很久后才实施，原概算造价不适用于当前情况，且急需确定造价的情形下，可按当前概算指标来修正原有概算造价。

④ 通用设计图设计可组织编制通用图设计概算指标，以确定造价。

（2）拟建工程结构特征与概算指标相同时的计算。在使用概算指标法时，如果拟建工程在建设地点、结构特征、地质及自然条件、建筑面积等方面与概算指标相同或相近，就可直接套用概算指标编制概算。在直接套用概算指标时，拟建工程应符合以下条件：

① 拟建工程的建设地点与概算指标中的工程建设地点相同；

② 拟建工程的工程特征和结构特征与概算指标中的工程特征、结构特征基本相同；

③ 拟建工程的建筑面积与概算指标中工程的建筑面积相差不大。

根据选用的概算指标内容，以指标中规定的工程每平方米、每立方米的工料单价，结合管理费、利润、规费、税金的费(税)率确定该子目的全费用综合单价，乘以拟建单位工程建筑面积或体积，即可求出单位工程的概算造价。其计算公式如下：

单位工程概算造价＝概算指标每平方米(每立方米)综合单价×拟建工程建筑面积(体积)

(3) 拟建工程结构特征与概算指标有局部差异时的调整。在实际工作中，经常会遇到拟建对象的结构特征与概算指标中规定的结构特征有局部不同的情况，因此，必须对概算指标进行调整后方可套用。调整方法如下：

① 调整概算指标中的每平方米(每立方米)综合单价。这种调整方法是将原概算指标中的综合单价进行调整，扣除每平方米(每立方米)原概算指标中与拟建工程结构不同部分的造价，增加每平方米(每立方米)拟建工程与概算指标结构不同部分的造价，使其成为与拟建工程结构相同的综合单价，计算公式如下：

$$结构变化修正概算指标(元/m^2) = J + Q_1 P_1 - Q_2 P_2$$

式中：$J$——原概算指标综合单价；

$Q_1$——概算指标中换入结构的工程量；

$Q_2$——概算指标中换出结构的工程量；

$P_1$——换入结构的综合单价；

$P_2$——换出结构的综合单价。

若概算指标中的单价为工料单价，则应根据管理费、利润、规费、税金的费(税)率确定该子目的全费用综合单价，再计算拟建工程造价，其计算公式为

单位工程概算造价 ＝ 修正后的概算指标综合单价 × 拟建工程建筑面积(体积)

② 调整概算指标中的人、材、机数量。这种方法是将原概算指标中每 $100\ m^2$ ($1000\ m^3$)建筑面积(体积)中的人、材、机数量进行调整，扣除原概算指标中与拟建工程结构不同部分的人、材、机消耗量，增加拟建工程与概算指标结构不同部分的人、材、机消耗量，使其成为与拟建工程结构相同的每 $100\ m^2$ ($1000\ m^3$)建筑面积(体积)人、材、机数量，其计算公式为

结构变化修正概算指标的人、材、机数量＝原概算指标的人、材、机数量＋换入结构工程量×相应定额人、材、机消耗量－换出结构工程量×相应定额人、材、机消耗量

将修正后的概算指标结合报告编制期的人、材、机要素价格变化，以及管理费、利润、规费、税金的费(税)率确定该子目的全费用综合单价。

以上两种方法，前者是直接修正概算指标单价，后者是修正概算指标人、材、机数量。修正之后，方可按上述方法分别套用。

### (三)类似工程预算法

类似工程预算法是利用技术条件与设计对象相类似的已完工程或在建工程的工程造价资料来编制拟建工程设计概算的方法。当拟建工程初步设计与已完工程或在建工程的设计相类似，而又没有可用的概算指标时，可以采用类似工程预算法。

(1) 类似工程预算法的编制步骤如下：

① 根据设计对象的各种特征参数，选择最合适的类似工程预算；

② 根据本地区现行的各种价格和费用标准，计算类似工程预算的人工费、材料费、施工机具使用费、企业管理费修正系数；

③ 根据类似工程预算修正系数和以上四项费用占预算成本的比重,计算预算成本总修正系数,并计算出修正后的类似工程平方米预算成本;

④ 根据类似工程修正后的平方米预算成本和编制概算地区的利税率,计算修正后的类似工程平方米造价;

⑤ 根据拟建工程的建筑面积和修正后的类似工程平方米造价,计算拟建工程概算造价;

⑥ 完成上述步骤后,编制概算编写说明。

(2) 差异调整。类似工程预算法对条件有所要求,也就是可比性,即拟建工程项目在建筑面积、结构构造特征要与已建工程基本一致,如层数相同、面积相似、结构相似、工程地点相似等。采用此方法时,必须对建筑结构差异和价差进行调整。

① 建筑结构差异的调整。结构差异调整方法与概算指标法的调整方法相同。即先确定有差别的部分,然后分别按每一项目计算出结构构件的工程量和单位价格(按编制概算工程所在地区的单价),然后以类似工程中相应(有差别)的结构构件的工程数量和单价为基础,计算出总差价。将类似预算的人材机费总额减去(或加上)这部分差价,就得到结构差异换算后的人材机费,再行取费得到结构差异换算后的造价。

② 价差调整。类似工程造价的价差调整可以采用两种方法。

a) 类似工程造价资料有具体的人工、材料、机械台班的用量时,可按类似工程预算造价资料中的主要材料用量、工日、机具台班用量乘以拟建工程所在地的主要材料预算价格、人工单价、机具台班单价,计算出人材机费,再计算企业管理费、利润和税金,即可得出所需的造价指标。

b) 类似工程造价资料只有人工、材料、施工机具使用费和企业管理费等费用或费率时,可按下面公式调整:

$$D = A \times K$$
$$K = a\% K_1 + b\% K_2 + c\% K_3 + d\% K_4$$

式中:$D$——拟建工程成本单价;

$A$——类似工程成本单价;

$K$——成本单价综合调整系数;

$a\%$、$b\%$、$c\%$、$d\%$——类似工程预算的人工费、材料费、施工机具使用费、企业管理费占预算造价的比重,如 $a\% = $ 类似工程人工费/类似工程预算成本 $\times 100\%$;

$K_1$、$K_2$、$K_3$、$K_4$——拟建工程地区与类似工程预算造价在人工费、材料费、施工机具使用费、企业管理费之间的差异系数,如 $K_1 = $ 拟建工程概算的人工费/类似工程预算人工费。

以上综合调价系数是以类似工程中各成本构成项目占总成本的百分比为权重,按照加权的方式计算的成本单价的调价系数,根据类似工程预算提供的资料,也可按照同样的计算思路计算出人材机费综合调整系数,通过系数调整类似工程的工料单价,再按相应取费基数和费率计算间接费、利润和税金,也可得出所需的综合单价。

【例 3.4】 某拟建工程与其类似的已完工程单方工程造价为 4500 元/m²,其中人工、材料、施工机具使用费分别占工程造价的 15%、55% 和 10%,拟建工程地区与类似工程地区人工、材料、施工机具使用费差异系数分别为 1.05、1.03 和 0.98。假定以人材机费用之和为基数取费,综合费率为 25%。用类似工程预算法计算拟建工程适用的综合单价。

**解**　先使用调差系数计算出拟建工程的工料单价

$$类似工程的工料单价 = 4500 \times 80\% = 3600(元/m^2)$$

在类似工程的工料单价中,人工、材料、施工机具使用费的比重分别为 18.75%、68.75% 和 12.5%。

$$拟建工程的工料单价 = 3600 \times (18.75\% \times 1.05 + 68.75\% \times 1.03 + 12.5\% \times 0.98)$$
$$= 3699(元/m^2)$$

则拟建工程适用的综合单价 $= 3699 \times (1 + 25\%) = 4623.75(元/m^2)$

### (四)单位设备及安装工程概算编制方法

单位设备及安装工程概算包括单位设备及工器具购置费概算和单位设备安装工程费概算两大部分。

(1) 设备及工器具购置费概算。设备及工器具购置费是根据初步设计的设备清单计算出设备原价,并汇总求出设备总原价,然后按有关规定的设备运杂费率乘以设备总原价,两项相加再考虑工具、器具及生产家具购置费,即为设备及工器具购置费概算。设备及工器具购置费概算的编制依据包括设备清单、工艺流程图,各省、市、自治区规定的现行设备价格和运费标准、费用标准。

(2) 设备安装工程费概算的编制方法,如表 3.23 所示。设备安装工程费概算的编制方法应根据初步设计深度和要求所明确的程度而采用,其主要编制方法如下。

① 预算单价法。当初步设计较深,有详细的设备清单时,可直接按安装工程预算定额单价来编制安装工程概算,概算编制程序与安装工程施工图预算程序基本相同。该方法的优点是计算比较具体,精确性较高。

② 扩大单价法。当初步设计深度不够,设备清单不完备,只有主体设备或仅有成套设备重量时,可采用主体设备、成套设备的综合扩大安装单价来编制概算。

上述两种方法的具体编制步骤与建筑工程概算相类似。

③ 设备价值百分比法,又叫安装设备百分比法。当初步设计深度不够,只有设备出厂价而无详细规格、重量时,安装费可按占设备费的百分比计算。其百分比值(即安装费率)由相关管理部门制定或由设计单位根据已完类似工程确定。该方法常用于价格波动不大的定型产品和通用设备产品,其计算公式为

$$设备安装费 = 设备原价 \times 安装费率(\%)$$

④ 综合吨位指标法。当初步设计提供的设备清单有规格和设备重量时,可采用综合吨位指标来编制概算,其综合吨位指标由相关主管部门或设计单位根据已完类似工程的资料确定。该方法常用于设备价格波动较大的非标准设备和引进设备的安装工程概算,其计算公式为

$$设备安装费 = 设备吨重 \times 每吨设备安装费指标(元/吨)$$

**表 3.23　设备安装工程概算的编制方法**

| 编制方法 | 编制原理 | 应用条件 | 备注 |
|---|---|---|---|
| 预算单价法 | 编制程序基本同于安装工程施工图预算 | 初步设计较深,有详细的设备清单 | 具有计算具体、精确性较高之优点 |

续表

| 编制方法 | 编制原理 | 应用条件 | 备注 |
|---|---|---|---|
| 扩大单价法 | 采用主体设备、成套设备的综合扩大安装单价编制概算 | 初步设计深度不够,设备清单不完备,只有主体设备或仅有成套设备重量 | |
| 设备价值百分比法 | 安装费按占设备费的百分比计算 | 初步设计深度不够,只有设备出厂价,无详细的规格、重量 | 常用于价格波动不大的定型设备和通用设备 |
| 综合吨位指标法 | 采用综合吨位指标编制概算 | 初步设计提供的设备清单有规格和设备重量 | 常用于价格波动较大的非标准设备和引进设备 |

单位设备及安装工程概算要按照规定的表格格式进行编制,采用预算单价法和扩大单价法时,表格格式如表 3.24 所示。

表 3.24 设备及安装工程概算表

单项工程概算编号: 　　　　单项工程名称: 　　　　　　　　共 页 第 页

| 序号 | 项目编码 | 工程项目或费用名称 | 项目特征 | 单位 | 数量 | 综合单价/元 | | 合价/元 | |
|---|---|---|---|---|---|---|---|---|---|
| | | | | | | 设备购置费 | 安装工程费 | 设备购置费 | 安装工程费 |
| 一 | | 分部分项工程 | | | | | | | |
| (一) | | 机械设备安装工程 | | | | | | | |
| 1 | ×× | ×××× | | | | | | | |
| 2 | ×× | ×××× | | | | | | | |
| (二) | | 电气工程 | | | | | | | |
| 1 | ×× | ×××× | | | | | | | |
| (三) | | 给排水工程 | | | | | | | |
| 1 | ×× | ×××× | | | | | | | |
| (四) | | ××工程 | | | | | | | |
| | | 分部分项工程费小计 | | | | | | | |
| 二 | | 可计量措施项目 | | | | | | | |
| (一) | | ××工程 | | | | | | | |
| 1 | ×× | ×××× | | | | | | | |
| 2 | ×× | ×××× | | | | | | | |
| (二) | | ××工程 | | | | | | | |
| 1 | ×× | ×××× | | | | | | | |
| | | 可计量措施项目费小计 | | | | | | | |

续表

| 序号 | 项目编码 | 工程项目或费用名称 | 项目特征 | 单位 | 数量 | 综合单价/元 | | 合价/元 | |
|---|---|---|---|---|---|---|---|---|---|
| | | | | | | 设备购置费 | 安装工程费 | 设备购置费 | 安装工程费 |
| 三 | | 综合取定的措施项目费 | | | | | | | |
| 1 | | 安全文明施工费 | | | | | | | |
| 2 | | 夜间施工增加费 | | | | | | | |
| 3 | | 二次搬运费 | | | | | | | |
| 4 | | 冬雨季施工增加费 | | | | | | | |
| | ×× | ×××× | | | | | | | |
| | | 综合取定措施项目费小计 | | | | | | | |
| | | 合计 | | | | | | | |

编制人：　　　　　　审核人：　　　　　　审定人：

## 四、单项工程综合概算的编制

单项工程综合概算是确定单项工程建设费用的综合性文件,由该单项工程所属的各专业单位工程概算汇总而成,是建设项目总概算的组成部分。

单项工程综合概算采用综合概算表(含其所附的单位工程概算表和建筑材料表)进行编制。对单一、具有独立性的单项工程建设项目,按照两级概算编制形式,直接编制总概算。

综合概算表根据单项工程所辖范围内的各单位工程概算等基础资料,按照国家或部委规定的统一表格进行编制。对工业建筑而言,其概算包括建筑工程和设备及安装工程;对民用建筑而言,其概算包括土建工程、给排水、采暖、通风及电气照明工程等。

综合概算一般应包括建筑工程费用、安装工程费用、设备及工器具购置费,表格格式如表 3.25 所示。

表 3.25　单项工程综合概算表

建设项目名称：　　　　　　单项工程名称：　　　　　　单位:万元　　共　页　第　页

| 序号 | 概算编号 | 工程项目和费用名称 | 概算价值 | | | | | | | 其中:引进部分 | |
|---|---|---|---|---|---|---|---|---|---|---|---|
| | | | 设计规模和主要工程量 | 建筑工程 | 安装工程 | 设备购置 | 工器具及生产家具购置 | 其他 | 总价 | 美元 | 折合人民币 |
| 一 | | 主要工程 | | | | | | | | | |
| 1 | ××× | ××××× × | | | | | | | | | |
| 2 | ××× | ××××× × | | | | | | | | | |
| 二 | | 辅助工程 | | | | | | | | | |
| 1 | ××× | ××××× × | | | | | | | | | |
| 2 | ××× | ××××× × | | | | | | | | | |

续表

| 序号 | 概算编号 | 工程项目和费用名称 | 概算价值 | | | | | | | 其中:引进部分 | |
|---|---|---|---|---|---|---|---|---|---|---|---|
| | | | 设计规模和主要工程量 | 建筑工程 | 安装工程 | 设备购置 | 工器具及生产家具购置 | 其他 | 总价 | 美元 | 折合人民币 |
| 三 | | 配套工程 | | | | | | | | | |
| 1 | ××× | ×××××× × | | | | | | | | | |
| 2 | ××× | ×××××× × | | | | | | | | | |
| | | 单项工程概算费用合计 | | | | | | | | | |

编制人:　　　　　　　　　审核人:　　　　　　　　　审定人:

### 五、建设项目总概算的编制

建设项目总概算是设计文件的重要组成部分,是预计整个建设项目从筹建到竣工交付使用所花费全部费用的文件。它由各单项工程综合概算、工程建设其他费用、建设期利息、预备费和经营性项目的铺底流动资金概算组成,按照主管部门规定的统一表格编制而成。

设计总概算文件应包括编制说明、总概算表、各单项工程综合概算书、工程建设其他费用概算表、主要建筑安装材料汇总表。独立装订成册的总概算文件宜加封面、签署页(扉页)和目录。

(1)封面、签署页及目录。

(2)编制说明。编制说明的内容与单项工程综合概算文件相同,具体如下。

① 工程概况。简述建设项目性质、特点、生产规模、建设周期、建设地点、主要工程量、工艺设备等情况。引进项目要说明引进内容以及与国内配套工程等主要情况。

② 编制依据。主要包括国家和有关部门的规定、设计文件、现行概算定额或概算指标、设备材料的预算价格和费用指标等。

③ 编制方法。说明设计概算是采用概算定额法,还是采用概算指标法,或其他方法。

④ 主要设备、材料的数量。

⑤ 主要技术经济指标。主要包括项目概算总投资(有引进的给出所需外汇额度)及主要分项投资、主要技术经济指标(主要单位投资指标)等。

⑥ 工程费用计算表。主要包括建筑工程费用计算表、工艺安装工程费用计算表、配套工程费用计算表、其他涉及工程的工程费用计算表。

⑦ 引进设备材料有关费率取定及依据。主要是关于国际运输费、国际运输保险费、关税、增值税、国内运杂费、其他有关税费等。

⑧ 引进设备材料从属费用计算表。

⑨ 其他必要的说明。

(3)总概算表,表格格式如表3.26所示(适用于采用三级编制形式的总概算)。

表 3.26　总概算表

总概算编号：　　　　　　　　工程名称：　　　　　　　　单位：万元

| 序号 | 概算编号 | 工程项目或费用名称 | 建筑工程费 | 设备购置费 | 安装工程费 | 其他费用 | 合计 | 其中：引进部分 | | 占总投资比例 |
|---|---|---|---|---|---|---|---|---|---|---|
| | | | | | | | | 美元 | 折合人民币 | |
| 一 | | 工程费用 | | | | | | | | |
| 1 | | 主要工程 | | | | | | | | |
| 2 | | 辅助工程 | | | | | | | | |
| 3 | | 配套工程 | | | | | | | | |
| 二 | | 工程建设其他费用 | | | | | | | | |
| 1 | | | | | | | | | | |
| 2 | | | | | | | | | | |
| 三 | | 预备费 | | | | | | | | |
| 四 | | 建设期利息 | | | | | | | | |
| 五 | | 铺底流动资金 | | | | | | | | |
| | | 建设项目概算总投资 | | | | | | | | |

编制人：　　　　　　　审核人：　　　　　　　审定人：

（4）工程建设其他费用概算表。工程建设其他费用概算依据国家、地区或部委所规定的项目和标准确定，并按统一格式编制。应按具体发生的工程建设其他费用项目填写工程建设其他费用概算表，需要说明和具体计算的费用项目依次在"说明及计算式"栏内填写或具体计算，表格格式如表 3.27 所示。填写时注意以下事项。

① 土地征用及拆迁补偿费应填写土地补偿单价、数量和安置补助费标准、数量等，列式计算所需费用，填入金额栏。

② 建设管理费按"工程费用×费率"或依据有关定额列式计算。

③ 研究试验费应根据设计需要进行研究试验的项目，分别填写项目名称及金额或列式计算、进行说明。

（5）单项工程综合概算表和建筑安装单位工程概算表。

（6）主要建筑安装材料汇总表，针对每一个单项工程列出钢筋、型钢、水泥、木材等主要建筑安装材料的消耗量。

表 3.27　工程项目其他费用表

工程名称：　　　　　　　　单位：万元　共　页　第　页

| 序号 | 费用项目编号 | 费用项目名称 | 费用计算基数 | 费率 | 金额 | 计算公式 | 备注 |
|---|---|---|---|---|---|---|---|
| 1 | | | | | | | |
| 2 | | | | | | | |
| | 合计 | | | | | | |

## 六、施工图预算

### (一)施工图预算及计价模式

施工图预算是以施工图设计文件为依据,按照规定的程序、方法和依据,在施工招标投标阶段编制的预测工程造价的经济文件。按预算的计算方式和管理方式的不同,施工图预算可以划分为以下两种计价模式。

(1)传统计价模式。

传统计价模式是采用国家、部门或地区统一规定的定额和取费标准进行工程计价的模式,通常也称为定额计价模式。建设单位和施工单位均先根据预算定额中的工程量计算规则计算工程量,再根据定额单价(单位估价表)计算出对应工程所需的人料机费用、管理费用及利润和税金等,汇总得到工程造价。

传统计价模式对我国建设工程的投资计划管理和招标投标起到过很大的作用,但其计价模式的人料机消耗量是根据"社会平均水平"综合测定的,取费标准是根据不同地区价格水平平均测算的,企业自主报价的空间很小,不能结合项目具体情况、自身技术管理水平和市场价格自主报价,也不能满足招标人对建筑产品质优价廉的要求。同时,由于工程量计算由招标方与投标方各方单独完成,计价基础不统一,不利于招标工作的规范性。在工程完工后,工程结算烦琐,易引起争议。

(2)工程量清单计价模式。

工程量清单计价模式是指按照《建设工程工程量清单计价规范》(GB 50500)规定的工程量计算规则,由招标人提供工程量清单和有关技术说明,投标人根据自身实力,按企业定额、资源市场单价、市场供求及竞争状况进行施工图预算的计价模式。

### (二)施工图预算的编制依据

(1)经批准和会审的施工图设计文件及有关标准图集。编制施工图预算所用的施工图设计文件必须经主管部门批准,经业主、设计工程师参加的图纸会审并签署"图纸会审纪要",且应有与图纸有关的各类标准图集。通过上述资料可熟悉编制对象的工程性质、内容、构造等工程情况。

(2)施工组织设计。施工组织设计是编制施工图预算的重要依据之一,通过它可充分了解各分部分项工程的施工方法、施工进度计划、施工机械的选择、施工平面图的布置及主要技术措施等内容。

(3)工程预算定额。工程预算定额是编制施工图预算的基础资料,是分项工程项目划分、分项工程工作内容、工程量计算的重要依据。

(4)经批准的设计概算文件。经批准的设计概算文件是控制工程拨款或贷款的最高限额,也是控制单位工程预算的主要依据。若工程预算确定的投资总额超过设计概算,必须补做调整设计概算,经原批准机构批准后方可实施。

(5)地区单位估价表。地区单位估价表是单价法编制施工图预算最直接的基础资料。

(6)工程费用定额。将直接费(或人工费)作为计算基数,根据地区和工程类别的不同套用相应的定额或费用标准来确定工程预算造价。

(7)材料预算价格。各地区材料预算价格是确定材料价差的依据,是编制施工图预算的必备资料。

（8）工程承包合同或协议书。预算编制时必须认真执行工程承包合同或协议书中规定的有关条款。

（9）预算工作手册。预算工作手册是编制预算必备的工具书之一，主要包括各种常用数据、计算公式、金属材料的规格、单位重量等内容。

### （三）施工图预算的编制内容

根据《建设项目施工图预算编审规程》（CECA/GC 5—2010）和建设项目实际情况，施工图预算可采用三级预算编制或二级预算编制形式。当建设项目有多个单项工程时，应采用三级预算编制形式。三级预算编制形式由建设工程总预算、单项工程综合预算、单位工程预算组成。

（1）建设工程总预算。

建设工程总预算是反映施工图设计阶段建设项目投资总额的造价文件，是施工图预算文件的主要组成部分。建设工程总预算由组成该建设项目的各个单项工程综合预算和相关费用组成。

（2）单项工程综合预算。

单项工程综合预算是反映施工图设计阶段一个单项工程（设计单元）造价的文件、是建设工程总预算的组成部分。单项工程综合预算由构成该单项工程的各个单位工程施工图预算组成。

（3）单位工程预算。

单位工程预算是依据单位工程施工图设计文件、现行预算定额以及当时当地实际的人工工资单价、材料预算价格、施工机具台班单价等，按照规定的计价方法编制的工程造价文件。

（4）施工图预算文件的内容。

采用三级预算编制形式的工程预算文件包括封面、签署页及目录、编制说明、总预算表、综合预算表、单位工程预算表、附件等内容。

### （四）施工图预算的编制方法

1. 单位工程施工图预算的编制

单位工程施工图预算的编制是编制各级预算的基础。单位工程预算包括单位建筑工程预算和单位设备及安装工程预算。

（1）单价法。

定额单价法。定额单价法（也称为预算单价法、定额计价法）是用事先编制好的分项工程的单位估价表来编制施工图预算的方法。按施工图及计算规则计算的各分项工程的工程量，乘以相应人工、材料、施工机具单价，将各项费用汇总相加，得到单位工程的人工费、材料费、施工机具使用费之和；再加上按规定程序计算出企业管理费、利润、措施费、其他项目费、规费、税金，便可得出单位工程的施工图预算造价。

定额单价法编制施工图预算的基本步骤有编制前的准备工作，熟悉图纸、预算定额和单位估价表，了解施工组织设计和施工现场情况，划分工程项目和计算工程量，套单价（计算定额基价），工料分析，按费用定额取费，计算主材费（未计价材料费），计算汇总工程造价，复核，编制说明，填写封面。具体内容如下。

① 编制前的准备工作。准备工作包括组织准备、资料收集和现场情况调查。

② 熟悉图纸、预算定额和单位估价表。核对图纸间相关尺寸是否有误,设备与材料表中的规格、数量是否与图示相符,详图、说明、尺寸和其他符号是否正确等,若发现错误应及时纠正;确定图纸是否有设计更改通知(或类似文件);充分了解预算定额和单位估价表的适用范围、工程量计算规则及定额系数等,做到心中有数,以保证预算编制准确、迅速。

③ 了解施工组织设计和施工现场情况。要熟悉与施工安排相关的内容,例如各分部分项工程的施工方法,土方工程中余土外运使用的工具、运距,施工平面图中建筑材料、构件等堆放点到施工操作地点的距离等,以便正确计算工程量和正确套用或确定某些分项工程的基价。

④ 划分工程项目和计算工程量。划分的工程项目必须和定额规定的项目一致,这样才能正确地套用定额,既不能重复列项计算,也不能漏项少算。计算工程量必须按定额规定的工程量计算规则进行计算。当按照工程项目将工程量全部计算完成后,要对工程项目和工程量进行整理,即合并同类项并按序排列,为后续套用定额,计算人工、材料、施工机具使用费,以及进行工料分析打下基础。

⑤ 套单价(计算定额基价)。将定额子项中的基价填于预算表单价栏内,并将单价乘以工程量得出合价,将结果填入合价栏。

工程量清单单价法。工程量清单单价法是指招标人按照设计图纸和国家现行的《建设工程工程量清单计价标准》(GB 50500)计算的工程量,采用综合单价的形式计算工程造价的方法。综合单价是指完成一个规定计量单位的分部分项工程量清单项目或措施清单项目所需的人工费、材料费、施工机具使用费、企业管理费、利润,以及一定范围内的风险费用。

(2)实物量法。

实物量法编制施工图预算,即依据施工图纸和预算定额的项目划分及工程量计算规则,先计算出分部分项工程量,然后套用预算定额(实物量定额)计算出各类人工、材料、施工机具台班的实物消耗量,根据预算编制期的人工、材料、施工机具台班单价,计算出人工费、材料费、施工机具使用费、企业管理费和利润,再加上按规定程序计算出的措施费、其他项目费、规费、税金,便可得出单位工程的施工图预算造价。

实物量法编制施工图预算的步骤如下。

① 准备资料、熟悉施工图纸。

全面收集各种人工、材料和施工机具台班当时当地的实际单价,应包括不同工种、不同等级的人工工资单价;不同品种、不同规格的材料单价;不同种类、不同型号的施工机具台班单价等。要求获得的各种实际价格应全面、系统、真实、可靠。

② 计算工程量。同预算单价法相同。

③ 套用消耗定额,计算人工、材料、施工机具台班消耗量。

定额消耗量中的"量"应是符合国家技术规范和质量标准要求,并能反映现行施工工艺水平的分项工程计价所需的人工、材料、施工机具台班的消耗量。根据人工预算定额所列各类人工工日的数量,乘以各分项工程的工程量,计算出各分项工程所需各类人工工日的数量,统计汇总后确定单位工程所需的各类人工工日消耗量。同理,根据材料预算定额、施工机具台班预算定额分别确定出工程各类材料消耗数量和各类施工机具台班数量。

④ 计算并汇总人工费、材料费、施工机具使用费。

根据当时当地工程造价管理部门定期发布,或企业根据市场价格确定的人工工资单价、材料预算价格、施工机具台班单价,分别乘以人工、材料、施工机具台班消耗量,汇总得出单位工程人工费、材料费和施工机具使用费。

⑤ 计算其他各项费用,汇总造价。

其他各项费用的计算及汇总,可以采用与预算单价法相似的计算方法,只是有关费率需根据当时当地建筑市场供求情况确定。

⑥ 复核。

检查人工、材料、施工机具台班消耗量计算是否准确,有无漏算、少算、重算或多算;检查套用的定额是否正确;核实采用的实际价格是否合理。其他内容可参考预算单价法相应步骤的介绍。

⑦ 编制说明、填写封面。

实物量法编制施工图预算的步骤与预算单价法基本相似,但在具体计算人工费、材料费和施工机具使用费及汇总三种费用之和方面有一定区别。实物量法编制施工图预算所用人工、材料和机械台班的单价都是当时当地的实际价格,编制出的预算能较准确地反映实际水平,误差较小,适用于市场经济条件波动较大的情况。

2. 单项工程综合预算的编制

单项工程综合预算造价由组成该单项工程的各个单位工程预算造价汇总而成,计算公式为

$$单项工程综合预算 = \sum 单位建筑工程费用 + \sum 单位设备及安装工程费用$$

3. 建设项目总预算的编制

建设项目总预算的编制费用项目是各单项工程的费用汇总,以及经计算的工程建设其他费、预备费、建设期利息和铺底流动资金汇总而成。建设项目总预算由各单项工程的综合预算费用、工程建设其他费、预备费、建设期利息及铺底流动资金汇总而成,计算公式为

$$建设项目总预算 = \sum 单项工程综合预算费用 + 工程建设其他费 + 预备费 + 建设期利息 + 铺底流动资金$$

【例3.5】 某建设工程项目在设计阶段对其工程造价做出以下预测:单项建筑工程综合预算为54000万元,设备购置费68850万元,设备安装费按设备购置费的15%计算。建设期贷款利息4185万元,工程建设其他费9150万元,基本预备费费率为8%,价差预备费11295万元,铺底流动资金2000万元。试编制该建设项目的总预算。

**解**
$$设备安装费 = 68850 \times 15\% = 10327.5(万元)$$
$$单项设备与安装工程预算 = 68850 + 10327.5 = 79177.5(万元)$$
$$基本预备费 = (54000 + 79177.5 + 9150) \times 8\% = 11386.2(万元)$$
$$建设项目总预算 = 54000 + 79177.5 + 9150 + 11295 + 11386.2 + 4185 + 2000$$
$$= 171193.7(万元)$$

如果建设工程仅由一个单项工程构成,则建设项目总预算由各单位建筑工程费用、各单位设备及安装工程费用、工程建设其他费、预备费、建设期贷款利息及铺底流动资金汇总而成,计算公式为

$$建设项目总预算 = \sum 单位建筑工程费用 + \sum 单位设备及安装工程费用 + 工程建设其他费 + 预备费 + 建设期贷款利息 + 铺底流动资金$$

4.调整预算的编制

工程预算批准后，一般不得调整。但若发生重大设计变更、政策性调整及不可抗力等原因，可进行调整。所调整的预算内容需在调整预算总说明中逐项与原批准预算对比，并编制调整前后预算对比表，分析主要变更原因。

## 思政育人

《吕氏春秋·似顺论》中提到："今夫射者仪毫而失墙，画者仪发而易貌。言审本也。本不审，虽尧舜不能以治。"意思是射箭的人仔细观察毫毛就会看不见墙壁；画像的人仔细观察头发就会忽略容貌。这说明要弄清根本。根本的东西不弄清，即便尧舜也不能治理好天下。

学习基于价值工程中的 ABC 分类方法，其基本原理为"关键的少数和次要的多数"，抓住关键的少数可以解决问题的大部分。按照这样一种思想，在工作中要学会"弹钢琴"，牵"牛鼻子"，不能胡子眉毛一把抓，更不能丢了西瓜捡了芝麻。我们处理事情的时候，首先要弄清事物的根本，分清什么是主要的，什么是次要的。从主要问题入手，从大处着眼，同时也不放松那些包含原则问题萌芽的小节，不要把自己的思想和注意力纠缠在一些非原则性的小问题上。工作方案的优化创新可以从局部做起，积累经验、完善方案，再整体推进。

## 课后习题

### 一、单选题

1.关于建筑设计因素对工业项目工程造价的影响，下列说法正确的是（    ）。

A.建筑周长系数越高，建筑工程造价越低

B.多跨厂房跨度不变时，中跨数目越多越经济

C.大中型工业厂房一般选用砌体结构，以降低造价

D.建筑物面积或体积的增加，一般会引起单位面积造价的增加

2.某地新建一座单身宿舍，当地同期类似工程概算指标为 900 元/m²，该工程基础为混凝土结构，而概算指标对应的基础为毛石混凝土结构。已知该工程与概算指标每 100 m² 建面中分摊的基础工程量均为 15 m³，同期毛石混凝土基础综合单价为 580 元/m³，混凝土基础综合单价为 640 元/m³，则经结构差异修正后的概算指标为（    ）元/m²。

A.891            B.909            C.906            D.993

3.某地市政道路工程，已知与其类似已完工程造价指标为 600 元/m²，人、材、机占工程造价 10%、50%、20%，拟建工程与类似工程人、材、机差异系数为 1.1、1.05、1.05。假定以人、材、机为基数取费，综合费率为 25%，则该工程综合单价为（    ）元。

A.507            B.608.4            C.633.75            D.657

4. 当初步设计深度不够,只有设备出厂价而无详细规格、重量时,编制设备安装工程费概算可选用的方法是( )。

A. 设备价值百分比法　　　　　　B. 设备系数法

C. 综合吨位指标法　　　　　　　D. 预算单价法

5. 建设工程预算编制中的总预算由( )组成。

A. 综合预算、工程建设其他费及预备费

B. 预备费、建设期利息及铺底流动资金

C. 综合预算、工程建设其他费及铺底流动资金

D. 综合预算、工程建设其他费、预备费、建设期利息及铺底流动资金

二、多选题

1. 总平面设计中,影响工程造价的主要因素包括( )。

A. 现场条件　　　　　　　　　　B. 占地面积

C. 工艺设计　　　　　　　　　　D. 功能分区

E. 柱网布置

2. 关于建筑设计对工业项目造价的影响,下列说法正确的有( )。

A. 建筑周长系数越高,单位面积造价越低

B. 单跨厂房柱间距不变时,跨度越大,单位面积造价越低

C. 多跨厂房跨度不变时,中跨数目越多,单位面积造价越高

D. 超高层建筑采用框架结构和剪力墙结构比较经济

E. 大中型工业厂房一般选用砌体结构来降低工程造价

3. 下列属于实物量法而不属于工料单价法,编制施工图预算所包括的内容有( )。

A. 套用预算定额单价

B. 采用市场价格计算人、材、机费

C. 计算直接费

D. 汇总单位工程所需各类人工的消耗量

E. 计算管理费、利润

三、计算题

某智能大厦的一套设备系统有 A、B、C 三个采购方案,其有关数据如表 3.28 所示。

表 3.28　设备系统采购方案经济数据表

| | A | B | C |
|---|---|---|---|
| 购置、安装费/万元 | 520 | 600 | 700 |
| 年使用费/万元 | 65 | 60 | 55 |
| 使用年限/年 | 16 | 18 | 20 |
| 大修周期/年 | 8 | 10 | 10 |
| 大修费/(万元/次) | 100 | 100 | 110 |
| 残值/万元 | 17 | 20 | 25 |

现值系数表如表 3.29 所示。

表 3.29  现值系数表

| N | 8 | 10 | 16 | 18 | 20 |
|---|---|----|----|----|----|
| $(P/A,8\%,n)$ | 5.747 | 6.710 | 8.851 | 9.372 | 9.818 |
| $(P/F,8\%,n)$ | 0.540 | 0.463 | 0.292 | 0.250 | 0.215 |

问题(计算结果保留 2 位小数):拟采用加权评分法选择采购方案,对购置及安装费、年使用费、使用年限三个指标评分。打分规则为购置、安装费最低的得 10 分,每提高 10 万元扣 0.1 分;年使用费最低的得 10 分,每提高 1 万元扣 0.1 分;使用年限最长的得 10 分,每降低一年扣 0.5 分。重要系数依次为 0.5、0.4、0.1。应选择哪种采购方案较合理?

**四、案例题**

某市高新技术开发区拟开发建设集科研和办公于一体的综合大楼,其主体工程结构设计方案对比如下。

A 方案:结构方案为大柱网框架轻墙体系,采用预应力大跨度叠合楼板,墙体材料采用多孔砖及移动式可拆装式分室隔墙,窗户采用中空玻璃断桥铝合金窗,面积利用系数为 93%,单方造价为 1438 元/m²。

B 方案:结构方案同 A 方案,墙体采用内浇外砌,窗户采用双玻璃塑钢窗,面积利用系数为 87%,单方造价为 1108 元/m²。

C 方案:结构方案采用框架结构,采用全现浇楼板,墙体材料采用标准黏土砖,窗户采用双玻璃铝合金窗,面积利用系数为 79%,单方造价为 1082 元/m²。

方案各功能的权重及各方案的功能得分如表 3.30 所示。

表 3.30  方案各功能的权重及各方案的功能得分

| 方案功能 | 功能权重 | 方案功能得分 | | |
|---|---|---|---|---|
| | | A | B | C |
| 结构体系 | 0.25 | 10 | 10 | 8 |
| 楼板类型 | 0.05 | 10 | 10 | 9 |
| 墙体材料 | 0.25 | 8 | 9 | 7 |
| 面积系数 | 0.35 | 9 | 8 | 7 |
| 窗户类型 | 0.10 | 9 | 7 | 8 |

问题:试应用价值工程方法选择最优设计方案。

计算思路:确定各项功能的功能重要系数→计算各方案的功能加权得分→计算各方案的功能指数($F_I$)→计算各方案的成本指数($C_I$)→计算各方案的价值指数($V_I$)→方案选择。

# 项目四

## 建设项目招投标阶段工程造价控制

JIANSHE XIANGMU ZHAOTOUBIAO JIEDUAN
GONGCHENG ZAOJIA KONGZHI

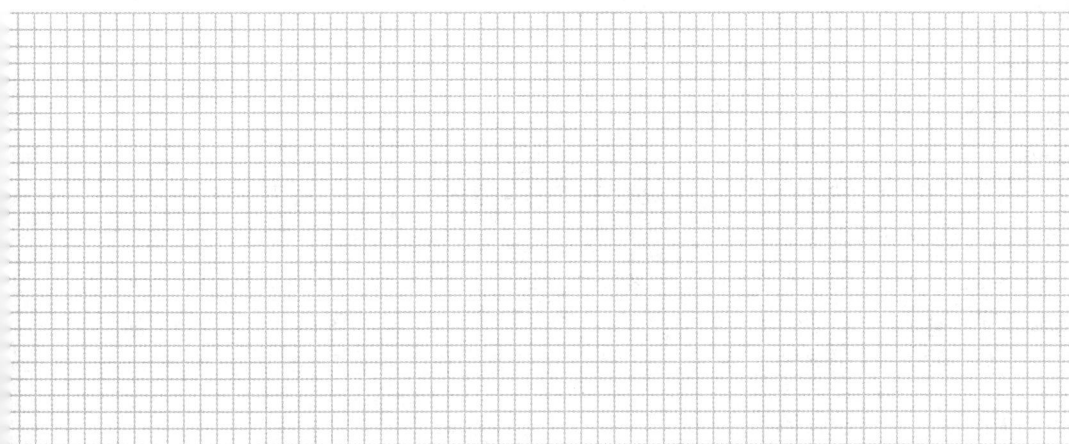

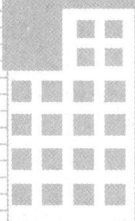

**单元学习目标**

1. 熟悉招标文件的编制内容；
2. 掌握最高投标限价的编制方法；
3. 掌握建设工程投标报价的策略和技巧；
4. 掌握评标方法和合同类型的选择。

**案例引入**

　　国有资金投资依法必须公开招标的某建设项目，采用工程量清单计价方式进行施工招标，最高投标限价为 3568 万元，其中暂列金额 280 万元。招标文件中规定：

　　（1）投标有效期 90 天，投标保证金有效期与其一致。

　　（2）投标报价不得低于企业平均成本。

　　（3）近三年施工完成或在建的合同价超过 3000 万元的类似工程项目不少于 3 个。

　　（4）合同履行期间，综合单价在任何市场波动和政策变化下均不得调整。

　　（5）缺陷责任期 3 年，期满后退还预留的质量保证金。

　　投标过程中，投标人 F 在开标前 1 小时口头告知招标人，撤回了已提交的投标文件，并要求招标人 3 日内退还其投标保证金。除 F 之外，还有 A、B、C、D、E 五个投标人参加了投标，其总报价分别为 3489 万元、3470 万元、3358 万元、3209 万元、3542 万元。评标过程中，评标委员会发现投标人 B 的暂列金额按 260 万元计取，且对招标清单中的材料暂估单价均下调 5％后计入报价；发现投标人 E 报价中混凝土梁的综合单价为 700 元/m³，招标清单工程量为 520 m³，其投标清单合价为 36400 元。其他投标人的投标文件均符合要求。

　　招标文件中规定的评分标准如下：商务标中的总报价评分 60 分，有效报价的算术平均数为评标基准价，报价等于评标基准价者得满分（60 分）。在此基础上，报价比评标基准价每下降 1％，扣 1 分；每上升 1％，扣 2 分。

　　**问题**：1. 请逐一分析招标文件中规定的（1）～（5）项内容是否妥当，并对不妥之处分别说明理由。

　　2. 请指出投标人 F 行为的不妥之处，并说明理由。

　　3. 针对投标人 B、投标人 E 的报价，评标委员会应分别如何处理？并说明理由。

　　4. 计算各有效报价投标人的总报价得分。（计算结果保留两位小数）

　　**解析**：

　　问题 1：招标文件中规定的（1）项内容妥当；招标文件中规定的（2）项内容不妥，投标报价不得低于企业个别成本，不是企业平均成本；招标文件中规定的（3）项内容妥当；招标文件中规定的（4）项内容不妥，因为国家法律、法规、政策等变动影响合同价款的风险，应在合同中约定。当由发包人承担时，应当约定综合单价调整因素、幅度及调整办法；招标文件中规定的（5）项内容不妥，因为缺陷责任期最长不超过 24 个月。

问题2：投标人F行为中口头告知招标人，撤回了已提交的投标文件不妥，要求招标3日内退还其投标保证金也不妥。撤回已提交的投标文件应采用书面形式，招标人应当自收到投标人书面撤回通知之日起5日内退还其投标保证金。

问题3：将B投标人按照废标处理，属于未实质性对招标文件的响应，暂列金额应按280万元计取，材料暂估价应当按照招标清单中的材料暂估单价计入综合单价。

将E投标人按照废标处理，E报价中混凝土梁的综合单价为700元/m³合理，但其投标清单合价为36400元计算错误，应当以单价为准修改总价。

混凝土梁的总价为700×520＝364000(元)，364000－36400＝327600(元)＝32.76(万元)，修正后E投标人报价为3542＋32.76＝3574.76(万元)，超过了3568万元，按照废标处理。

问题4：评标基准价＝(3489＋3358＋3209)÷3＝3352(万元)

A投标人：3489÷3352＝104.09%；得分60－(104.09－100)×2＝51.82

C投标人：3358÷3352＝100.18%；得分60－(100.18－100)×2＝59.64

D投标人：3209÷3352＝95.73%；得分60－(100－95.73)×1＝55.73

## 学习任务1　建设项目招标概述及其造价确定

### 一、招标的概念

建设工程招标是指招标人在发包建设项目之前，公开招标或邀请投标人，根据招标人的意图和要求提出报价，择日当场开标，以便从中择优选定中标人的一种经济活动。

### 二、施工招标文件的编制内容

建设工程招标文件是建设工程招投标活动中最重要的法律文件，它不仅规定了完整的招标程序，而且还提出了各项技术标准和交易条件，拟定了合同的主要条款。招标文件是评标委员会评审的依据，是投标人编制投标文件的重要依据，是招标单位与中标单位签订合同的基础。根据《房屋建筑和市政工程标准施工招标文件》(2010版)的规定，招标文件主要由以下内容组成：招标公告(或投标邀请书)、投标人须知、评标办法、合同条款及格式、工程量清单、图纸、技术标准和要求、投标文件格式等。

(1) 招标公告(或投标邀请书)，当未进行资格预审时，招标文件中应包括招标公告；当进行资格预审时，招标文件中应包括投标邀请书，该邀请书可代替资格预审通过通知书，以明确投标人已具备了在某具体项目某具体标段的投标资格，其他内容包括招标文件的获取、投标文件的递交等。

(2) 投标人须知，主要包括对于项目概况的介绍和招标过程的各种具体要求，在正文中的未尽事宜可以通过"投标人须知前附表"进行进一步明确。由招标人根据招标项目具体特点和实际需要编制和填写,但务必与招标文件的其他章节相衔接,并不得与投标人须知正文的内容相抵触,否则抵触内容无效。投标人须知包括如下 10 个方面的内容。

① 总则,主要包括项目概况、资金来源和落实情况、招标范围、计划工期和质量要求的描述,对投标人资格要求的规定,对费用承担、保密、语言文字、计量单位等内容的约定,对踏勘现场、投标预备会的要求,以及对分包和偏离问题的处理。项目概况中主要包括项目名称、建设地点以及招标人和招标代理机构的情况等。

② 招标文件,主要包括招标文件的构成以及澄清和修改的规定。

③ 投标文件,主要包括投标文件的组成,投标报价编制的要求,投标有效期和投标保证金的规定,需要提交的资格审查资料,是否允许提交备选投标方案,以及投标文件编制所应遵循的标准格式要求。

④ 投标,主要规定投标文件的密封和标识、递交、修改及撤回的各项要求。在此部分中应当确定投标人编制投标文件所需要的合理时间,即投标准备时间,是指自招标文件开始发出之日起至投标人提交投标文件截止之日止的期限,最短不得少于 20 天。采用电子招标投标方式在线提交投标文件的,最短不少于 10 日。

⑤ 开标,规定开标的时间、地点和程序。

⑥ 评标,说明评标委员会的组建方式、评标原则和采取的评标办法。

⑦ 合同授予,说明拟采用的定标方式,中标通知书的发出时间,要求承包人提交的履约担保和合同的签订时限。

⑧ 重新招标和不再招标,规定重新招标和不再招标的条件。

⑨ 纪律和监督,主要包括对招标过程各参与方的纪律要求。

⑩ 需要补充的其他内容。

(3)评标办法,可选择经评审的最低投标价法和综合评估法。

(4)合同条款及格式,包括本工程拟采用的通用合同条款、专用合同条款以及各种合同附件的格式。

(5)工程量清单(最高投标限价),即表现拟建工程分部分项工程、措施项目和其他项目名称和相应数量的明细清单,以满足工程项目具体量化和计量支付的需要,是招标人编制招标控制价和投标人编制投标报价的重要依据。如按照规定应编制招标控制价的项目,其招标控制价应在发布招标文件时一并公布。

(6)图纸,是指应由招标人提供的用于计算招标控制价和投标人计算投标报价所必需的各种详细程度的图纸。

(7)技术标准和要求,招标文件规定的各项技术标准应符合国家强制性规定。招标文件中规定的各项技术标准均不得要求或标明某一特定的专利、商标、名称、设计、原产地或生产供应者,不得含有倾向或者排斥潜在投标人的其他内容。如果必须引用某一生产供应商的技术标准才能准确或清楚地说明拟招标项目的技术标准时,则应当在参照后面加上"或相当于"的字样。

(8)投标文件格式,提供各种投标文件编制所应依据的参考格式和投标人须知前附表规定的其他材料。

### 三、最高投标限价的编制

《招标投标法实施条例》规定,招标人可以自行决定是否编制标底,一个招标项目只能有一个标底,标底必须保密。同时规定,招标人设有最高投标限价的,应当在招标文件中明确最高投标限价(或最高投标限价的计算方法),招标人不得规定最低投标限价。

#### (一)最高投标限价的编制规定与依据

最高投标限价又称招标控制价,是指根据国家或省级建设行政主管部门颁发的有关计价依据和办法,依据拟定的招标文件和招标工程量清单,结合工程具体情况发布的招标工程的最高投标限价。根据住房和城乡建设部颁布的《建筑工程施工发包与承包计价管理办法》(住建部令第16号)的规定,国有资金投资的建筑工程招标的,应当设有最高投标限价;非国有资金投资的建筑工程招标的,可以设有最高投标限价或者招标标底。

**1.最高投标限价与标底的关系**

最高投标限价是推行工程量清单计价过程中对传统标底概念的性质进行界定后所设置的专业术语,它使招标时评标定价的管理方式发生了很大的变化。设标底招标、无标底招标以及最高投标限价招标的利弊分析如下。

(1)设标底招标。

① 设标底时易发生泄露标底及暗箱操作的现象,失去招标的公平公正性,容易诱发违法违规行为。

② 编制的标底价是预期价格,因较难考虑不同投标人施工方案、技术措施对造价的影响,容易与市场造价水平脱节,不利于引导投标人理性竞争。

③ 标底在评标过程的特殊地位使标底价成为左右工程造价的杠杆,不合理的标底会使合理的投标报价在评标中显得不合理,有可能成为地方或行业保护的手段。

④ 将标底作为衡量投标人报价的基准,导致投标人尽力地去迎合标底,往往招标投标过程反映的不是投标人实力的竞争,而是投标人编制预算文件能力的竞争,或者各种合法或非法的"投标策略"的竞争。

(2)无标底招标。

① 容易出现围标串标现象,各投标人哄抬价格,给招标人带来投资失控的风险。

② 容易出现低价中标后偷工减料,以牺牲工程质量来降低工程成本,或产生先低价中标,后高额索赔等不良后果。

③ 评标时,招标人对投标人的报价没有参考依据和评判基准。

(3)最高投标限价招标。

① 采用最高投标限价招标的优点。

a)可有效控制投资,防止恶性哄抬报价带来的投资风险。

b)可提高透明度,避免暗箱操作与违法寻租等活动的产生。

c)可使各投标人根据自身实力和施工方案自主报价,符合市场规律形成公平竞争。

② 采用最高投标限价招标也可能出现如下问题。

a)若公布的最高限价大幅高于市场平均价时,就预示中标后利润很丰厚,只要投标不超过公布的限额都是有效投标,从而可能诱导投标人串标围标。

b）若公布的最高限价远远低于市场平均价时，就会影响招标效率。即可能出现只有1～2人投标或出现无人投标的情况，因为按此限额投标将无利可图，超出此限额投标又成为无效投标，导致招标失败或使招标人不得不进行二次招标。

2．编制最高投标限价的规定

（1）国有资金投资的工程建设项目应实行工程量清单招标，招标人应编制最高投标限价，并应当拒绝高于最高投标限价的投标报价，即投标人的投标报价若超过公布的最高投标限价，则其投标应被否决。

（2）最高投标限价应由具有编制能力的招标人或受其委托的工程造价咨询人编制。工程造价咨询人不得同时接受招标人和投标人对同一工程的最高投标限价和投标报价的编制。

（3）最高投标限价应当依据工程量清单、工程计价有关规定和市场价格信息等编制，并不得进行上浮或下调。招标人应当在招标文件中公布最高投标限价的总价，以及各单位工程的分部分项工程费、措施项目费、其他项目费、规费和税金。

（4）最高投标限价超过批准的概算时，招标人应将其报原概算审批部门审核。这是由于我国对国有资金投资项目的投资控制实行的是设计概算审批制度，国有资金投资的工程原则上不能超过批准的设计概算。同时，招标人应将最高投标限价报工程所在地的工程造价管理机构备查。

（5）投标人经复核认为招标人公布的最高投标限价未按照《建设工程工程量清单计价规范》（GB 50500）的规定进行编制的，应在最高投标限价公布后5天内向招标投标监督机构和工程造价管理机构投诉。工程造价管理机构受理投诉后，应立即对最高投标限价进行复查，组织投诉人、被投诉人或其委托的最高投标限价编制人等单位人员对投诉问题逐一核对。工程造价管理机构应当在受理投诉的10天内完成复查，特殊情况下可适当延长，并作出书面结论通知投诉人、被投诉人及负责该工程招标投标监督的招标投标管理机构。当最高投标限价复查结论与原公布的最高投标限价误差大于±3％时，应责成招标人改正。当重新公布最高投标限价时，若重新公布之日起至原投标截止期不足15天的，应延长投标截止期。

（6）招标人应将最高投标限价及有关资料报送工程所在地或有该工程管辖权的行业管理部门工程造价管理机构备查。

3．最高投标限价的编制依据

最高投标限价的编制依据是指在编制最高投标限价时需要进行工程量计量、价格确认、工程计价的有关参数、率值的确定等工作时所需的基础性资料。虽然《工程造价改革工作方案》（建办标〔2020〕38号）提出了"取消最高投标限价按定额计价的规定，逐步停止发布预算定额"的要求，但在一定时期内，由于市场化的造价信息以及对应一定计量单位的工程量清单或工程量清单子项具有地区、行业特征的工程造价指标尚不能完全满足工程计价的需要，因此最高投标限价的编制依据应是各级建设行政主管部门发布的计价依据、标准、办法与市场化的工程造价信息的混合使用。最高投标限价的编制依据主要包括：

（1）现行国家标准《建设工程工程量清单计价规范》（GB 50500）与专业工程量计算规范；

（2）国家或省级、行业建设主管部门颁发的计价依据、标准和办法；

（3）建设工程设计文件及相关资料；

（4）拟定的招标文件及招标工程量清单；

（5）与建设项目相关的标准、规范、技术资料；

（6）施工现场情况、工程特点及常规施工方案；

（7）工程造价管理机构发布的工程造价信息，但工程造价信息没有发布的，参照市场价；

（8）其他的相关资料。

**（二）最高投标限价的编制内容**

1.最高投标限价计价程序

建设工程的最高投标限价反映的是单位工程费用，各单位工程费用是由分部分项工程费、措施项目费、其他项目费、规费和税金组成。单位工程最高投标限价计价程序如表 4.1 所示。

表 4.1　单位工程最高投标限价计价程序

| 序号 | 汇总内容 | 计算方法 | 金额/元 |
|---|---|---|---|
| 1 | 分部分项工程费 | 按计价规定计算/(自主报价) | |
| 1.1 | | | |
| 1.2 | | | |
| 2 | 措施项目费 | 按计价规定计算/(自主报价) | |
| 2.1 | 其中:安全文明施工费 | 按规定标准估算/(按规定标准计算) | |
| 3 | 其他项目费 | | |
| 3.1 | 其中:暂列金额 | 按计价规定估算/(按招标文件提供金额计列) | |
| 3.2 | 其中:专业工程暂估价 | 按计价规定估算/(按招标文件提供金额计列) | |
| 3.3 | 其中:计日工 | 按计价规定估算/(自主报价) | |
| 3.4 | 其中:总承包服务费 | 按计价规定估算/(自主报价) | |
| 4 | 规费 | 按规定标准计算 | |
| 5 | 税金 | (人工费+材料费+施工机具使用费+企业管理费+利润+规费)×增值税税率 | |
| 最高投标限价(投标报价) | | 合计＝1+2+3+4+5 | |

由于投标人投标报价计价程序与招标人最高投标限价计价程序具有相同的表格，为便于对比分析，此处将两种表格合并列出，其中表格栏目中斜线后带括号的内容用于投标报价，其余为招标投标通用栏目。

2.分部分项工程费的编制

分部分项工程费应根据招标文件中的分部分项工程项目清单及有关要求，按《建设工程工程量清单计价规范》(GB 50500)有关规定确定综合单价计价。

（1）综合单价的组价过程。最高投标限价的分部分项工程费由各单位工程的招标工程量清单中给定的工程量乘以其相应综合单价汇总而成。综合单价应按照招标人发布的分部分项工程项目清单的项目名称、工程量、项目特征描述，结合工程所在地区的工程计价依据和标准或工程造价指标进行组价确定。

　　首先,依据提供的工程量清单和施工图纸,确定清单计量单位所组价的子项目名称,并计算出相应的工程量;其次,依据工程造价政策规定或信息价,确定其对应组价子项的人工、材料、施工机具台班单价;再次,在充分考虑风险因素确定管理费率和利润率的基础上,按规定程序计算出所组价子项的合价;最后,将若干项所组价的子项合价相加,并考虑未计价材料费除以工程量清单项目工程量,便得到工程量清单项目综合单价。需注意,对于未计价材料费(包括暂估单价的材料费)应计入综合单价。其计算公式为

$$清单组价子项合价 = 清单组价子项工程量 \times \Big[ \sum(人工消耗量 \times 人工单价)$$
$$+ \sum(材料消耗量 \times 材料单价)$$
$$+ \sum(机具台班消耗量 \times 机具台班单价) + 管理费和利润 \Big]$$

$$工程量清单项目综合单价 = \frac{\sum 定额项目合价 + 未计价材料费}{工程量清单项目工程量}$$

　　(2)综合单价中的风险因素。为使最高投标限价与投标报价所包含的内容一致,综合单价中应包括招标文件中要求投标人所承担的风险内容及其范围(幅度)产生的风险费用。

　　① 对于技术难度较大和管理复杂的项目,可考虑一定的风险费用,并纳入综合单价中。

　　② 对于工程设备、材料价格的市场风险,应依据招标文件的规定、工程所在地或行业工程造价管理机构的有关规定,以及市场价格趋势,考虑一定率值的风险费用,纳入综合单价中。

　　③ 税金、规费等法律、法规、规章和政策变化的风险和人工单价等风险费用不应纳入综合单价。

　　3.措施项目费的编制

　　(1)措施项目费中的安全文明施工费,应当按照国家或省级、行业建设主管部门的规定标准计价,该部分费用不得作为竞争性费用。

　　(2)措施项目应按招标文件中提供的措施项目清单确定,措施项目分为以"量"计算和以"项"计算两种类型。对于可计量的措施项目,以"量"计算,即按其工程量采用与分部分项工程项目清单单价相同的方式确定综合单价;对于不可计量的措施项目,则以"项"为单位,采用费率法按有关规定综合取定。采用费率法时,需确定某项费用的计费基数及其费率,其结果应包括除规费、税金以外的全部费用,其计算公式为

$$以"项"计算的措施项目清单费 = 措施项目计费基数 \times 费率$$

　　4.其他项目费的编制

　　(1)暂列金额。暂列金额由招标人根据工程特点、工期长短,按有关计价规定进行估算,一般以分部分项工程费的10%~15%为参考。

　　(2)暂估价。暂估价中的材料单价应按照工程造价管理机构发布的工程造价信息中的材料单价计算,工程造价信息未发布的材料单价,其单价参考市场价格估算;暂估价中的专业工程暂估价应分不同专业,按有关计价规定估算。

　　(3)计日工。在编制最高投标限价时,对计日工中的人工单价和施工机械台班单价应按省级、行业建设主管部门或其授权的工程造价管理机构公布的单价计算;材料应按工程造价管理机构发布的工程造价信息中的材料单价计算,工程造价信息未发布单价的材料,其价格应按市场调查确定的单价计算。

（4）总承包服务费。总承包服务费应按照省级或行业建设主管部门的规定计算，在计算时可参考以下标准：

① 招标人仅要求对分包的专业工程进行总承包管理和协调时，按分包的专业工程估算造价的 1.5％计算；

② 招标人要求对分包的专业工程进行总承包管理和协调，并同时要求提供配合服务时，根据招标文件中列出的配合服务内容和提出的要求，按分包的专业工程估算造价的 3％～5％计算；

③ 招标人自行供应材料的，按招标人供应材料价值的 1％计算。

5.规费和税金的编制

规费和税金必须按国家或省级、行业建设主管部门的规定计算，其中：税金＝（人工费＋材料费＋施工机具使用费＋企业管理费＋利润＋规费）×增值税税率。

### （三）编制最高投标限价时应注意的问题

（1）应正确、全面地选用行业和地方的计价依据、标准、办法和市场化的工程造价信息。其中，采用的材料价格应是通过工程造价信息平台发布的材料价格，工程造价信息平台未发布单价的材料，其材料价格应通过市场调查确定。另外，未采用发布的工程造价信息时，需在招标文件或答疑补充文件中对最高投标限价采用的与造价信息不一致的市场价格予以说明，所采用的市场价格应通过调查、分析确定，且有可靠的信息来源。

（2）施工机械设备的选型直接关系到综合单价水平，应根据工程项目特点和施工条件，本着经济实用、先进高效的原则确定。

（3）不可竞争的措施项目和规费、税金等费用的计算均属于强制性条款，编制最高投标限价时应按国家有关规定进行计算。

（4）不同工程项目、不同投标人会有不同的施工组织方法，所发生的措施费也会有所不同。因此，对于竞争性措施费用的确定，招标人应首先编制常规的施工组织设计或施工方案，经科学论证后，再合理确定措施项目与费用。

## 学习任务 2　建设工程施工投标及其报价的确定

### 一、建设工程施工投标概念

建设工程投标，是指投标人根据招标人的要求，在规定期限内向招标单位递交投标文件及报价，争取中标以获得工程承包权的一种法律行为。

### 二、建设工程施工投标的程序及内容

#### 1.建设工程施工投标程序

建设工程项目具有建设周期长、项目复杂等特点，为统筹安排，施工投标活动的进行必

须遵循一定的程序。

（1）建设工程施工投标程序流程图。总体而言，施工投标大致分为三个阶段：前期准备阶段→调查询价阶段→报价编制阶段。前期准备阶段流程如图 4.1 所示，调查询价阶段流程如图 4.2 所示，报价编制阶段流程如图 4.3 所示。

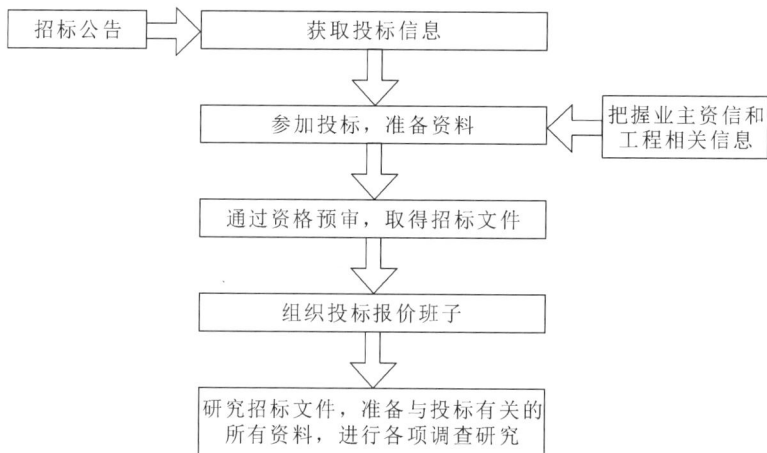

图 4.1　前期准备阶段流程

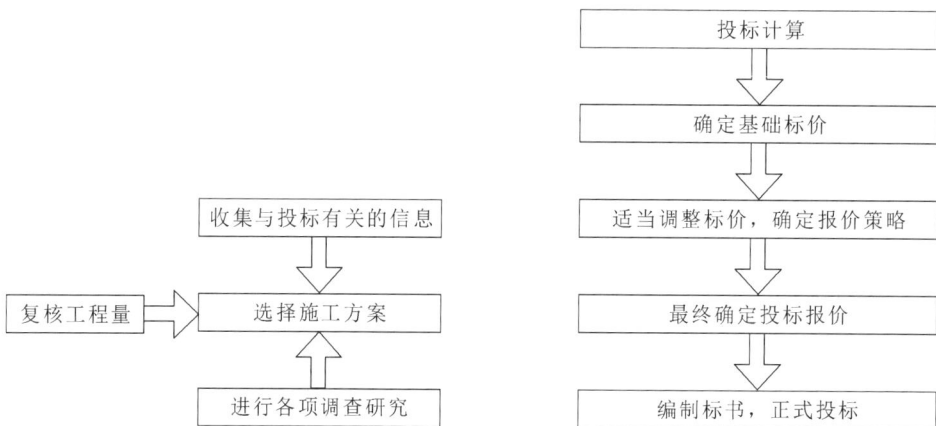

图 4.2　调查询价阶段流程

图 4.3　报价编制阶段流程

（2）投标流程中有关的时间要求。

① 编制投标文件所需的合理时间：依法必须进行招标的施工、货物、勘察、设计等，自招标文件开始发出之日起至投标人提交投标文件截止之日止，最短不得少于 20 日。

② 投标人要求澄清或招标人修改招标文件的时间：招标人最后发出的修改招标文件（补遗书）起至开标之日止不得少于 15 日。

③ 退还投标保证金的时限：招标人最迟应当在书面合同签订后 5 日内向中标人和未中标的投标人退还投标保证金及银行同期存款利息。

**2.建设工程施工投标内容**

建设工程施工投标内容是由建设工程投标流程各阶段内容确定的。对于投标报价的前期工作，重点讲述研究招标文件和开展工程各项调查；对于调查询价阶段，重点讲述复核工程量和选择施工方案;对于报价编制阶段,重点讲述投标计算及其正式投标。

（1）研究招标文件。

投标人通过招标公告获取招标信息后,决定是否参与投标。若确定参与投标,首先需要通过资格预审获取招标文件,然后组建投标报价班子来重点研究招标文件。投标人在平时就应该养成良好的整理资格预审资料的习惯和在填申报资格表时突出重点,以便能顺利通过资格预审。而投标报价班子的专业水平、经验是否丰富等直接决定了投标的成功与否,所以一个优秀的企业一般应具备一组优秀的投标报价班子。一般而言,班子成员由报价决策人员、报价分析人员及基础数据采集和配备人员组成,具体来讲,有企业决策层人员、估价人员、施工计划人员、采购人员、工程计量人员、设备管理人员及工地管理人员等。

招标文件的研究有助于投标人充分了解工程内容和要求,有针对性展开投标工作。其研究的重点是投标人须知和合同分析两部分内容。

① 投标人须知:投标人须知反映了招标人对投标人的特殊要求,包括工程概况、招标内容、招标文件组成、投标文件组成、报价的原则及招投标时间安排等关键信息。投标人首先要注意项目的资金来源,有利于判断业主的资金状况,避免拖欠工程款;其次,在编制投标书时要注意招标工程的内容和范围,避免少报和多报,注意投标文件的组成是否齐全;最后,在规定的投标有效期内递交投标书和投标保证金,避免失去投标竞争机会;除此之外,投标人还应注意评标方法和备选方案的提出,有利于提高自身的竞争优势。

② 合同分析:合同分析是投标人重点研究的招标文件内容,包括合同条款和合同形式分析,技术说明及要求,图纸和工程量清单分析等。

合同形式分析:投标人在了解相应的法律依据和与工程承包内容有关的监理方式等情况下,还应分析合同中规定的承包方式和计价方式。承包方式有施工承包,设计—采购—施工总承包,设计—施工总承包等。计价方式有固定总价、可调单价、成本加酬金方式等。

合同条款分析:

a）权责规定。投标人在报价时就应考虑中标后享有的权利和所承担的义务和责任。同时,也要重视业主应履行的责任和义务,有利于合理编制施工进度计划和报价。

b）工程变更、相应合同价款调整及合同索赔的调整。

c）施工工期。合同条款中关于合同工期、竣工日期、部分工程交付工期等规定,是投标人制定施工进度计划的依据,也是报价的重要依据。同时,投标人还应注意有无工期奖罚的规定。

d）付款方式及时间。注意合同条款中关于预付款、进度款、材料设备款和结算等的支付方式和时间的规定。对于工期较长的项目,进度款的拖延会导致承包商企业资金周转的问题,严重者甚至公司倒闭,所以投标人应重视付款的规定。

技术说明及要求:投标人研究和熟悉招标文件中的施工技术说明和技术规范,特别注意说明中有关设备、材料、施工和安装方法及检验、验收工程质量等所规定的特殊要求。投标报价要在充分满足招标人要求的前提下,才能以较大优势获得中标。

图纸分析:图纸是确定工程范围、内容的重要文件,也是投标报价、合同索赔和编制施工计划等的重要依据。投标人不管是在中标前还是签订合同后都要详细分析图纸,较早发现图纸中存在的问题,尽早和业主方协商,提出处理方案或修改图纸,避免在施工时出现由于图纸的错误而造成利润的减少或亏损。

（2）进行调查研究，作出投标决策。

招标文件中会规定工程现场踏勘的时间和地点，与此同时，投标人也应对工程所在地区的自然、经济、社会等制约施工的因素进行调查研究。

① 市场宏观经济环境调查：以经济因素为重点，以环境因素为前提，调查与投标工程实施有关的法律法规、市场情况、劳动力与材料供应状况、设备市场的租赁情况、专业公司的经营状况和价格水平等，如市场处于发展阶段还是不景气阶段。

② 调查业主方和竞争对手公司：应重点调查业主的项目资金落实情况、信用状况、企业运行状况等，避免施工时拖欠工程款。此外，还应调查参加投标的竞争对手公司实力情况，这有利于正确地制定投标策略。例如，在投标有效期内，即使投标者已向招标人提交投标文件，但在了解到竞争对手的数量及状况后，确定自己投标的竞争力和中标的可能性，可以考虑是否采用报价技巧如突然降价法，再向招标人递交一份补充文件以增加中标的机会。

③ 现场调查：投标者通过对市场情况、竞争形势、项目情况和业主状况进行调查后，若决定投标，则参加由招标人组织的现场踏勘和标前会议，这样可以获得更充分的信息。现场调查对下一步工程预算、投标文件编制和施工组织设计非常有利。投标人在进行现场调查时应重点分析工程所在地区的自然条件（如气象、水文资料，地震、洪水、泥石流等自然灾害），以及工程所在地的地质地貌、交通、水电和其他资源供应情况等。

影响投标决策的因素包括主观因素和客观因素。主观因素主要是指投标单位的实力情况，包括技术、经济、管理和信誉方面的实力。客观因素存在很多方面，如业主的信用状况、履约能力等；项目的难易程度以及风险大小、法律法规的使用问题和竞争对手的实力等。

（3）复核工程量。

投标者若决定投标，工程量清单是招标文件的重要组成部分。尽管有时招标人提供了工程量清单，为保证工程量及投标报价的准确性，提高中标概率，投标者还是需要进行工程量复核。这样投标者可以根据复核后的最终工程量和招标文件中提供的工程量进行对比，从而可以较有依据地选择相应的投标策略。例如，投标者基本上确定了投标报价后，可适当采用报价技巧如不平衡报价法，对某些工程量可能增加的项目提高报价，而对某些工程量可能减少的项目适当降低报价。

复核工程量，应注意以下几点。

① 复核工程量的目的不是修改工程量，即使有误也不能擅自修改。对于工程量清单中存在的错误，应及时向招标人提出，由招标人统一修改，并把修改情况通知所有投标人。同样，投标者也可利用招标文件中工程量的错误或遗漏，运用一些报价技巧，在中标后带来更多的收益。

② 投标者应根据图纸、指标说明、相关资料等认真复核工程量，避免出现计算单位、工程量、价格等方面的遗漏或错误。

③ 对于不同的合同形式，投标者复核工程量的重视程度应不一样。若采用的是单价合同，应以实测工程量来计算工程款，在施工中工程量发生较大差距时，承包商可据实向招标人提出索赔。当然，若在投标前便发现相差较大时，也应要求招标人进行澄清。若采用的是固定总价合同，由于以总报价为基础进行结算，若工程量出现差异，且招标文件中规定业主对争议工程量不予更正，在对投标方极为不利的情况下，有可能对投标者带来较大的经济损失。因此，投标者对固定总价合同应更加予以重视。

（4）选择施工方案。

施工方案是投标报价的依据，也是投标者中标后进行施工的依据。其制定应在技术、工期、质量保证等方面对招标人有吸引力，同时又有利于降低施工成本。施工方案应由投标人的技术负责人主持编制，主要考虑施工方法、主要施工机具的配置、各工种劳动力的安排及现场施工人员的平衡、施工进度及分批竣工的安排、安全措施等。

（5）投标计算及正式投标。

投标计算是报价编制的前提。对于采用工程量清单报价的文件，其计算涉及分部分项工程项目、措施项目和其他项目，由此计算综合单价及措施费，最终确定出基础标价。投标人应合理采用投标策略，适当调整标价。

当投标人按照招标文件的要求编制完标书，完成投标前的所有准备工作后，便可向招标人正式提交投标文件。一定要在投标截止日期前，派专人送到招标人指定地点，并领取回执作为凭证。投标人在规定的投标截止日前，在递送标书后，可用书面形式向招标人递交补充、修改或撤回其投标文件的通知，如果投标人在投标截止日后撤回投标文件，投标保证金将得不到退还。递送投标文件不宜太早，因市场情况在不断变化，投标人需要根据市场行情及自身情况对投标文件进行修改。超过截止日期送达的投标文件会被视为无效投标。

在递交投标文件前，应注意以下几点。

① 检查投标文件的完备性。投标文件应当对招标文件提出的实质性要求和条件作出响应。投标未达到招标人的要求或者不完备，甚至超出招标文件规定的范围提出新要求，均可视为未响应招标实质性要求，均不会被招标人接受。

② 检查标书是否按照招标文件中规定的标准制定。标书的提交有固定的内容，包括签章和密封两部分。投标书需要盖有投标企业公章以及企业法人代表签字。若仅有企业公章，无法人代表签字，则该标为废标；同样，仅有法人代表签字，无企业公章，该标书也不满足要求，投标企业公章以及企业法人代表的签字两者缺一不可。

③ 若招标文件中规定需要提交投标担保的，投标者在投标文件中需附有投标担保书，并递交投标保证金。

【例 4.1】　某工业厂房框架 4 层，总建筑面积约 21000 m²，实行工程量清单招标。由招标人提供工程量清单，投标人必须按照此清单报价，工程结算时，工程量按实结算。投标保证金 20 万元，从企业的基本账户中转出到指定账户。合同工期为 180 天。

投标人 A 为了降低投标总价，把某项招标人给出的清单工程量由 8573.68 m³ 直接改为按 6573.68 m³ 进行报价。投标人 B 认为 180 天的工期不符合实际和国家下发的工期定额，遂按工期定额的规定计算为 210 天。投标人 C 按规定时间截止前从投标人代表的个人账户中转出 20 万元到招标文件中指定的账户中。

**解**　在评标时，评标委员会发现了投标人 A、B、C 文件中存在的上述问题，认为投标人 A 不能擅自改变招标人提供的工程量清单，投标人 B 没有实质性响应招标文件中工期要求，投标人 C 没有从企业的基本账户中转出投标保证金，这三家投标人均没能实质性响应招标文件中的要求，均被认定为废标。

### 三、编制投标文件的注意事项

投标文件是施工单位参与投标竞争的重要凭证，是评标、决标和订立合同的依据，也是投标人综合素质的反映和能否取得经济效益的重要因素。因此,投标人应对编制投标文件的工作倍加重视。编制投标文件时,应注意以下几项。

(1)认真领会招标文件的要点,包括前附表要点、招标文件各要点、投标文件部分(尤其是组成和格式);保证金应注意开户银行级别、金额、币种以及时间;投标文件递交方式、时间、地点以及密封签字要求;废标的条件;澄清工作等。

(2)投标函中的报价非常重要,"投标总价表""投标报价汇总表""工程量清单"应一致,大小写必须正确。如果投标函格式或表述有误,将造成巨大损失。如沙颍河治理工程投标中,有一家施工单位将投标函的报价大写"柒"写成"柴",结果被认定为废标。

(3)授权委托书、投标保证金应按照招标文件要求格式填写,由法人代表、委托代理人正确签字或盖章,并加盖投标人公章。

(4)工程量清单的投标报价必须准确。工程量清单计价表的精确与否,直接体现施工单位水平的高低、施工经验的丰富与否,直接影响到是否中标。

(5)投标报价不得低于工程成本,也不得高于最高投标限价。


## 四、建设工程投标决策与报价技巧

### (一)建设工程投标决策

建设工程投标决策是指投标人为实现其生产经营目标,针对建设工程招标项目,而寻求并实现最优化的投标行动方案的活动。建设工程投标决策的内容,主要包括:投标机会决策,即是否参加投标的机会研究;投标报价决策,即投何种性质的标;投标方法性决策,采用何种策略和技巧。

#### 1.投标机会决策

投标机会决策主要是投标人对是否投标进行研究、论证,做出决策的过程,即解决是否投标的问题。有下列情形之一的招标项目,投标人宜放弃投标:工程资质要求超过本企业资质等级的项目;本企业业务范围和经营能力之外的项目;本企业在建项目很饱满,而招标工程的风险较大或盈利水平较低的项目;需要本企业投入投标资源较大的项目;有在技术等级、信誉、水平和实力等方面具有明显优势的潜在竞争对手参加的项目。

#### 2.投标定位决策

(1)根据投标性质决策。

根据投标性质决策不同,可以投保险标与风险标。

保险标是指承包商对基本上不存在什么技术、设备、资金和其他方面问题,或虽有技术、设备、资金和其他方面问题,但可预见并已有解决办法的工程项目而投的标。如果投标人经济实力较弱,经不起失误或风险的打击,往往投保险标,尤其是在国外工程承包市场上投标人大多愿意投保险标。

风险标是指投标人对存在技术、设备、资金或其他方面未解决问题,承包难度比较大的招标工程而投的标。

(2)根据投标效益决策。

根据投标效益决策不同,可以投盈利标、保本标和亏损标。

盈利标是指承包商为能获得丰厚利润回报而投的标;保本标是指承包商对不能获得多

少利润但一般也不会出现亏损的招标工程而投的标。

**实战案例**

　　南亚某国有个电厂投标项目,工程需要大量的石料,而本国石料资源匮乏,需要从其他国家购买石料。石料通过大型船舶运输比较经济,但施工现场水深不能满足大船通行,需要用小船倒驳运输到施工现场。有两种供应方式可供选择:一是石料供应商用小船倒驳运输到施工现场,价格偏高;二是施工方自己用小船倒驳运输到施工现场,价格较低,但自己没有在本地倒驳经验,因此存在一定的风险。本工程石料需求量近百万吨,石料的价格如何确定,这决定了项目能否中标。

　　如何决策要分析很多外部条件。两种供应方式中哪种方式对项目更可控? 哪种方式对工期、质量更好? 其他投标单位会怎么考虑石料供应方式? 项目如果中标,会给公司带来哪些机遇? 如果不中标,公司会有哪些损失?

　　综上所述,风险偏好需要综合外部条件来分析和判断,但归根结底还是需要决策者来作决定,而这又与决策者的成本风险偏好有直接关系。

### (二)建设工程投标报价的策略和技巧

　　投标是企业之间综合素质的竞争,它的胜负不仅决定于投标人的技术、设备和资金等实力的大小,更决定于投标策略和方法的正确性、预见性,同时也非常讲究报价策略。只有在建筑工程投标工作中认真总结经验、深刻剖析,才能在投标中取得成功。建筑施工企业投标时,要根据工程对象的具体情况,确定相应的投标策略和采用恰当报价。如果掌握了一定的标书编制技巧,就可以做出合理报价,赢得中标并获得较高利润。研究投标报价策略要从分析投标报价目标开始,研究有关竞争对策,恰当使用报价技巧,形成一套完整的投标报价策略,以实现中标的目的。

　　1.投标报价的目标选择

　　由于投标单位的经营能力和条件不同,出于不同目的需要,对同一招标项目,可以有不同投标报价目标的选择。

　　(1)生存型。投标报价以克服企业生存危机为目标,争取中标时可以不考虑种种利益原则。

　　(2)补偿型。投标报价以补偿企业任务不足,追求边际效益为目标。

　　(3)开发型。投标报价以开拓市场,积累经验,向后续投标项目发展为目标。投标具有开发性,以资金、技术投入为手段,进行技术经验储备,树立新的市场形象,以便争得后续投标的效益。其特点是不着眼一次投标效益,用低报价吸引投标单位。

　　(4)竞争型。投标报价以竞争为手段,以低盈利为目标,报价是在精确计算报价成本的基础上,充分估量各个竞争对手的报价目标,以有竞争力的报价达到中标的目的。

　　(5)盈利型。投标投价充分发挥自身优势,以实现最佳盈利为目标,投标单位对效益无吸引力的项目热情不高,对盈利大的项目充满自信,也不太注重对竞争对手的动机分析和对策研究。

　　不同投标报价目标的选择是依据一定的条件进行分析决定的。竞争性投标报价目标是投标单位追求的普遍形式。

**2.投标报价的策略**

报价策略运用是否得当，不仅影响施工企业能否中标，而且影响到企业在激烈竞争中能否生存和发展。投标人在投标报价时必须展现自己不同于其他竞争对手的核心优势，在报价降低的情况下如何获得最大的利润是每个投标人关注的焦点。同时，在考虑先进合理的技术方案和较低的投标价格时，投标人在利润和风险之间也要作出正确的决策。因此，投标人只有很好地运用策略，才能对投标报价进行正确分析，并能果断地作出决策，从而保证即使在低价中标的情况下也能获得预期的利润。

工程投标策略的主要内容如下。

（1）采取廉价取胜的策略。在保证工程质量的前提下，通过降价扩大任务来源，从而降低固定成本在各个工程上的比例，既降低工程成本，又可能为新投标工程的承包价格创造条件，这对于投标者可能是长远发展的考虑，对于业主也具有较强的吸引力。

（2）采取以信取胜的策略。单位良好的社会信誉、技术和管理上的优势、优良质量等因素是中标的较大优势。

（3）采取以快取胜的策略。同样在保证工程质量、价格、进度计划合理的前提下，实现早投产、早受益，以得到业主的青睐。

（4）采取以退为进的策略。若发现招标文件或图纸中有不明确之处，可报低价以中标，再寻找索赔的机会。

（5）采取改进设计方案取胜的策略。若在研究设计图纸过程中，发现明显不合理之处，可先按原设计报价，然后再按照提出改进设计的建议和切实降低造价措施的方案报价。

**3.投标报价的技巧**

投标报价技巧是指在投标报价中采用的手法或技巧，这些手法和技巧可以使业主接受投标，而中标后又能获得更多的利润。常用的投标报价技巧有不平衡报价法、多方案报价法、增加建议方案法、灵活报价法、突然降价法、先亏后盈法等。

（1）不平衡报价法。

当一个工程项目的总投标报价基本确定后，可以通过调整内部各个项目的报价，以达到既不提高总价，也不影响中标，又能在结算时得到理想的经济效益。一般可以在以下几个方面考虑采用不平衡报价法。

① 能够早日结帐收款的项目（如土石方工程、基础工程等）可以提高报价，以有利于资金周转，后期工程项目（如装饰工程、设备安装工程等）可适当降低报价。

② 经过工程量核算，预计今后工程量会增加的项目，单价适当提高，这样在最终结算时可多赚钱；将工程量可能减少的项目降低单价，这样在工程结算时损失也不大。但是上述两点要统筹考虑，针对工程量有错误的早期工程，如果不可能完成工程量表中的数量，则不能盲目抬高报价，要具体分析后再确定。

③ 设计图纸不明确，估计修改后工程量要增加的项目，可以提高单价，而工程内容说不清楚的项目，则可降低一些单价。

④ 暂定项目。对这类项目要具体分析，因为这一类项目要开工后再由业主研究决定是否实施，由哪一家承包商实施。如果工程不分标，只由一家承包商施工，则其中肯定要做的单价可高一些，不一定做的则应低一些。如果工程分标，该暂定项目也可能由其他承包商实施时，则不宜报高价，以免抬高总报价。

⑤ 零星用工(计日工)的报价。一般可以报高一些,因为零星用工不属于承包有效合同总价的范围,发生时实报实销,可以多获利。

对于应用不平衡报价法,需要注意以下两点。

① 一定建立在对工程量表中工程量仔细核对分析的基础上,特别是对报低单价的项目,如工程量执行时增多将造成承包商的重大损失。

② 一定要控制在合理幅度内(一般为10%左右),以免引起业主反对,甚至导致废标。

如果不注意这两点,有时业主会挑选出报价过高的项目,要求投标者进行单价分析,而围绕单价分析中过高的内容压价,导致承包商得不偿失。

**【例 4.2】** 某承包商参与某高层商用办公楼土建工程的投标(安装工程由业主另行招标)。为了既不影响中标,又能在中标后取得较好的收益,决定采用不平衡报价法对原估价作了适当调整,具体数字如表 4.2 所示。

表 4.2　某高层商用办公楼土建工程投标估价调整表　　单位:万元

|  | 桩基围护工程 | 主体结构工程 | 装饰工程 | 总价 |
|---|---|---|---|---|
| 调整前(投标估价) | 1480 | 6600 | 7200 | 15280 |
| 调整后(正式报价) | 1600 | 7200 | 6480 | 15280 |

现假设桩基围护工程、主体结构工程、装饰工程的工期分别为 4 个月、12 个月、8 个月,贷款月利率为 1%,并假设各分部工程每月完成的工作量相同且能按月度及时收到工程款(不考虑工程款结算所需要的时间)。各分部工程工期及资金时间价值参数表如表 4.3 所示。

表 4.3　各分部工程工期及资金时间价值参数表

| $n$ | 4 | 8 | 12 | 16 |
|---|---|---|---|---|
| $(P/A, 1\%, n)$ | 3.9020 | 7.6517 | 11.2551 | 14.7179 |
| $(P/F, 1\%, n)$ | 0.9610 | 0.9235 | 0.8874 | 0.8528 |

问题:(1)该承包商所运用的不平衡报价法是否恰当?为什么?

(2)采用不平衡报价法后,该承包商所得工程款的现值比原估价增加多少(以开工日期为折现点)?

**解**　(1)恰当。因为该承包商是将属于前期工程的桩基围护工程和主体结构工程的单价调高,而将属于后期工程的装饰工程的单价调低,可以在施工的早期阶段收到较多的工程款,从而可以提高承包商所得工程款的现值;而且这三类工程单价的调整幅度均在±10%以内,属于合理范围。

(2)计算单价调整前后的工程款现值。

① 单价调整前的工程款现值

桩基围护工程每月工程款 $A_1 = 1480/4 = 370$(万元)

主体结构工程每月工程款 $A_2 = 6600/12 = 550$(万元)

装饰工程每月工程款 $A_3 = 7200/8 = 900$(万元)

则单价调整前的工程款现值:

$$\begin{aligned}
\text{PV}_0 &= A_1(P/A, 1\%, 4) + A_2(P/A, 1\%, 12)(P/F, 1\%, 4) \\
&\quad + A_3(P/A, 1\%, 8)(P/F, 1\%, 16) \\
&= 370 \times 3.9020 + 550 \times 11.2551 \times 0.9610 + 900 \times 7.6517 \times 0.8528 \\
&= 1443.74 + 5948.88 + 5872.83 \\
&= 13265.45 (\text{万元})
\end{aligned}$$

② 单价调整后的工程款现值。

桩基围护工程每月工程款 $B_1 = 1600/4 = 400$（万元）

主体结构工程每月工程款 $B_2 = 7200/12 = 600$（万元）

装饰工程每月工程款 $B_3 = 6480/8 = 810$（万元）

则单价调整后的工程款现值：

$$PV' = B_1(P/A, 1\%, 4) + B_2(P/A, 1\%, 12)(P/F, 1\%, 4)$$
$$+ B_3(P/A, 1\%, 8)(P/F, 1\%, 16)$$
$$= 400 \times 3.9020 + 600 \times 11.2551 \times 0.9610 + 810 \times 7.6517 \times 0.8528$$
$$= 1560.80 + 6489.69 + 5285.55$$
$$= 13336.04（万元）$$

两者的差额　$PV' - PV_0 = 13336.04 - 13265.45 = 70.59$（万元）

因此，采用不平衡报价法后，该承包商所得工程款的现值比原估价增加 70.59 万元。

（2）多方案报价法。

多方案报价法是投标人针对招标文件中的某些不足，提出有利于招标人的替代方案，用合理化建议吸引招标人争取中标的一种投标技巧。

多方案报价法的使用情况是对于一些招标文件，如果发现工程范围不很明确，条款不清楚或很不公正，或技术规范要求过于苛刻时，可以按多方案报价法处理。即按原招标文件报一个价，然后再提出，如某某条款作某些变动，报价可降低多少，由此可报出一个较低的价格。这样，既可以降低总价，又可以吸引业主。

（3）增加建议方案法。

有时招标文件中规定，投标人可以提出建议方案，即可以修改原设计方案，提出一个备选方案。投标人应抓住机会，组织有经验的设计和施工工程师，对原招标文件的设计和施工方案进行仔细研究，提出更合理的方案以吸引招标人，促成自己的方案中标。这种新的建议方案应可以降低总造价或缩短工期，或使工程运用更为合理。

但要注意的是，采用增加建议方案时，对原招标方案也要报价，以供业主比较。不要将建议方案写得太具体，要保留方案的关键技术部分，防止招标人将此方案交给其他投标人。同时要强调的是，建议方案一定要比较成熟，或过去有实践经验，因为投标时间不长，如果仅为中标而匆忙提出一些没有把握的方案，可能引起后患。

（4）灵活报价法。

投标时，既要考虑自己公司的优势和劣势，也要分析投标项目的整体特点，按照工程的类别、施工条件等考虑报价策略。

一般来说，下列情况报价可高一些：① 施工条件差（如场地狭窄、地处闹市）的工程；② 专业要求高的技术密集型工程，而本公司这方面有专长，声望也高时；③ 总价低的小工程，以及自己不愿做而被邀请投标时，不便于不投标的工程；④ 特殊的工程，如港口码头工程、地下开挖工程等；⑤ 业主对工期要求急的工程；⑥ 投标对手少的工程；⑦ 支付条件不理想的工程。

下列情况报价应低一些：① 施工条件好的工程，工作简单、工程量大而一般公司都可以做的工程。如大量的土方工程，一般房建工程等；② 本公司目前急于打入某一市场、某一地区，以及虽已在某地区经营多年，但即将面临没有工程的情况（某些国家规定，在该国注册公司一年内没有经营项目时，就撤销营业执照），机械设备等无工地转移时；③ 附近有工程而本项目可以利用该项工程的设备、劳务或有条件短期内突击完成的；④ 投标对手多，竞争力激烈时;⑤ 非急需工程;⑥ 支付条件好,如现汇支付。

(5) 突然降价法。

报价是一件保密性很强的工作,但是对手往往通过各种渠道、手段来刺探情况,因此在报价时可以采取迷惑对方的手法。即先按一般情况报价或表现出自己对该工程兴趣不大,到快投标截止时,再突然降价。如鲁布革水电站引水系统工程就是采用突然降价法,取得最低标,为中标打下基础。采用这种方法时,一定要在准备投标报价的过程中考虑好降价的幅度,在临近投标截止日期前,根据情报信息与分析判断,再作最后决策。如果采用突然降价法而中标,因为开标只降总价,在签订合同后可采用不平衡报价的思想来调整工程量表内的各项单价或价格,以期取得更高的效益。

**【例 4.3】** 某水电站的招标,水电某工程局于开标前一天带着高、中、低三个报价到达该地后,通过各种渠道了解投标者到达的情况及可能出现的竞争者的情况,直到截止投标前 10分钟,他们发现主要的竞争者已放弃投标,立即决定不用最低报价,同时又考虑到第二竞争对手的竞争力,决定放弃最高报价,选择了"中报价",结果成为最低标,为该项目中标打下基础。

(6) 先亏后盈法。

为了打进某一地区,有的承包商依靠国家、某财团和自身的雄厚资本实力,而采取一种不惜代价,只求中标的低价报价方案。应用这种手法的承包商必须有较好的资信条件,并且提出的施工方案也先进可行,同时要加强对公司情况的宣传,否则即使标价低,业主也不一定选中。如果其他承包商遇到这种情况,不一定和这类承包商硬拼,而努力争第二、三标,再依靠自己的经验和信誉争取中标。

### 五、投标报价的编制方法和内容

投标报价的编制过程,应首先根据招标人提供的工程量清单编制分部分项工程和措施项目清单与计价表、其他项目清单与计价表、规费及税金项目计价表。编制完成后,汇总得到单位工程投标报价汇总表,再逐级汇总,分别得出单项工程投标报价汇总表和建设项目投标报价汇总表。投标总价的组成如图 4.4 所示。

#### (一)分部分项工程和措施项目清单与计价表的编制

1.分部分项工程和单价措施项目清单与计价表的编制

承包人投标报价中的分部分项工程费和以单价计算的措施项目费,应按招标文件中分部分项工程和单价措施项目清单与计价表的特征描述来确定综合单价。因此,确定综合单价是分部分项工程和单价措施项目清单与计价表编制过程中最主要的内容。综合单价包括完成一个规定清单项目所需的人工费、材料和工程设备费、施工机具使用费、企业管理费、利润,并考虑风险费用的分摊。其计算公式为

综合单价 = 人工费 + 材料和工程设备费 + 施工机具使用费 + 企业管理费 + 利润

(1) 确定综合单价时的注意事项。

① 以项目特征描述为依据。项目特征是确定综合单价的重要依据之一,投标人在投标报价时应依据招标文件中清单项目的特征描述来确定综合单价。在招标投标过程中,当出现招标工程量清单特征描述与设计图纸不符时,投标人应以招标工程量清单的项目特征描述为准,确定投标报价的综合单价。当施工中施工图纸或设计变更与招标工程量清单项目特征描述不

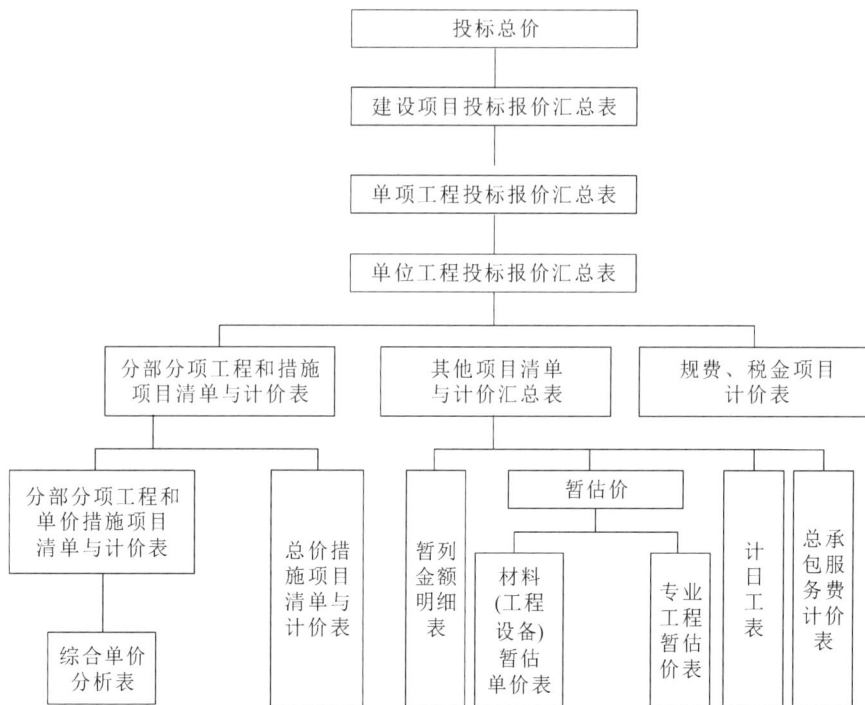

图 4.4    建设项目施工投标总价组成

一致时,发承包双方应按实际施工的项目特征,依据合同约定重新确定综合单价。

② 材料、工程设备暂估价的处理。招标文件的其他项目清单中提供了暂估单价的材料和工程设备,其中的材料应按其暂估的单价计入清单项目的综合单价中。

③ 考虑合理的风险。招标文件中要求投标人承担的风险费用,投标人应将其考虑进入综合单价。在施工过程中,当出现的风险内容及其范围(幅度)在招标文件规定的范围(幅度)内时,综合单价不得变动,合同价款也不做调整。根据国际惯例并结合我国工程建设的特点,发承包双方对工程施工阶段的风险宜采用如下分摊原则。

a) 对于主要由市场价格波动导致的价格风险,如工程造价中的建筑材料、燃料等价格风险,发承包双方应当在招标文件中或在合同中对此类风险的范围和幅度予以明确约定,进行合理分摊。根据工程特点和工期要求,一般采取的方式是承包人承担 5% 以内的材料、工程设备价格风险,10% 以内的施工机具使用费风险。

b) 对于法律、法规、规章或有关政策出台导致工程税金、规费、人工费发生变化,并由省级、行业建设行政主管部门或其授权的工程造价管理机构根据上述变化发布的政策性调整,以及由政府定价或政府指导价管理的原材料等价格进行了调整,承包人不应承担此类风险,应按照有关调整规定执行。

c) 对于承包人根据自身技术水平、管理、经营状况能够自主控制的风险,如承包人的管理费、利润的风险,承包人应结合市场情况,根据企业自身的实际合理确定,利用企业定额自主报价,该部分风险由承包人全部承担。

(2) 综合单价确定的步骤和方法。

当分部分项工程内容比较简单,由单一计价子项计价,且《建设工程工程量清单计价规范》(GB 50500)与所用企业定额中的工程量计算规则相同时,综合单价的确定只需以相应企业定额子目中的人材机费为基数计算管理费、利润,再考虑相应的风险费用即可;当工程量清单给出的分部分项工程与所用企业定额的单位不同或工程量计算规则不同,则需要按企业定额的计算规则重新计算工程量,并按照下列步骤来确定综合单价。

① 确定计算基础。计算基础主要包括消耗量指标和生产要素单价。应根据本企业的实际消耗量水平,并结合拟定的施工方案确定完成清单项目需要消耗的各种人工、材料、施工机具台班的数量。计算时应采用企业定额或参照与本企业实际水平相近的国家、地区、行业计价依据和计价标准,并通过调整来确定清单项目的人材机单位用量。各种人工、材料、施工机具台班的单价,则应根据询价的结果和市场行情综合确定。

② 分析每一清单项目的工程内容。在招标工程量清单中,招标人已对项目特征进行了准确、详细的描述,投标人根据这一描述,再结合施工现场情况和拟定的施工方案确定完成各清单项目实际应发生的工程内容。必要时可参照《建设工程工程量清单计价规范》(GB 50500)中提供的工程内容,有些特殊的工程也可能出现规范列表之外的工程内容。

③ 计算工程内容的工程数量与清单单位的含量。每一项工程内容都应根据企业定额的工程量计算规则计算其工程数量,当企业定额的工程量计算规则与清单的工程量计算规则相一致时,可直接以工程量清单中的工程量作为工程内容的工程数量。

当采用清单单位含量计算人工费、材料费、施工机具使用费时,还需要计算每一计量单位的清单项目所分摊工程内容的工程数量,即清单单位含量。其计算公式为

$$清单单位含量 = \frac{某工程内容的企业定额工程量}{清单工程量}$$

④ 分部分项工程人工、材料、施工机具使用费用的计算。以完成每一计量单位的清单项目所需的人工、材料、施工机具用量为基础计算,其计算公式为

每一计量单位清单项目某种资源的使用量＝该种资源的企业定额单位用量×相应企业定额条目的清单单位含量

再根据预先确定的各种生产要素的单位价格,可计算出每一计量单位清单项目的分部分项工程的人工费、材料费与施工机具使用费。

人工费 ＝ 完成单位清单项目所需人工工日的数量 × 人工工日的单价

材料费 ＝ ∑(完成单位清单项目所需各种材料、半成品的数量

× 各种材料、半成品的单价) ＋ 工程设备费

施工机具使用费 ＝ ∑(完成单位清单项目所需各种机械的台班数量 × 各种机械的台班单价)

＋ ∑(完成单位清单项目所需各种仪器仪表的台班数量

× 各种仪器仪表的台班单价)

当招标人提供的其他项目清单中列示了材料暂估价时,应根据招标人提供的价格计算材料费,并在分部分项工程项目清单与计价表中表现出来。

⑤ 计算综合单价。企业管理费和利润的计算可按照规定的取费基数以及一定的费率取费计算,若以人工费与施工机具使用费之和为取费基数,其计算公式为

企业管理费 ＝ (人工费＋施工机具使用费) × 企业管理费费率

利润 ＝ (人工费＋施工机具使用费) × 利润率

将上述五项费用汇总,并考虑合理的风险费用后,即可得到清单综合单价。根据计算出的综合单价,可编制分部分项工程和单价措施项目清单与计价表,如表 4.4 所示。

表 4.4    分部分项工程和单价措施项目清单与计价表（投标报价）

工程名称：××中学教学楼工程　　　　　　　　　　标段：　　　　　　　　　　第　页　共　页

| 序号 | 项目编码 | 项目名称 | 项目特征描述 | 计量单位 | 工程量 | 金额/元 | | |
|---|---|---|---|---|---|---|---|---|
| | | | | | | 综合单价 | 合价 | 其中：暂估价 |
| | | ... | | | | | | |
| | | 0105 混凝土及钢筋混凝土工程 | | | | | | |
| 6 | 010503001001 | 基础梁 | C30 预拌混凝土 | m³ | 208 | 356.14 | 74077 | |
| 7 | 010515001001 | 现浇构件钢筋 | 螺纹钢 Q235,Φ14 | t | 200 | 4787.16 | 957432 | 800000 |
| | | ... | | | | | | |
| | | 分部小计 | | | | | 2432419 | 80000 |
| | | ... | | | | | | |
| | | 0117 措施项目 | | | | | | |
| 16 | 011701001001 | 综合脚手架 | 砖混、檐高 22 m | m | 10940 | 19.80 | 216612 | |
| | | ... | | | | | | |
| | | 分部小计 | | | | | 738257 | |
| | | 合计 | | | | | 6318410 | 800000 |

（3）工程量清单综合单价分析表的编制。为表明综合单价的合理性，投标人需进行单价分析，以作为评标时的判断依据。综合单价分析表的编制应反映上述综合单价的编制过程，并按照规定的格式进行，如表 4.5 所示。

表 4.5    工程量清单综合单价分析表

工程名称：××中学教学楼工程　　　　　　　　　　　　　　标段：

| 项目编码 | 010515001001 | | 项目名称 | 现浇构件钢筋 | 计量单位 | t | 工程量 | 200 |
|---|---|---|---|---|---|---|---|---|

清单综合单价组成明细

| 企业定额编号 | 企业定额名称 | 企业定额单位 | 数量 | 单价/元 | | | | 合价/元 | | | |
|---|---|---|---|---|---|---|---|---|---|---|---|
| | | | | 人工费 | 材料费 | 机具费 | 管理费和利润 | 人工费 | 材料费 | 机具费 | 管理费和利润 |
| AD0899 | 现浇构件钢筋制作与安装 | t | 1.07 | 275.47 | 4044.58 | 58.34 | 95.60 | 294.75 | 4327.70 | 62.42 | 102.29 |
| | 人工单价 | | 小计 | | | | | 294.75 | 4327.70 | 62.42 | 102.29 |
| | 80 元/工日 | | 未计价材料费 | | | | | — | | | |
| | 清单项目综合单价 | | | | | | | 4787.16 | | | |

| 材料费明细 | 主要材料名称、规格、型号 | 单位 | 数量 | 单价/元 | 合价/元 | 暂估单价/元 | 暂估合价/元 |
|---|---|---|---|---|---|---|---|
| | 螺纹钢 Q235,Φ14 | t | 1.07 | — | — | 4000.00 | 4280.00 |
| | 焊条 | kg | 8.64 | 4.00 | 34.56 | — | — |
| | 其他材料费 | | | | 13.14 | | |
| | 材料费小计 | | | | 47.70 | — | 4280.00 |

2.总价措施项目清单与计价表的编制

对于不能精确计量的措施项目,应编制总价措施项目清单与计价表。投标人对措施项目中的总价项目进行投标报价时,应遵循以下原则:

(1)措施项目的内容应依据招标人提供的措施项目清单和投标人投标时拟定的施工组织设计或施工方案确定;

(2)措施项目费由投标人自主确定,但其中安全文明施工费必须按照国家或省级、行业建设主管部门的规定计价,不得作为竞争性费用。招标人不得要求投标人对该项费用进行优惠,投标人也不得将该项费用参与市场竞争。投标报价时,总价措施项目清单与计价表的编制,如表4.6所示。

**表4.6 总价措施项目清单与计价表**

工程名称:××中学教学楼  标段  第 页 共 页

| 序号 | 项目编码 | 项目名称 | 计算基础 | 费率/(%) | 金额/元 | 调整后费率/(%) | 调整后金额/元 | 备注 |
|---|---|---|---|---|---|---|---|---|
| 1 | 011702001001 | 安全文明施工 | 人工费 | 25 | 209650 | | | |
| 2 | 011707002001 | 夜间施工增加费 | 人工费 | 1.5 | 12579 | | | |
| 3 | 011707004001 | 二次搬运费 | 人工费 | 1 | 8386 | | | |
| 4 | 011707005001 | 冬雨季施工增加费 | 人工费 | 0.6 | 5032 | | | |
| 5 | 011707007001 | 已完工程及设备保护费 | | | 6000 | | | |
| | | 合计 | | | 241647 | | | |

### (二)其他项目清单与计价表的编制

其他项目费主要由暂列金额、暂估价、计日工以及总承包服务费组成。其他项目清单与计价汇总表如表4.7所示。暂列金额明细表如表4.8所示。

**表4.7 其他项目清单与计价汇总表**

工程名称:××中学教学楼工程  标段:  第 页 共 页

| 序号 | 项目名称 | 金额/元 | 结算金额/元 | 备注 |
|---|---|---|---|---|
| 1 | 暂列金额 | 350000 | | 明细详见表4.8 |
| 2 | 暂估价 | 200000 | | |
| 2.1 | 材料(工程设备)暂估价/结算价 | | | 明细详见表4.9 |
| 2.2 | 专业工程暂估价/结算价 | 200000 | | 明细详见表4.10 |
| 3 | 计日工 | 26528 | | 明细详见表4.11 |
| 4 | 总承包服务费 | 20760 | | 明细详见表4.12 |
| | …… | | | |
| | 合计 | 597288 | | |

表 4.8　暂列金额明细表

工程名称：××中学教学楼工程　　　　　　　标段：　　　　　　　　　　第　页　共　页

| 序号 | 项目名称 | 计量单位 | 暂定金额/元 | 备注 |
|---|---|---|---|---|
| 1 | 自行车棚工程 | 项 | 100000 | 正在设计图纸 |
| 2 | 工程量偏差和设计变更 | 项 | 100000 | |
| 3 | 政策性调整和材料价格波动 | 项 | 100000 | |
| 4 | 其他 | 项 | 50000 | |
| | …… | | | |
| | 合计 | | 350000 | |

投标人对其他项目费投标报价时应遵循以下原则。

（1）暂列金额应按照招标人提供的其他项目清单中列出的金额填写，不得变动。

（2）暂估价不得变动和更改。暂估价中的材料、工程设备暂估价必须按照招标人提供的暂估单价计入清单项目的综合单价，如表 4.9 所示；专业工程暂估价必须按照招标人提供的其他项目清单中列出的金额填写，如表 4.10 所示；材料、工程设备暂估单价和专业工程暂估价均由招标人提供，为暂估价格，在工程实施过程中，对于不同类型的材料与专业工程采用不同的计价方法。

表 4.9　材料（工程设备）暂估价表

工程名称：××中学教学楼工程　　　　　　　标段：　　　　　　　　　　第　页　共　页

| 序号 | 材料（工程设备）名称、规格、型号 | 计量单位 | 暂估价/元 | | 确认价/元 | | 差额±/元 | | 备注 |
|---|---|---|---|---|---|---|---|---|---|
| | | | 单价 | 合价 | 单价 | 合价 | 单价 | 合价 | |
| 1 | 钢筋（规格见施工图） | t | 4000 | 800000 | | | | | 用于现浇钢筋混凝土项目 |
| 2 | 低压开关柜（CGD190380/220V） | 台 | 45000 | 45000 | | | | | 用于低压开关柜安装项目 |
| | 合计 | | | 845000 | | | | | |

表 4.10　专业工程暂估价表

工程名称：××中学教学楼工程　　　　　　　标段：　　　　　　　　　　第　页　共　页

| 序号 | 工程名称 | 工程内容 | 暂估价/元 | 结算价/元 | 差额±/元 | 备注 |
|---|---|---|---|---|---|---|
| 1 | 消防工程 | 合同图纸中标明的以及消防工程规范和技术说明中规定的各系统中的设备、管道、阀门、线缆等的供应、安装和调试工作 | 200000 | | | |
| | 合计 | | 200000 | | | |

（3）计日工应按照招标人提供的其他项目清单列出的项目和估算数量，自主确定各项综合单价并计算费用，如表 4.11 所示。

表 4.11　计日工表

工程名称:××中学教学楼工程　　　　标段:　　　　　　　　　第　页　共　页

| 编号 | 项目名称 | 单位 | 暂定数量 | 实际数量 | 综合单价/元 | 合价/元 | |
|---|---|---|---|---|---|---|---|
| | | | | | | 暂定 | 实际 |
| 一 | 人工 | | | | | | |
| 1 | 普工 | 工日 | 100 | | 80 | 8000 | |
| 2 | 技工 | 工日 | 60 | | 110 | 6600 | |
| | …… | | | | | | |
| | 人工小计 | | | | | 14600 | |
| 二 | 材料 | | | | | | |
| 1 | 钢筋(规格见施工图) | t | 1 | | 4000 | 4000 | |
| 2 | 水泥 42.5 | t | 2 | | 600 | 1200 | |
| 3 | 中砂 | m | 10 | | 80 | 800 | |
| 4 | 砾石(5~40 mm) | | 5 | | 42 | 210 | |
| 5 | 页岩砖(240 mm×115 mm×53 mm) | 千匹 | 1 | | 300 | 300 | |
| | 材料小计 | | | | | 6510 | |
| 三 | 施工机具 | | | | | | |
| 1 | 自升式塔吊起重机 | 台班 | 5 | | 550 | 2750 | |
| 2 | 灰浆搅拌机(400 L) | 台班 | 2 | | 20 | 40 | |
| | 施工机具小计 | | | | | 2790 | |
| 四 | 企业管理费和利润(按人工费18%计取) | | | | | 2628 | |
| | 总计 | | | | | 26528 | |

(4) 总承包服务费应根据招标人在招标文件中列出的分包专业工程内容和供应材料、设备的实际情况,按照招标人提出的协调、配合与服务要求,结合施工现场管理需要,由投标人自主确定,如表 4.12 所示。

表 4.12　总承包服务费计价表

工程名称:××中学教学楼工程　　　　标段:　　　　　　　　　第　页　共　页

| 序号 | 项目名称 | 项目价值/元 | 服务内容 | 计算基础 | 费率/(%) | 金额/元 |
|---|---|---|---|---|---|---|
| 1 | 发包人发包专业工程 | 200000 | 1.按专业工程承包人的要求提供施工工作面并对施工现场进行统一管理,对竣工资料进行统一整理汇总。<br>2.为专业工程承包人提供垂直运输机械和焊接电源接入点,并承担垂直运输费和电费 | 项目价值 | 7 | 14000 |

续表

| 序号 | 项目名称 | 项目价值/元 | 服务内容 | 计算基础 | 费率/（%） | 金额/元 |
|------|---------|-----------|---------|---------|-----------|---------|
| 2 | 发包人提供材料 | 845000 | 对发包人供应的材料进行验收及保管和使用发放 | 项目价值 | 0.8 | 6760 |
| | …… | | | | | |
| | 合计 | | | | | 20760 |

### （三）规费、税金项目计价表的编制

规费和税金应按国家或省级、行业建设主管部门的规定进行计算，不得作为竞争性费用。这是由于规费和税金的计取标准是依据有关法律、法规和政策规定制定的，具有强制性。因此，投标人在投标报价时必须按照国家或省级、行业建设主管部门的有关规定计算规费和税金。规费、税金项目计价表的编制，如表 4.13 所示。

表 4.13    规费、税金项目计价表

工程名称：××中学教学楼工程　　　　　　　　标段：　　　　　　　　　　第　页　共　页

| 序号 | 项目名称 | 计算基础 | 计算基数 | 费率/（%） | 金额/元 |
|------|---------|---------|---------|-----------|---------|
| 1 | 规费 | | | | 239001 |
| 1.1 | 社会保险费 | | | | 188685 |
| （1） | 养老保险费 | 人工费 | | 14 | 117404 |
| （2） | 失业保险费 | 人工费 | | 2 | 16772 |
| （3） | 医疗保险费 | 人工费 | | 6 | 50316 |
| （4） | 工伤保险费 | 人工费 | | 0.25 | 2096.5 |
| （5） | 生育保险费 | 人工费 | | 0.25 | 2096.5 |
| 1.2 | 住房公积金 | 人工费 | | 6 | 50316 |
| 2 | 税金 | 人工费＋材料费＋施工机械使用费＋企业管理费＋利润＋规费 | | 9 | 710330 |
| | 合计 | | | | 949331 |

### （四）投标报价的汇总

投标人的投标总价应当与组成工程量清单的分部分项工程费、措施项目费、其他项目费和规费、税金的合计金额相一致，即投标人在进行工程量清单招标的投标报价时，不能进行投标总价优惠（或降价、让利）。投标人对投标报价的任何优惠（或降价、让利）均应反映在相应清单项目的综合单价中。某单位工程投标报价汇总表，如表 4.14 所示。

表 4.14    单位工程投标报价汇总表

工程名称：××保障房一期住宅工程　　　　　　　标段：　　　　　　　　　　第　页　共　页

| 序号 | 汇总内容 | 金额/元 | 其中：暂估价/元 |
|------|---------|---------|----------------|
| 1 | 分部分项工程 | 6318410 | 845000 |
| | …… | | |

| 序号 | 汇总内容 | 金额/元 | 其中:暂估价/元 |
|---|---|---|---|
| 0105 | 混凝土及钢筋混凝土工程 | 2432419 | 800000 |
| | ...... | | |
| 2 | 措施项目 | 738257 | |
| 2.1 | 其中:安全文明施工费 | 209650 | |
| 3 | 其他项目 | 597288 | |
| 3.1 | 其中:暂列金额 | 350000 | |
| 3.2 | 其中:专业工程暂估价 | 200000 | |
| 3.3 | 其中:计日工 | 26528 | |
| 3.4 | 其中:总承包服务费 | 20760 | |
| 4 | 规费 | 239001 | |
| 5 | 税金 | 710330 | |
| | 投标报价合计＝1+2+3+4+5 | 8603286 | 845000 |

**实战案例**

### 工程总承包项目必须摒弃"低价中标、高价结算"的策略

2009 年 9 月,中国中铁旗下的两家全资子公司中国海外工程有限责任公司和中铁隧道集团有限公司联合上海建工集团(简称上海建工)及波兰德科玛有限公司(DECOMA)(简称中海外联合体),中标 A2 高速公路(波兰华沙至德国柏林)中最长的 A、C 两个标段,总里程为 49 km,总报价 13 亿波兰兹罗提(约合 4.47 亿美元/30.49 亿人民币)。中海外不及波兰政府预算一半的报价,一度引来低价倾销的指责。

据媒体报道,从 2011 年 5 月开始,资金拮据的中海外联合体不断拖欠分包商款项。5 月 18 日,当地分包商游行示威,抗议中海外拖欠劳工费用,愤怒的波兰工人冲进中海外在华沙的办公场所,并在办公楼外焚烧轮胎,导致中海外联合体被迫停工。此时,32 个月的合同工期已消耗接近 2/3,A 标段才完成合同工程量的 15%,C 标段也仅完成了 18%,工程进度严重滞后。2011 年 6 月初,中海外总公司最终决定放弃该工程,因为如果坚持做完,中海外联合体可能因此亏损 3.94 亿美元(约合 25.45 亿元人民币)。波兰发包人则给联合体开出了 7.41 亿兹罗提(约合 2.71 亿美元/17.51 亿元人民币)的赔偿要求和罚单,外加三年内禁止其在波兰市场参与招标。

对于该国际工程总承包项目的失败,总承包人存在的问题对国内工程总承包的启示主要在于:

1. 对招标文件未深度研究,盲目低价

在编制报价时没有认真研究招标文件,没有吃透技术规范以及发包人提供的基础资料,对当地经济、地理、人文环境及相关法律等了解不全面,施工组织设计不够详细,报价中没有合理考虑各种风险和不确定因素,复制以往的"低价中标、高价索赔"模式。

2. 未充分进行市场调研和勘查项目环境

中海外承担工程设计和建设工作,在没有事先仔细勘探地形及研究当地法律、经济、政

治环境的情况下,就与波兰公路管理局签订固定总价合同,以致成本上升、工程变更及工期延误都无法从发包人处获得补偿。

3.对合同条款中隐含的风险未充分估计

A2 项目 C 标段波兰语合同主体只有寥寥四页 A4 纸,但至少有七份合同附件。其中,仅关于"合同具体条件"的附件就长达 37 页。招标合同参考了国际工程招标通用的 FIDIC 条款,但与 FIDIC 标准合同相比,中海外联合体与波兰公路管理局最终签署的合同删除了很多对承包商有利的条款。比如,在 FIDIC 条款中,如果因原材料价格上涨造成工程成本上升,承包商有权要求发包人调增工程款;同时 FIDIC 条款明确指出,承包商竞标时在价格表中提出的工程数量都是暂时估计,不应被视为实际工程数量,承包商实际施工时有权根据实际工程量的增加来要求发包人补偿费用。但所有这些条款,在中海外的合同中都被一一删除。发包人提供的项目 PFU(功能说明书)描述不清,加上地质情况复杂等原因,导致合同执行中实际工程量与投标工程量出现较大偏差,同时还存在大量考古等项目,进一步加剧了实际工程量与投标工程量的偏差。

4.没有关注环保成本,造成投标漏项

C 标段环境影响报告显示,该路段沿途一共生存七种珍稀两栖动物,包括一种雨蛙、两种蟾蜍和三种青蛙以及一种叫"普通欧螈"的动物。2010 年 9 月,负责 C 标段设计的波兰多罗咨询公司(Dro-Konsult)多次向中海外交涉,要求中海外在施工准备时必须妥善处理"蛙"的问题。多罗公司还要求中海外在高速公路通过区域为蛙类和其他大中型动物建设专门的通道,避免动物在高速公路上通行时被行驶的车辆碾死。据公路管理局披露,C 标段一共有6 座桥梁设计需带有大型或中型动物的通道。但 C 标段合同报价单显示,桥梁工程预算中并没有明确的动物通道成本。

5.下游供应商合作深度与管控能力不足

项目中标正好处于 2009 年金融危机,波兰各种建筑原材料价格普遍较低,按照当时的原材料价格,中海外承建项目还不至于亏损,但因为中海外与波兰供应商的合作关系并不稳定,且与波兰供应商签署了不利的供应合同。2010 年后波兰经济复苏以及 2012 年欧洲杯所带来的建筑业热潮,导致一些原材料价格和大型机械租赁费大幅度上涨,原料供应商联手封杀中海外,一致抬高供应价格,使得中海外原材料成本暴涨。但如果拥有固定的供货商,可以让供货得到保证,有效规避价格上涨带来的风险。

## 学习任务 3　中标价及合同价款的约定

建设工程发承包有两项重要工作,一是发包人对承包人的选择,我国相关法规对于开标的时间和地点、出席开标会议的规定、开标的顺序以及否决投标等,评标原则和评标委员会的组建、评标程序和方法,定标的条件与做法,均做出了明确规定。二是通过优选确定中标人为承包人后,就必须通过合同这一法律行为来明确双方当事人的权利和义务,其中合同价款的约定是建设工程计价的重要内容。

## 一、评标程序及评审标准

### （一）清标与初步评审

评标活动应遵循公平、公正、科学、择优的原则。招标人应当采取必要的措施，保证评标在严格保密的情况下进行。评标是招标投标活动中一个十分重要的环节，如果对评标过程不进行保密，影响公正评标的不正当行为就有可能发生。

评标委员会成员名单一般应于开标前确定，且该名单在中标结果确定前应当保密。评标委员会在评标过程中是独立的，任何单位和个人都不得非法干预、影响评标过程和结果。

**1. 清标**

根据《建设工程造价咨询规范》（GB/T 51095—2015）的规定，清标是指招标人或工程造价咨询人在开标后且在评标前，对投标人的投标报价是否响应招标文件、违反国家有关规定，以及报价的合理性、算术性错误等进行审查并出具意见的活动。清标工作主要包含下列内容。

（1）对招标文件的实质性响应。

（2）错漏项分析。

（3）分部分项工程清单项目综合单价的合理性分析。

（4）措施项目清单的完整性和合理性分析，以及其中不可竞争性费用的正确性分析。

（5）其他项目清单的完整性和合理性分析。

（6）不平衡报价分析。

（7）暂列金额、暂估价的正确性复核。

（8）总价与合价的算术性复核及修正建议。

（9）其他应分析和澄清的问题。

**2. 初步评审及标准**

根据《评标委员会和评标方法暂行规定》和《标准施工招标文件》的规定，我国目前评标中主要采用的方法包括经评审的最低投标价法和综合评估法，两种评标方法在初步评审阶段，其内容和标准是一致的。

（1）初步评审标准。初步评审的标准包括以下四个方面。

① 形式评审标准。主要的评审内容包括：投标人名称与营业执照、资质证书、安全生产许可证一致；投标函上有法定代表人或其委托代理人签字并加盖单位章；投标文件格式符合要求；联合体投标人（如有）已提交联合体协议书，并明确联合体牵头人；报价唯一，即只能有一个有效报价等。

② 资格评审标准。如果是未进行资格预审的，应具备有效的营业执照，具备有效的安全生产许可证，并且资质等级、财务状况、类似项目业绩、信誉、项目经理、其他要求、联合体投标人等，均应符合规定。如果是已进行资格预审的，仍按资格审查办法中详细审查标准来进行。

③ 响应性评审标准。主要的评审内容包括：投标报价校核，审查全部报价数据计算的正确性，分析报价构成的合理性，并与最高投标限价进行对比分析；工期、工程质量、投标有效期、投标保证金、权利和义务、已标价工程量清单、技术标准和要求、分包计划等，均应符合

招标文件的有关要求。即投标文件应实质上响应招标文件的所有条款、条件,无显著的差异或保留,包括以下情况:对工程的范围、质量及使用性能产生实质性影响;偏离了招标文件的要求,而对合同中规定的招标人的权利或者投标人的义务造成实质性的限制;纠正这种差异或者保留将会对提交了实质性响应要求的投标书的其他投标人的竞争地位产生不公平影响。

④ 施工组织设计和项目管理机构评审标准。主要的评审内容包括施工方案与技术措施、质量管理体系与措施、安全管理体系与措施、环境保护管理体系与措施、工程进度计划与措施、资源配备计划、技术负责人、其他主要人员、施工设备、试验、检测仪器设备等,均应符合有关标准。

(2) 投标文件的澄清和说明。评标委员会可以书面方式要求投标人对投标文件中含义不明确的内容做必要的澄清、说明或补正,但是澄清、说明或补正不得超出投标文件的范围或者改变投标文件的实质性内容。对投标文件的相关内容做出澄清、说明或补正,其目的是有利于评标委员会对投标文件的审查、评审和比较。澄清、说明或补正包括投标文件中含义不明确、对同类问题表述不一致或者有明显文字和计算错误的内容。但评标委员会不得向投标人提出带有暗示性或诱导性的问题,或向其明确投标文件中的遗漏和错误。同时,评标委员会不接受投标人主动提出的澄清、说明或补正。

投标文件不响应招标文件的实质性要求和条件的,招标人应当否决,并不允许投标人通过修正或撤销其不符合要求的差异或保留,使之成为具有响应性的投标。

评标委员会对投标人提交的澄清、说明或补正有疑问的,可以要求投标人进一步澄清、说明或补正,直至满足评标委员会的要求。

(3) 报价有算术错误的修正。投标报价有算术错误的,评标委员会按以下原则对投标报价进行修正,修正的价格经投标人书面确认后具有约束力。投标人不接受修正价格的,其投标被否决。

① 投标文件中的大写金额与小写金额不一致的,以大写金额为准;

② 总价金额与依据单价计算出的结果不一致的,以单价金额为准修正总价,但单价金额的小数点有明显错误的除外。

此外,如对不同文字文本投标文件的解释发生异议的,以中文文本为准。

(4) 经初步评审后否决投标的情况。评标委员会应当审查每一投标文件是否对招标文件提出的所有实质性要求和条件做出响应。未能在实质上响应的投标,评标委员会应当否决其投标。具体情形包括:

① 投标文件未经投标单位盖章和单位负责人签字;

② 投标联合体没有提交共同投标协议;

③ 投标人不符合国家或者招标文件规定的资格条件;

④ 同一投标人提交两个以上不同的投标文件或者投标报价,但招标文件允许提交备选投标的除外;

⑤ 投标报价低于成本或者高于招标文件设定的最高投标限价,对报价是否低于工程成本的异议,评标委员会可以参照国务院有关主管部门和省、自治区、直辖市有关主管部门发布的有关规定进行评审;

⑥ 投标文件没有对招标文件的实质性要求和条件做出响应;

⑦ 投标人有串通投标、弄虚作假、行贿等违法行为。

### (二)详细评审标准与方法

经初步评审合格的投标文件,评标委员会应当根据招标文件确定的评标标准和方法,对其技术部分和商务部分做进一步评审、比较。详细评审的方法包括经评审的最低投标价法和综合评估法两种。

#### 1.经评审的最低投标价法

经评审的最低投标价法是指评标委员会对满足招标文件实质要求的投标文件,根据详细评审标准规定的量化因素及标准进行价格折算,按照经评审的投标价由低到高的顺序推荐中标候选人,或根据招标人授权直接确定中标人,但投标报价低于其成本的除外。经评审的投标价相等时,投标报价低的优先;投标报价也相等时,优先条件由招标人事先在招标文件中确定。

(1)适用范围。

按照《评标委员会和评标方法暂行规定》的规定,经评审的最低投标价法一般适用于具有通用技术、性能标准或者招标人对其技术、性能没有特殊要求的招标项目。

(2)详细评审标准及规定。

采用经评审的最低投标价法的,评标委员会应当根据招标文件中规定的量化因素和标准进行价格折算,对所有投标人的投标报价以及投标文件的商务部分做必要的价格调整。根据《标准施工招标文件》的规定,主要的量化因素包括单价遗漏和付款条件等,招标人可以根据项目具体特点和实际需要,进一步删减、补充或细化量化因素和标准。另外,如世界银行贷款项目采用这种评标方法时,通常考虑的量化因素和标准包括:一定条件下的优惠(借款国国内投标人有 7.5% 的评标优惠);工期提前的效益对报价的修正;同时投多个标段的评标修正等。所有这些修正因素都应当在招标文件中有明确的规定。对同时投多个标段的评标修正,一般的做法是,如果投标人的某一个标段已被确定为中标,则在其他标段的评标中按照招标文件规定的百分比(通常为 4%)乘以报价额后,在评标价中扣减此值。

根据经评审的最低投标价法完成详细评审后,评标委员会应当拟定一份"价格比较一览表",连同书面评标报告提交招标人。"价格比较一览表"应当载明投标人的投标报价、对商务偏差的价格调整和说明以及已评审的最终投标价。

**【例 4.4】** 各投标文件的报价和工期如表 4.15 所示。

表 4.15　各投标单位的投标报价和工期

| 投标人 | A | B | C | D | E | F |
|---|---|---|---|---|---|---|
| 投标报价/万元 | 3684.3 | 3000 | 2760 | 2700 | 3100 | 2807.5 |
| 计划工期/月 | 12 | 14 | 15 | 14 | 12 | 12 |

招标文件中规定:① 项目计划工期为 15 个月,投标人实际工期比计划工期减少 1 个月,则在其投标报价中减少 50 万元(不考虑资金时间价值条件下);② 该项目招标控制价为 3500 万元。

要求:假定 6 个投标人技术标得分情况基本相同,不考虑资金时间价值,按照经评审的最低报价法确定中标人顺序。

**解**　投标人 A 投标报价为 3684.3 万元,超过了招标控制价(3500 万元),A 投标项目为废标;其余投标项目的投标报价均未超出招标控制价,B、C、D、E、F 投标项目均为有效标。

经评审后,B、C、D、E、F 投标项目报价组成均符合评审要求时,则

B 投标项目经评审的报价＝3000－(15－14)×50＝2950(万元)

C 投标项目经评审的报价＝2760(万元)

D 投标项目经评审的报价＝2700－(15－14)×50＝2650(万元)

E 投标项目经评审的报价＝3100－(15－12)×50＝2950(万元)

F 投标项目经评审的报价＝2807.5－(15－12)×50＝2657.5(万元)

在不考虑资金时间价值的条件下,采用经评审的最低报价中标原则确定中标人顺序为 D、F、C、B(E)。

2. 综合评估法

不宜采用经评审的最低投标价法的招标项目,一般应采用综合评估法进行评审。综合评估法是指评标委员会对满足招标文件实质性要求的投标文件,按照规定的评分标准进行打分,并按得分由高到低顺序推荐中标候选人,或根据招标人授权直接确定中标人,但投标报价低于其成本的除外。综合评分相等时,以投标报价低的优先;投标报价也相等时,优先条件由招标人事先在招标文件中确定。

(1)详细评审中的分值构成与评分标准。综合评估法下的评标分值构成分成四个方面,即施工组织设计、项目管理机构、投标报价、其他评分因素,总计分值为 100 分。各方面所占比例和具体分值由招标人自行确定,并在招标文件中明确载明,上述四个方面的具体评分因素如表 4.16 所示。

表 4.16    综合评估法下的评分因素和评分标准

| 分值构成 | 评分因素 | 评分主体 |
| --- | --- | --- |
| 施工组织设计 | 内容完整性和编制水平 | |
| | 施工方案与技术措施 | |
| | 质量管理体系与措施 | |
| | 安全管理体系与措施 | |
| | 环境保护管理体系与措施 | |
| | 工程进度计划与措施 | |
| | 资源配备计划 | |
| 项目管理机构 | 项目经理任职资格与业绩 | |
| | 技术责任人任职资格与业绩 | |
| | 其他主要人员 | |
| 投标报价 | 偏差率 | |
| | …… | |
| 其他因素 | …… | |

(2)投标报价偏差率的计算。在评标过程中,可以对各个投标文件计算投标报价偏差率,其计算公式为

$$偏差率＝\frac{投标人报价－评标基准价}{评标基准价}×100\%$$

评标基准价的计算方法应在投标人须知前附表中予以明确。招标人可依据招标项目的特点、行业管理规定给出评标基准价的计算方法,确定时也可适当考虑投标人的投标报价。

（3）详细评审过程。评标委员会按分值构成与评分标准规定的量化因素和分值进行打分,并计算出各标书综合评估得分。

① 按规定的评审因素和标准对施工组织设计计算出得分 A；

② 按规定的评审因素和标准对项目管理机构计算出得分 B；

③ 按规定的评审因素和标准对投标报价计算出得分 C；

④ 按规定的评审因素和标准对其他部分计算出得分 D。

评分分值计算保留小数点后两位,小数点后第三位"四舍五入"。投标人得分计算公式为投标人得分＝A＋B＋C＋D。由评委对各投标人的标书进行评分后加以比较,最后以总得分最高的投标人为中标候选人。

根据综合评估法完成评标后,评标委员会应当拟定一份"综合评估比较表",连同书面评标报告提交招标人。"综合评估比较表"应当载明投标人的投标报价、所做的任何修正、对商务偏差的调整、对技术偏差的调整、对各评审因素的评估以及对每一投标的最终评审结果。

【例 4.5】　某大型工程,由于技术难度较大,工期较紧,业主邀请了 3 家国有一级施工企业参加投标,并预先与咨询单位和这 3 家施工单位共同研究确定了施工方案。3 家施工企业按规定分别报送了技术标和商务标。经招标领导小组研究确定的评标规定如下。

① 技术标总分为 30 分,其中施工方案 10 分（因已确定施工方案,各投标单位均得 10分）、施工总工期 10 分、工程质量 10 分。满足业主总工期要求（36 个月）者得 4 分,每提前 1个月加 1 分,不满足者不得分。自报工程质量合格者得 2 分,自报工程质量优良者得 4 分（若实际工程质量未达到优良,将扣罚合同价的 2%）,自报工程质量有奖罚措施者得 2 分,近三年内获鲁班工程奖每项加 2 分,获省优工程奖每项加 1 分。

② 商务标总分为 70 分。本项目招标控制价为 36000 万元。假定 3 家单位的投标报价均符合评审要求。该项目评标方法采用比例法。各投标单位的有关数据资料如表 4.17所示。

表 4.17　各投标单位的有关数据资料

| 投标单位 | 报价/万元 | 总工期/月 | 自报工程质量 | 质量奖罚措施 | 鲁班工程奖 | 省优工程奖 |
|---|---|---|---|---|---|---|
| A | 35642 | 33 | 优良 | 有 | 1 | 1 |
| B | 34364 | 31 | 优良 | 有 | 0 | 2 |
| C | 33867 | 32 | 合格 | 有 | 0 | 1 |

要求:用综合评分法确定中标单位。

解　① 计算各投标单位技术标得分,如表 4.18 所示。

表 4.18　各投标单位技术标得分

| 投标单位 | 施工方案 | 总工期 | 工程质量 | 合计得分 |
|---|---|---|---|---|
| A | 10 | 4＋(36－33)×1＝7 | 4＋2＋2＋1＝9 | 26 |
| B | 10 | 4＋(36－31)×1＝9 | 4＋2＋1×2＝8 | 27 |
| C | 10 | 4＋(36－32)×1＝8 | 2＋2＋1＝5 | 23 |

② 计算各投标单位商务标得分：

A 投标单位商务标得分＝70×[1－(35642－33867)÷33867]＝66.33(分)

B 投标单位商务标得分＝70×[1－(34364－33867)÷33867]＝68.97(分)

C 投标单位商务标得分＝70×[1－(33867－33867)÷33867]＝70(分)

③ 计算各投标单位综合得分：

A 投标单位综合得分＝26＋66.33＝92.33(分)

B 投标单位综合得分＝27＋68.97＝95.97(分)

C 投标单位综合得分＝23＋70＝93(分)

因为 B 投标单位综合得分最高，所以 B 投标单位为中标单位。

## 二、中标人的确定

### (一)评标报告的内容及提交

评标委员会完成评标后，应当向招标人提交书面评标报告，并抄送有关行政监督部门。评标报告应当如实记载以下内容：

(1) 基本情况和数据表；

(2) 评标委员会成员名单；

(3) 开标记录；

(4) 符合要求的投标一览表；

(5) 否决投标情况说明；

(6) 评标标准、评标方法或者评标因素一览表；

(7) 经评审的价格或者评分比较一览表；

(8) 经评审的投标人排序；

(9) 推荐的中标候选人名单与签订合同前要处理的事宜；

(10) 澄清、说明、补正事项纪要。

评标报告由评标委员会全体成员签字。对评标结果有不同意见的评标委员会成员应当以书面形式阐述其不同意见和理由，评标报告应当注明这些不同意见。评标委员会成员拒绝在评标报告上签字且不陈述其不同意见和理由的，视为同意评标结论。评标委员会应当对此做出书面说明并记录在案。

### (二)公示中标候选人

为维护公开、公平、公正的市场环境，鼓励各招投标当事人积极参与监督，按照《招标投标法实施条例》的规定，依法必须进行招标的项目，招标人需对中标候选人进行公示。对中标候选人的公示，需明确以下几个方面。

(1) 公示范围：公示的项目范围是依法必须进行招标的项目，其他招标项目是否公示中标候选人由招标人自主决定。

(2) 公示媒体：招标人在确定中标人之前，应当将中标候选人在交易场所和指定媒体上公示。

(3) 公示时间(公示期)：招标人应当自收到评标报告之日起 3 日内公示中标候选人，公示期不得少于 3 日。

（4）公示内容：招标人需对中标候选人的全部名单及排名进行公示，而不是只公示排名第一的中标候选人。同时，对有业绩信誉条件的项目，在投标报名或开标时提供的作为资格条件或业绩信誉情况，应一并进行公示，但不含投标人的各评分要素的得分情况。依法必须招标项目的中标候选人公示，应当载明以下内容：① 中标候选人排序、名称、投标报价、质量、工期（交货期）以及评标情况；② 中标候选人按照招标文件要求承诺的项目负责人姓名及其相关证书名称和编号；③ 中标候选人响应招标文件要求的资格能力条件；④ 提出异议的渠道和方式；⑤ 招标文件规定公示的其他内容。

（5）异议处置：投标人或者其他利害关系人对依法必须进行招标项目的评标结果有异议的，应当在中标候选人公示期间提出。招标人应当自收到异议之日起 3 日内做出答复；做出答复前，应当暂停招标投标活动。经核查后发现在招投标过程中确有违反相关法律法规且影响评标结果公正性的情况，招标人应当重新组织评标或招标。招标人拒绝自行纠正或无法自行纠正的，则根据《招标投标法实施条例》第六十条的规定向行政监督部门提出投诉。对故意虚构事实、扰乱招投标市场秩序的行为，则按照有关规定进行处理。

**（三）确定中标人**

除招标文件中特别规定授权评标委员会直接确定中标人外，招标人应依据评标委员会推荐的中标候选人来确定中标人，评标委员会提交中标候选人的人数应符合招标文件的要求，应当不超过 3 人，并标明排列顺序。中标人的投标应当符合下列条件之一：

（1）能够最大限度满足招标文件中规定的各项综合评价标准；

（2）能够满足招标文件的实质性要求，并且经评审的投标价格最低，但是投标价格低于成本的除外。

对国有资金占控股或者主导地位的项目，招标人应当确定排名第一的中标候选人为中标人。排名第一的中标候选人放弃中标、因不可抗力不能履行合同，或者招标文件规定应当提交履约保证金而在规定的期限内未能提交，或者被查实存在影响中标结果的违法行为等情形，不符合中标条件的，招标人可以按照评标委员会提出的中标候选人名单排序，依次确定其他中标候选人为中标人。依次确定的其他中标候选人与招标人预期差距较大，或者对招标人明显不利的，招标人可以重新招标。

招标人可以授权评标委员会直接确定中标人。

招标人不得向中标人提出压低报价、增加工作量、缩短工期或其他违背中标人意愿的要求，即不得以此作为发出中标通知书和签订合同的条件。

**（四）中标通知及签约准备**

1. 发出中标通知书

中标人确定后，招标人应当向中标人发出中标通知书，同时将中标结果通知所有未中标的投标人，中标通知书对招标人和中标人都具有法律效力。中标通知书发出后，招标人改变中标结果，或者中标人放弃中标项目的，都应当依法承担法律责任。招标人自行招标的，应当自确定中标人之日起 15 日内，向有关行政监督部门提交招标投标情况的书面报告。书面报告中至少应包括下列内容：

① 招标方式和发布资格预审公告、招标公告的媒介；

② 招标文件中投标人须知、技术规格、评标标准和方法、合同主要条款等内容；

③ 评标委员会的组成和评标报告；

④ 中标结果。

**2. 履约担保**

在签订合同前,招标文件要求中标人提交履约担保的,中标人应当提交。履约担保属于中标人向招标人提供用以保障其履行合同义务的担保。中标人以及联合体的中标人应按招标文件规定的金额、担保形式和提交时间,向招标人提交履约担保。履约担保有现金、支票、汇票、履约担保书和银行保函等形式,可以选择其中一种作为招标项目的履约担保,履约担保金额最高不得超过中标合同金额的 10%。中标人不能按要求提交履约担保的,视为放弃中标,其投标保证金不予退还,若给招标人造成的损失超过投标保证金的数额,中标人还应当对超过部分予以赔偿。履约担保的有效期自合同生效之日起至合同约定的中标人主要义务履行完毕止。

招标人要求中标人提供履约担保的,招标人应当同时向中标人提供工程款支付担保。中标后的承包人应保证其履约担保在发包人颁发工程接收证书前一直有效。发包人应在工程接收证书颁发后 28 天内将履约担保退还给承包人。

## 三、合同价款的约定

签约合同价是指合同双方签订合同时在协议书中列明的合同价格,对于以单价合同形式招标的项目,工程量清单中各种价格的总计即为合同价。合同价就是中标价,因为中标价是指评标时经过算术修正的,并在中标通知书中载明招标人接受的投标价格。从法律层面来说,经公示后招标人向投标人所发出的中标通知书(投标人向招标人回复确认中标通知书已收到),中标人的中标价就受到法律保护,招标人不得以任何理由反悔。这是因为,合同价格属于招投标活动中的核心内容,根据《招标投标法》第四十六条有关"招标人和中标人应当按照招标文件和中标人的投标文件订立书面合同,招标人和中标人不得再行订立背离合同实质性内容的其他协议"的规定,发包人应根据中标通知书确定的价格来签订合同。

### (一)合同签订的时间及规定

招标人和中标人应当在投标有效期内,并在自中标通知书发出之日起 30 日内,按照招标文件和中标人的投标文件订立书面合同。中标人无正当理由拒签合同的,招标人有权取消其中标资格,其投标保证金不予退还;若给招标人造成的损失超过投标保证金的数额,中标人还应当对超过部分予以赔偿。发出中标通知书后,招标人无正当理由拒签合同的,招标人向中标人退还投标保证金;若给中标人造成损失的,还应当赔偿损失。招标人最迟应当在与中标人签订合同后 5 日内,向中标人和未中标的投标人退还投标保证金及银行同期存款利息。

### (二)合同价款类型的选择

1. 固定价

(1) 固定总价。

固定总价合同的价格计算是以设计图纸、工程量及规范等为依据,承、发包双方就承包工程协商一个固定的总价,即承包方按投标时发包方接受的合同价格实施工程,并一笔包死,无特殊情况不做变化。

采用这种合同,合同总价只有在设计和工程范围发生变更的情况下才能随之做相应的调整;除此之外,合同总价一般不能变动。因此,采用固定总价合同,承包方要承担合同履行过程中的主要风险,包括要承担实物工程量、工程单价等变化而可能造成损失的风险。在合同执行过程中,承、发包双方均不能以工程量、设备和材料价格、工资等变动为理由,提出对合同总价调整的要求。所以,作为合同总价计算基础的设计图纸、说明、规定及规范需对工程做出详尽的描述,承包方要在投标时对一切费用上升的因素做出估计并将其包含在投标报价之中。因为承包方可能要为许多不可预见的因素付出代价,所以往往会提高不可预见费用,致使这种合同的投标价格较高。

固定总价合同一般适用于以下情况:

① 招标时的设计深度已达到施工图设计要求,工程设计图纸完整齐全,项目内容、范围及工程量计算依据确切,合同履行过程中不会出现较大的设计变更,承包方依据的报价工程量与实际完成的工程量不会有较大的差异;

② 规模较小,技术不太复杂的中小型工程。承包方一般在报价时可以合理地预见到实施过程中可能遇到的各种风险;

③ 合同工期较短,一般为一年之内的工程。

(2) 固定单价。

固定单价合同分为估算工程量单价合同与纯单价合同。

① 估算工程量单价。估算工程量单价合同是以工程量清单和工程单价表为基础和依据来计算合同价格的,亦可称为计量估价合同。估算工程量单价合同通常是由发包方提出工程量清单,列出分部分项工程量,由承包方以此为基础填报相应单价,累计计算后得出合同价格。但最后的工程结算价应按照实际完成的工程量来计算,即按合同中的分部分项工程单价和实际工程量,计算得出工程结算和支付的工程总价格。

采用这种合同时,要求实际完成的工程量与原估计的工程量不能有实质性的变更。因为承包方给出的单价是以相应的工程量为基础的,如果工程量大幅度增减可能影响工程成本。不过在实践中往往很难确定工程量究竟有多大范围的变更才算实质性变更,这是采用这种合同计价方式需要考虑的一个问题。有些固定单价合同规定,如果实际工程量与报价表中的工程量相差超过±10%时,允许承包方调整合同价。此外,也有些固定单价合同在材料价格变动较大时允许承包方调整单价。

采用估算工程量单价合同时,工程量是统一计算出来的,承包方只要经过复核后填上适当的单价,承担风险较小;发包方也只需审核单价是否合理即可,对双方都较为方便。由于具有这些特点,估算工程量单价合同是比较常见的一种合同计价方式。估算工程量单价合同大多用于工期长、技术复杂、实施过程中可能会发生各种不可预见因素较多的建设工程。在施工图不完整或当准备招标的工程项目内容、技术经济指标暂时无法明确时,往往要采用这种合同计价方式。这样在不能精确地计算出工程量的条件下,可以避免使发包或承包的任何一方承担过大的风险。

② 纯单价。采用纯单价计价方式的合同时,发包方只向承包方给出发包工程的有关分部分项工程以及工程范围,不对工程量作出任何规定,即在招标文件中仅给出工程内各个分部分项工程一览表、工程范围和必要的说明,而不必提供实物工程量。承包方在投标时只需要对这类给定范围的分部分项工程做出报价即可,合同实施过程中按实际完成的工程量进行结算。

这种合同计价方式主要适用于没有施工图,或工程量不明确,却急需开工的紧迫工程,如设计单位来不及提供正式施工图纸,或虽有施工图但由于某些原因不能比较准确地计算工程量时。当然,对于纯单价合同来说,发包方必须对工程范围的划分做出明确的规定,以使承包方能够合理地确定工程单价。

2.可调价

可调价是指合同总价或者单价,在合同实施期内根据合同约定的办法进行调整,即在合同的实施过程中可以按照约定,随资源价格等因素的变化而调整的价格。

(1)可调总价。

可调总价合同的总价一般也是以设计图纸及规定、规范为基础,在报价及签约时,按招标文件的要求和当时的物价来计算合同总价。但合同总价是一个相对固定的价格,在合同执行过程中,由于通货膨胀而使所用的工料成本增加,可对合同总价进行相应的调整。可调总价合同的合同总价并非绝对不变,只是在合同条款中增加调价条款,如果出现通货膨胀这种不可预见的费用因素,合同总价就可按约定的调价条款作出相应调整。

可调总价合同列出的有关调价的特定条款,往往是在合同专用条款中列明,调价必须按照这些特定的调价条款进行。这种合同与固定总价合同的不同之处在于,它对合同实施中出现的风险进行了分摊,发包方承担通货膨胀的风险,而承包方承担合同实施中实物工程量、成本和工期因素等其他风险。

可调总价适用于工程内容和技术经济指标规定很明确的项目,因为合同中列有调价条款,所以工期在一年以上的工程项目较适于采用这种合同计价方式。

(2)可调单价。

合同单价的可调,一般是在工程招标文件中予以规定。在合同中签订的单价,根据合同约定的条款,如在工程实施过程中物价发生变化等,可做调值。有的工程在招标或签约时,因某些不确定因素而在合同中暂定某些分部分项工程的单价,等到工程结算时,再根据实际情况和合同约定对合同单价进行调整,确定实际的结算单价。

3.成本加酬金价

成本加酬金合同是将工程项目的实际投资划分成直接成本费和承包方完成工作后应得酬金两部分。工程实施过程中发生的直接成本费由发包方实报实销,再按合同约定的方式另外支付给承包方相应报酬。

这种合同计价方式主要适用于工程内容及技术经济指标尚未全面确定,投标报价的依据尚不充分的情况下,发包方因工期要求紧迫,必须发包的工程;或者发包方与承包方之间有着高度的信任,承包方在某些方面具有独特的技术、特长或经验。由于在签订合同时,发包方提供不出可供承包方准确报价所必需的资料,报价缺乏依据,因此,在合同内只能商定酬金的计算方法。成本加酬金合同广泛地适用于工作范围很难确定的工程和在设计完成之前就开始施工的工程。

以这种计价方式签订的工程承包合同,有两个明显缺点:一是发包方对工程总价不能实施有效的控制;二是承包方对降低成本也不太感兴趣。因此,采用这种合同计价方式,其条款必须非常严格。

按照酬金的计算方式不同,成本加酬金合同又分为以下几种形式。

(1)成本加固定百分比酬金确定的合同价。

采用这种合同计价方式,承包方的实际成本实报实销,同时按照实际成本的固定百分比

支付给承包方一笔酬金。计算公式为

$$C = C_d + C_d \times P$$

式中：$C$——合同价；

　　$C_d$——实际发生的成本；

　　$P$——双方事先商定的酬金固定百分比。

这种合同计价方式，工程总价及支付给承包方的酬金会随工程成本而水涨船高，这不利于鼓励承包方降低成本，正是由于这种弊病所在，使得这种合同计价方式很少被采用。

（2）成本加固定金额酬金确定的合同价。

采用这种合同计价方式与成本加固定百分比酬金合同相似。其不同之处仅在于在成本上所增加的费用是一笔固定金额的酬金。酬金一般是按估算工程成本的一定百分比确定的，数额是固定不变的。计算公式为

$$C = C_d + F$$

式中：$F$——双方约定的酬金具体数额。

这种计价方式的合同虽然也不能鼓励承包商关心和降低成本，但从尽快获得全部酬金、减少管理投入的角度出发，会有利于缩短工期。

采用上述两种合同计价方式时，为了避免承包方企图获得更多的酬金而对工程成本不加控制，往往在承包合同中规定一些补充条款，以鼓励承包方节约工程费用的开支，降低成本。

（3）成本加奖罚确定的合同价。

采用成本加奖罚合同，是在签订合同时双方事先约定该工程的预期成本（或称目标成本）和固定酬金，以及实际发生的成本与预期成本比较后的奖罚计算办法。在合同实施后，根据工程实际成本的发生情况来确定奖罚的额度。当实际成本低于预期成本时，承包方除可获得实际成本补偿和酬金外，还可根据成本降低额得到一笔奖金；当实际成本大于预期成本时，承包方仅可得到实际成本补偿和酬金，并视实际成本高出预期成本的情况，被处以一笔罚金。计算公式为

$$C = C_d + F \qquad (C_d = C_o)$$
$$C = C_d + F + \Delta F \quad (C_d < C_o)$$
$$C = C_d + F - \Delta F \quad (C_d > C_o)$$

式中：$C_o$——签订合同时双方约定的预期成本；

　　$\Delta F$——奖罚金额（可以是百分数，也可以是绝对数，而且奖与罚可以是不同的计算标准）。

这种合同计价方式可以促使承包方关心和降低成本，缩短工期，而且目标成本可以随着设计的进展而加以调整，所以承、发包双方都不会承担太大的风险，故这种合同计价方式应用较多。

（4）最高限额成本加固定最大酬金。

在这种计价方式的合同中，首先要确定最高限额成本、报价成本和最低成本。当实际工程成本没有超过最低成本时，承包方花费的成本费用及应得酬金等都可得到发包方的支付，并与发包方分享节约额；如果实际工程成本在最低成本和报价成本之间，承包方只有成本和酬金可以得到支付；如果实际工程成本在报价成本与最高限额成本之间，则只有全部成本可以得到支付；实际工程成本超过最高限额成本，则超过部分，发包方不予支付。

这种合同计价方式有利于控制工程投资，并能鼓励承包方最大限度地降低工程成本。

### （三）合同价款约定的内容

发承包双方应在合同条款中对下列事项进行约定：

(1) 预付工程款的金额、支付时间及抵扣方式；

(2) 安全文明施工措施费的支付计划、使用要求等；

(3) 工程计量与支付工程进度款的方式、金额及时间；

(4) 工程价款的调整因素、方法、流程、支付及时间；

(5) 施工索赔与现场签证的流程、金额确认与支付时间；

(6) 承担计价风险的内容、范围以及超出约定内容、范围的调整方法；

(7) 工程竣工结算价款的编制与核对、支付及时间；

(8) 工程质量保证金的金额、预留方式及时间；

(9) 违约责任以及发生合同价款争议的解决方法与时间；

(10) 与履行合同、支付价款有关的其他事项等。

## 思政育人

　　某市级医院招标采购一批进口设备。由于该医院过去在未实行政府采购前，就与一家医疗设备公司有长期的业务往来，故此次招标仍希望这家医疗设备公司中标。于是双方私下达成默契：等开标时，医院要求该公司尽量压低投标报价，以确保中标，在签订合同时再将货款提高。果然在开标时，这家公司的报价为最低价，经评委审议推荐该公司为中标候选人。在签订合同前，医院允许将原来的投标报价提高10%，作为追加售后服务内容与医疗设备公司签订了采购合同。结果提高后的合同价远远高于其他所有投标人的报价。案例中，招标人与投标人相互串通，以低价中标、高价签订合同的做法，严重影响了政府采购活动的公平性和公正性，损害了广大潜在投标人的正当利益，造成了采购资金的巨额流失，扰乱了正常的市场竞争秩序。通过这样的招投标实际案例，引导学生在掌握建设工程招投标知识和提升相关能力的过程中，践行社会主义核心价值观，培养爱国情怀，牢固树立法治观念，深化对法治理念、法治原则的认知。在建设工程招投标的任何环节中做到遵纪守法、恪守职业道德、诚实守信、爱岗敬业、团结协作、不弄虚作假。投标评标过程中做到公平公正，逐渐树立认真负责的职业精神，提高运用法治思维和法治方式维护自身权利、化解矛盾纠纷的意识和能力。

## 课后习题

### 一、单选题

1. 根据《标准施工招标文件》(2007版)，已进行资格预审的施工招标文件应包括（　　）。

A. 招标公告　　　　　　　　　　　B. 招标资格文件

C. 投标邀请书　　　　　　　　　　D. 评标委员会名单

2.关于招标文件的澄清,下列说法中错误的是(　　　)。

A.投标人应以信函、电报等可以有形地表现所载内容的形式向招标人提出疑问

B.招标文件的澄清应发给所有投标人,并指明澄清问题的来源

C.澄清发出的时间距离投标截止日不足 15 天的,应推迟投标截止时间

D.投标人收到澄清的确认时间可以是相对时间,也可以是绝对时间

3.为编制招标工程量清单,在拟定常规的施工组织设计时,正确的做法是(　　　)。

A.根据概算指标和类似工程估算整体工程量时,仅对主要项目加以估算

B.拟定施工总方案时需要考虑施工步骤

C.在满足工期要求的前提下,施工进度计划应尽量推后以降低风险

D.在计算工、料、机资源需要量时,不必考虑节假日、气候的影响

4.关于招标工程量清单中其他项目清单的编制,下列说法中正确的是(　　　)。

A.投标人情况、发包人对工程管理要求对其内容会有直接影响

B.暂列金额可以只列金额,但不同专业预留的暂列金额应分别列项

C.专业工程暂估价应包括利润、规费和税金

D.计日工的暂定数量可以由投标人填写

5.根据《建设工程工程量清单计价规范》(GB 50500—2013),关于最高投标限价的编制要求,下列说法中正确的是(　　　)。

A.应依据投标人拟定的施工方案进行编制

B.应包括招标文件中要求招标人承担风险的费用

C.应由招标工程量清单编制单位负责编制

D.应使用行业和地方的计价定额与相关文件计价

6.依据工程所在地区颁发的计价定额等编制最高投标限价,进行分部分项工程综合单价组价时,首先应确定的是(　　　)。

A.风险范围与幅度　　　　　　　　　B.工程造价信息确定的人工单价等

C.定额项目名称及工程量　　　　　　D.管理费率和利润率

**二、多选题**

1.关于施工招标文件,下列说法中正确的有(　　　)。

A.招标文件应包括拟签合同的主要条款

B.当进行资格预审时,招标文件中应包括投标邀请书

C.自招标文件开始发出之日起至投标截止之日止最短不得少于 5 天

D.招标文件不得说明评标委员会的组建方法

E.招标文件应明确评标方法

2.满足施工招标工程量清单编制的需要,招标人需拟定施工总方案,其主要内容包括(　　　)。

A.施工方法　　　　　B.施工步骤　　　　　C.施工机械设备的选择

D.施工顺序　　　　　E.现场平面布置

3.根据《建设工程工程量清单计价规范》(GB 50500—2013),招标控制价中综合单价应考虑的风险因素包括(　　　)。

A. 项目管理的复杂性　　B. 项目的技术难度　　C. 人工单价的市场变化

D. 材料价格的市场风险　E. 税金、规费的政策变化

4. 投标报价的分包询价，投标人应注意的问题有（　　）。

A. 分包标函是否完整　　　　　　　　　B. 分包单价所包含的内容

C. 分包人是否有专用施工机具　　　　　D. 分包人可信赖程度

E. 分包人的质量保证措施

5. 关于招标人与中标人合同的签订，下列说法正确的有（　　）。

A. 双方按照招标文件和投标文件订立书面合同

B. 双方在投标有效期内，并在自中标通知书发出之日起 30 日内签订施工合同

C. 招标人要求中标人按中标下浮 3% 后签订施工合同

D. 中标人无正当理由拒绝签订合同的，招标人可不退还其投标保证金

E. 招标人在与中标人签订合同后 5 日内，向所有投标人退还投标保证金

## 三、案例题

某建设项目实行公开招标，经资格预审后，有 5 家单位参加投标，招标方确定的评标原则如下：

采取综合评估法选择综合分值最高单位为中标单位。评标中，技术性评分占总分的 40%，投标报价占 60%。技术性评分中包括施工工期、施工方案、质量保证措施、企业信誉这四项内容，每项满分 10 分。

计划工期为 40 个月，施工工期基本得 5 分，每减少一个月加 0.5 分，超过 40 个月为废标。

该项目招标控制价为 6200 万元。假定 5 家单位的投标报价均符合评审要求。以经评审的最低投标价作为投标基准价，投标报价得分采用比例法计算。企业信誉评分原则：通过资格预审的投标单位基本分为 5 分；如有省级或以上获奖工程的，加 3 分；如近三年来承建过类似工程并获好评的，加 2 分。各投标单位相关数据如表 4.19 所示。

表 4.19　各投标单位相关数据

| 投标单位 | 报价/万元 | 工期/月 | 省级或以上工程获奖 | 近三年承建类似工程 | 施工方案得分 | 质保措施得分 |
|---|---|---|---|---|---|---|
| A | 5970 | 36 | 有 | 无 | 8.5 | 9.0 |
| B | 5880 | 37 | 无 | 有 | 8.0 | 8.5 |
| C | 5850 | 34 | 有 | 有 | 7.5 | 8.0 |
| D | 6150 | 38 | 无 | 有 | 9.5 | 8.5 |
| E | 6090 | 35 | 无 | 无 | 9.0 | 8.0 |

要求：采用综合评估法确定中标人。

项目五

建设项目施工阶段
工程造价的计价与控制

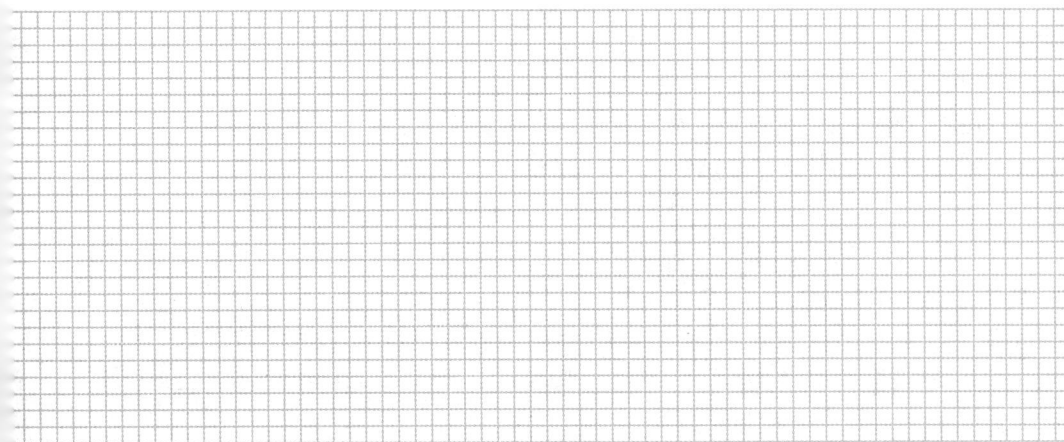

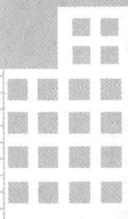

单元学习目标

1. 熟悉工程计量的方法；
2. 掌握建设工程价款结算的内容和计算；
3. 了解合同价款调整的分类及相关计算；
4. 熟悉施工阶段资金使用计划的编制方法；
5. 掌握投资偏差分析方法。

案例引入

　　某厂(甲方)与某建筑公司(乙方)订立了某工程项目施工合同,同时与某降水公司订立了工程降水合同。甲乙双方在合同中规定:采用单价合同,每一分项工程的实际工程量增加(或减少)超过招标文件中工程量的 15% 以上时,调整单价;工作 B、E、G 作业使用同一台施工机械,台班费为 600 元/台班,其中台班折旧费为 360 元/台班;工作 F、H 作业使用同一台施工机械,台班费为 400 元/台班,其中台班折旧费为 240 元/台班。施工网络计划如图 5.1 所示(单位:天),图中:箭线上方字母为工作名称,箭线下方数据为持续时间,双箭线为关键线路。假定除工作 F 按最迟开始时间安排作业外,其余各项工作均按最早开始时间安排作业。

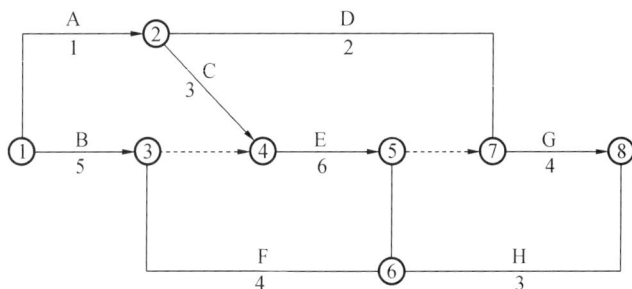

图 5.1　施工网络计划图

　　甲乙双方合同约定于 8 月 15 日开工。工程施工过程中发生如下事件:

　　事件 1:因降水方案错误,致使工作 D 推迟 2 天,乙方人员配合用工 5 个工日,窝工 6 个工日;

　　事件 2:8 月 23 日至 8 月 24 日,因供电中断停工 2 天,造成全场性人员窝工 36 个工日;

　　事件 3:因设计变更,工作 E 的工程量从招标文件中的 300 m³ 增至 350 m³,超过了 15%;合同中该工作的全费用单价为 110.00 元/m³,经协商超出部分的全费用单价为 100.00 元/m³;

　　事件 4:为保证施工质量,乙方在施工中将工作 B 的原设计尺寸扩大,增加工程量 15 m³,该工作全费用单价为 128.00 元/m³;

　　事件 5:在工作 D、E 均完成后,甲方指令增加一项临时工作 K,且应在工作 G 开始前完成。经核准,完成工作 K 需要 1 天时间,消耗人工 10 工日、机械丙 1 台班(单价 500.00 元/台班)、材料费 2200.00 元。

**问题**:1.如果乙方就工程施工中发生的 5 项事件提出索赔要求,试问工期和费用索赔能否成立? 说明其原因。

答:事件 1:工期索赔不成立,费用索赔成立,因为降水工程由甲方另行发包,是甲方应承担的风险,费用损失应由甲方承担,但是延误的时间(2 天)没有超过工作 D 的总时差(8 天),不影响工期。

事件 2:工期和费用索赔均成立,因为供电中断是甲方应承担的风险,延误的时间(2 天)将导致工期延长。

事件 3:工期和费用索赔均成立,因为设计变更是甲方的责任,由设计变更引起的工程量增加将导致费用增加和工作 E 的作业时间延长,且工作 E 为关键工作。

事件 4:工期和费用索赔均不成立,因为保证施工质量的技术措施费应已包括在合同价中。

事件 5:工期和费用索赔均成立,因为甲方指令增加工作所引起的费用增加和工期延长,是甲方的责任。

2.每项事件工期索赔各是多少天? 总工期索赔多少天?

答:事件 2:工期索赔 2 天。(关键工作延长 2 天)

事件 3:工期索赔$(350-300)$ $m^3/(300$ $m^3/6$ 天$)=1$(天)。

事件 5:工期索赔 1 天。

总计工期索赔:4 天。

3.工作 E 结算价应为多少?

答:按原单价结算的工程量:$300$ $m^3 \times (1+15\%)=345(m^3)$

按新单价结算的工程量:$350$ $m^3-345$ $m^3=5(m^3)$

总结算价$=345$ $m^3 \times 110$ 元$/m^3+5$ $m^3 \times 100$ 元$/m^3=38450.00$(元)

4.假设人工工日单价为 80.00 元/工日,合同规定:窝工人工费补偿按 45.00 元/工日计算;窝工机械费补偿按台班折旧费计算;因增加用工所需综合税费为人工费的 60%;工作 K 的综合税费为人工、材料、机械费用的 28%;人工和机械窝工补偿综合税费(包括部分现场管理费和规费、税金)为人工、材料、机械费用的 16%。试计算除事件 3 外合理的费用索赔总额。

答:事件 1:$6 \times 45.00 \times (1+16\%)+5 \times 80.00 \times (1+60\%)=953.20$(元)

事件 2:$(36 \times 45.00+2 \times 360.00+2 \times 240.00) \times (1+16\%)=3271.20$(元)

事件 5:$(10 \times 80.00+1 \times 500.00+2200.00) \times (1+28\%)+1 \times 360.00 \times (1+16\%)=4897.60$(元)

费用索赔总额:$953.20+3271.20+4897.60=9122.00$(元)。

## 学习任务 1    施工阶段工程造价的确定

### 一、工程计量

工程计量是发承包双方根据合同约定,对承包人已经完成合同工程的数量进行的计算和确认,是发包人支付工程价款的前提工作。因此,工程计量是发包人控制施工阶段工程造价的关键环节。具体来说,就是双方根据设计图纸、技术规范以及施工合同约定的计量方式和计算方法,对承包人已经完成的质量合格的工程实体数量进行测量和计算,并以物理计量单位或自然计量单位进行标识、确认的过程。

招标工程量清单所列的数量,是根据设计图纸计算的数量,在施工过程中,通常会有一些原因导致承包人实际完成量与工程量清单中所列工程量不一致,如招标工程量清单缺项或项目特征描述与实际不一致、工程变更、现场施工条件变化、现场签证以及暂估价中的专业工程发包等。在工程合同价款结算前,必须对承包人履行合同义务所完成的实际工程进行准确的计量。

#### (一)工程计量的原则

(1)工程量应当按照相关工程的现行国家计量规范规定的工程量计算规则计算。不符合合同文件的工程不予计量。即工程必须满足设计图纸、设计规范等合同文件对其在工程质量上的要求,同时,有关的工程质量验收资料要齐全,手续要完备,满足合同文件对其在工程管理上的要求。

(2)工程计量可选择按月或按工程形象进度分段计量,具体的计量周期在合同中约定。工程计量的方法、范围、内容和单位均受合同文件所约束,其中工程量清单(说明)、技术规范、合同条款均会从不同角度、不同侧面涉及这方面的内容。在计量中要严格遵循这些文件的规定,并且一定要结合起来使用。

(3)因承包人原因造成的超出合同工程范围施工或返工的工程量,发包人不予计量。

#### (二)工程计量的范围和依据

(1)工程计量的范围包括工程量清单及工程变更所修订的工程量清单的内容;合同文件中规定的各种费用支付项目,如索赔、各种预付款、价格调整和违约金等。

(2)工程计量的依据包括工程量清单及说明、合同图纸、工程变更及其修订的工程量清单、合同条件、技术规范、有关计量的补充协议和质量合格证书等。

#### (三)工程计量的方法

工程量必须按照相关工程现行国家工程量计量规范规定的工程量计算规则计算。工程计量方式可选择按月或按工程形象进度分段计量,具体的计量周期应在合同中约定。工程计量通常分为单价合同计量和总价合同计量,成本加酬金合同按单价合同的计量规定计量。

1.单价合同计量

单价合同工程量多以承包人完成合同工程后,应予计量的工程量确定。施工中进行工程计量,若发现招标工程量清单中出现缺项、工程量偏差,或因工程变更引起工程量的增减时,应按承包人在履行合同义务中实际完成的工程量计算。

2.总价合同计量

采用工程量清单方式招标形成的总价合同,工程量应按照与单价合同相同的方式计算。采用经审定批准的施工图纸及其预算方式发包形成的总价合同,除按照工程变更规定引起的工程量增减外,总价合同中各项目的工程量应为承包人用于结算的最终工程量。总价合同约定的项目计量应以合同工程经审定批准的施工图纸为依据,发承包双方应在合同中约定工程计量的形象目标或时间节点进行计量。

3.工程量的确认

(1)承包人应按专用条款约定的时间向工程师提交已完工程量报告。工程师接到报告后的 7 天内按设计图纸核实已完工程量(计量),计量前 24 小时通知承包方,承包方应为计量提供便利条件并派人参加。承包方收到通知后不参加计量的,计量结果有效,并作为工程价款支付的依据。

(2)工程师收到承包人报告后的 7 天内未计量,从第 8 天起,承包人报告中所列的工程量即视为确认,作为工程价款支付的依据。工程师不按规定的时间通知承包人,致使承包人未能参加计量,计量结果无效。

(3)承包人超出设计图纸范围施工的工程量和因承包人自身原因造成返工的工程量,工程师不予计量。

## 二、建设工程价款结算

### (一)工程价款的主要结算方式

1.按月结算

实行旬末或月中预支,月终结算,竣工后清算的方法。跨年度竣工的工程,需在年终进行工程盘点,办理年度结算。我国现行建筑安装工程价款结算中,相当一部分是实行这种按月结算方式。

2.竣工后一次结算

建设项目或单项工程全部建筑安装工程建设期在 12 个月以内,或者工程承包合同价值在 100 万元以下的,可以实行工程价款每月月中预支,待工程竣工后一次结算。

3.分段结算

即当年开工,当年不能竣工的单项工程或单位工程按照工程形象进度,划分不同阶段进行结算。分段结算可以按月预支工程款。分段的具体划分标准,由各部门、自治区、直辖市、计划单列市另行规定。

对于以上三种主要结算方式的收支确认,国家财政部在 1999 年 1 月 1 日起实行的《企业会计准则-建造合同》讲解中,作了如下规定。

实行旬末或月中预支,月终结算,竣工后清算办法的工程合同,应分期确认合同价款收入的实现,即:各月份终了,与发包单位进行已完工程价款结算时,确认为承包合同已完工部分的工程收入实现,本期收入额为月终结算的已完工程价款金额。

实行合同完成后一次结算工程价款办法的工程合同,应于合同完成,施工企业与发包单位进行工程合同价款结算时,确认为收入实现,实现的收入额为承发包双方结算的合同价款总额。

实行按工程形象进度划分不同阶段、分段结算工程价款办法的工程合同,应按合同规定的形象进度分次确认已完阶段工程收益的实现。即:应于完成合同规定的工程形象进度或工程阶段,并与发包单位进行工程价款结算时,确认为工程收入的实现。

4.目标结款方式

即在工程合同中,将承包工程的内容分解成不同的控制界面,以业主验收控制界面作为支付工程价款的前提条件。也就是说,将合同中的工程内容分解成不同的验收单元,当承包商完成单元工程内容并经业主(或其委托人)验收后,业主支付构成单元工程内容的工程价款。目标结款方式实质上是运用合同手段、财务手段对工程的完成情况进行主动控制。

5.结算双方约定的其他结算方式

双方可以在合同中约定其他的结算方式。

**(二)工程预付款**

工程预付款是在工程正式开工前,发包人按照合同约定预先支付给承包人的储备工程主要材料、结构件所需的工程款。预付款用于承包人为合同工程施工购置材料、工程设备,购置或租赁施工设备、修建临时设施以及组织施工队伍进场等所需的款项。根据工程承发包合同规定,由发包人在开工前拨给承包人一定限额的预付备料款,作为承包工程项目储备主要材料、构配件所需的流动资金。

预付的工程款必须在合同中约定,并在后续进度款中进行抵扣。凡是没有签订合同或不具备施工条件的工程,发包人不得预付工程款,更不得以预付款为名转移资金。

1.预付款的支付

预付款限额由下列主要因素决定:主要材料(包括外购构件)占工程造价的比重;材料储备期;施工工期。

(1)百分比法。

发包人根据工程特点、工期长短、市场行情、供求规律等因素,招标时在合同条件中约定工程预付款的百分比。根据《建设工程价款结算暂行办法》的规定,预付款的比例原则上不低于合同金额的10%,不高于合同金额的30%。

(2)公式计算法。

公式计算法是根据主要材料(含结构件等)占年度承包工程总价的比重、材料储备定额天数和年度施工天数等因素,通过公式计算预付款额度的一种方法。其计算公式为

$$工程预付款额度 = \frac{工程总价 \times 材料比例(\%)}{年度施工天数} \times 材料储备定额天数$$

式中:年度施工天数按365天日历天计算;材料储备定额天数由当地材料供应的在途天数、加工天数、整理天数、供应间隔天数、保险天数等因素决定。

一般建筑工程的预付款不应超过当年建筑工作量(包括水、电、暖)的30%,安装工程按年安装工作量的10%拨付;材料占比重较多的安装工程按年计划产值的15%左右拨付。

## 2.预付款的扣回

预付款应从每个支付期应支付给承包人的工程进度款中扣回,直到扣回的金额达到合同约定的预付款金额为止。

承包人提供的预付款保函(如有)的担保金额根据预付款扣回的数额相应递减,但在预付款全部扣回之前一直保持有效。发包人应在预付款全部扣完后的14天内将预付款保函退还给承包人。

发包人拨付给承包人的工程预付款属于预支性质,到了工程实施后,随着工程所需主要材料储备的逐步减少,应以抵充工程价款的方式陆续扣回,如图5.2所示。

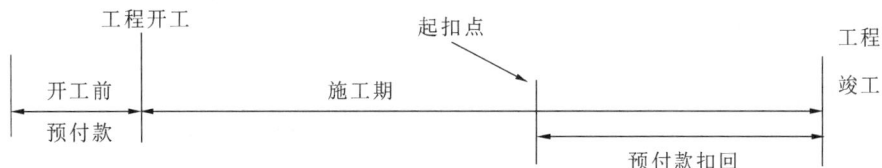

图 5.2　工程预付款起扣点

预付款扣回的方法有以下两种。

(1) 按材料比重扣抵工程款。从未施工工程尚需的主要材料及构件的价值相当于工程预付款数额时起扣,从每次结算的工程价款中,按材料比重扣抵工程价款,竣工前全部扣清。即按材料比重扣抵工程款,如图5.3所示。

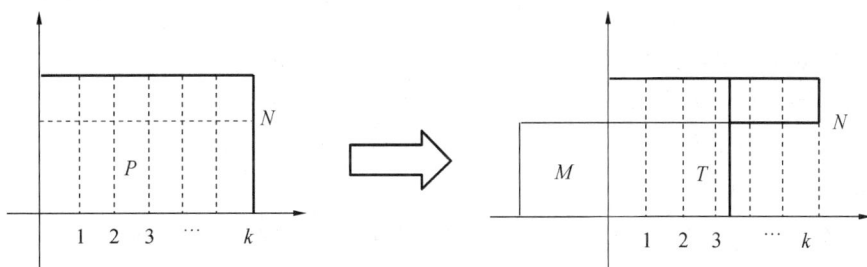

图 5.3　工程预付款起扣图示

工程预付款起扣点的公式可以采用下述公式:

起扣点 = 承包工程价款总额 − 工程预付款限额 ÷ 主要材料及设备构件所占的比重

其计算公式为

$$T = P - \frac{M}{N}$$

式中:T——起扣点,即工程预付款开始扣回时的累计完成工作量金额;

　　　M——工程预付款限额;

　　　N——主要材料及设备构件所占的比重;

　　　P——承包工程价款总额(或建安工作量价值)。

当已完工程价值超过开始扣回工程预付款时的工程价值后,就要从每次结算工程价款中陆续扣回预付的工程款。每次应扣回的数额按下列公式计算。

第一次应扣回工程预付款 =(累计已完工程价值 − 开始扣回工程款预付时的工程价值)

× 主要材料费比重

之后每次应扣回工程预付款 = 每次结算的已完工程价值 × 主要材料费比重

（2）按合同约定扣款。由发包人和承包人通过洽商后在合同中约定，一般是在承包人完成金额累计达到合同总价的一定比例（该比例由双方在合同中约定）后，发包方从每次应支付给承包方的工程进度款中扣回工程预付款，直到扣回的金额达到合同约定的预付款金额为止。

【例 5.1】　某工程签约合同价为 1000 万元，预付款的额度为 15％，材料费占 60％，该工程产值统计如表 5.1 所示。

表 5.1　产值统计表　　　　　单位：万元

| 月份 | 1 | 2 | 3 | 4 | 5 | 6 | 合计 |
|---|---|---|---|---|---|---|---|
| 产值 | 150 | 110 | 240 | 260 | 200 | 40 | 1000 |

**问题：**

（1）计算该工程的预付款额度；

（2）合同约定按照起扣点计算法确定起扣点和起扣时间，计算起扣点和起扣时间（计算结果保留 2 位小数）；

（3）合同约定从结算价款中按材料和设备占施工产值的比重抵扣预付款，计算起扣时间内各期抵扣的预付款。

**解**

（1）预付款额度：$1000×15％＝150$（万元）

（2）预付款起扣点：$1000－150/0.60＝750$（万元）

起扣时间：$150＋110＋240＋260＝760$（万元），从第 4 个月开始起扣。

（3）4 月份起扣预付款额度：$(760－750)×60％＝6$（万元）

5 月份起扣预付款额度：$150×60％＝90$（万元）

6 月份起扣预付款额度：$150－6－90＝54$（万元）

3.安全文明施工费的预付

（1）安全文明施工费的内容和范围，应以国家和工程所在地省级建设行政主管部门的规定为准。

（2）发包人应在工程开工后的 28 天内，预付款不低于当年施工进度计划中的安全文明施工费总额的 60％，其余部分与进度款同期支付。

（3）发包人没有按时支付安全文明施工费的，承包人可催告发包人支付；发包人在付款期满后的 7 天内仍未支付的，若发生安全事故，发包人应承担相应责任。

（4）承包人应对安全文明施工费专款专用，在财务账目中应单独列项备查，不得挪作他用，否则发包人有权要求其限期改正；逾期未改正的，造成的损失和延误的工期由承包人承担。

4.总承包服务费的预付

（1）发包人应在工程开工后的 28 天内，向承包人预付总承包服务费的 20％，分包进场后，其余部分与进度款同期支付。

（2）发包人未按合同约定向承包人支付总承包服务费，承包人可不履行总包服务义务，由此造成的损失（如有）由发包人承担。

**（三）期中支付**

合同价款的期中支付，是指发包人在合同工程施工过程中，按照合同约定对付款周期内承包人已完成的合同价款给予支付的款项，也就是工程进度款的结算方式。发承包双方应按照合同约定的时间、程序和方法,根据工程计量结果,办理期中价款结算,并支付进度款。进度款支付周期应与合同约定的工程计量周期保持一致。

1. 进度款的计算

本期应支付的合同价款(进度款)= 本期已完的合同价款 × 支付比例 - 本周期应扣减金额

(1) 本期已完工程的合同价款。

已标价工程量清单中的单价项目,承包人应按工程计量确认的工程量乘以综合单价计算。如综合单价发生调整的,应以发承包双方确认调整后的综合单价计算进度款。

已标价工程量清单中的总价项目,承包人应按合同中约定的进度款支付分解,分别列入进度款支付申请中的安全文明施工费与本周期应支付的总价项目金额中。

(2) 结算价款的调整。

承包人的现场签证和得到发包人确认的索赔金额,应列入本周期应增加的金额中。

(3) 进度款的支付比例。

进度款的支付比例按照合同约定的,按期中结算价款总额计算,比例不低于 $60\%$,且不高于 $90\%$。

(4) 本期应扣减金额。

① 应扣回的预付款。预付款应从每个支付期应付给承包人的工程款中扣回,直到扣回的金额达到合同约定的预付款金额为止。

② 发包人提供的甲供材料金额。发包人提供的材料、工程设备金额应按照发包人签约时提供的单价和数量,从进度款支付中扣除,列入本周期应扣减的金额中。

2. 期中支付的程序

(1) 进度款支付申请。

承包人应在每个计量周期到期后的第 7 天内,向发包人提交一式四份的已完工程进度款支付申请,详细说明此周期认为有权得到的款项,其中包括分包人已完工程款。

(2) 进度款支付证书。

发包人应在收到承包人进度款支付申请后,根据计量结果和合同约定对申请内容予以核实,确认后向承包人出具进度款支付证书。若发承包双方对部分清单项目的计量结果存在争议,发包人应对无争议部分的工程计量结果向承包人出具进度款支付证书。

(3) 支付证书的修正。

若发现已签发的任何支付证书存在错、漏或重复的数额,发包人有权予以修正,承包人也有权提出修正申请。经发承包双方复核并同意修正的金额,应在本次到期的进度款中予以支付或扣除。

【例 5.2】　某工程签约合同价为 800 万元,预付款的额度为 $15\%$,材料费占 $40\%$,各月完成工程量情况如表 5.2 所示,不考虑其他任何扣款。

表 5.2　各月完成工程量　　　　　　　　　　　　　　单位:万元

| 月份 | 7 | 8 | 9 | 10 | 11 | 12 |
|---|---|---|---|---|---|---|
| 完成工程量 | 100 | 100 | 200 | 150 | 150 | 100 |

问题:

(1) 计算预付款额度;

（2）合同约定按照起扣点计算法确定起扣点和起扣时间，计算起扣点和起扣时间；

（3）计算按月应支付的费用。

**解**

（1）预付款额度：$800 \times 15\% = 120$（万元）

（2）预付款起扣点：$800 - 120/0.4 = 500$（万元）

起扣时间：$100 + 100 + 200 + 150 = 550$（万元），从 10 月开始起扣。

（3）每月进度款的支付：

① 10 月份回扣预付款额度：$(550 - 500) \times 40\% = 20$（万元）

② 11 月份回扣预付款额度：$120 \times 40\% = 48$（万元）

③ 12 月份回扣预付款额度：$120 - 20 - 48 = 52$（万元）

每月进度款的支付情况如表 5.3 所示。

表 5.3　每月进度款的支付　　　　　　　　　　单位：万元

| 月份 | 7 | 8 | 9 | 10 | 11 | 12 |
|---|---|---|---|---|---|---|
| 完成工程量 | 100 | 100 | 200 | 150 | 150 | 100 |
| 应扣回预付款 | 0 | 0 | 0 | 20 | 48 | 52 |
| 每月支付 | 100 | 100 | 200 | 130 | 102 | 48 |

**3. 质量保证金**

质量保证金是发包人与承包人在建设工程承包合同中约定，从应付的工程款中预留，用以保证承包人在缺陷责任期内对建设工程出现的缺陷进行维修的资金。采用工程质量保证担保、工程质量保险等其他保证方式的，发包人不得再预留保证金。

（1）质量保证金的扣留。

质量保证金的扣留有以下三种方式：

① 在支付工程进度款时逐次扣留，在此情形下，质量保证金的计算基数不包括预付款的支付、扣回以及价格调整的金额；

② 工程竣工结算时一次性扣留质量保证金；

③ 双方约定的其他扣留方式。

除专用合同条款另有约定外，质量保证金的扣留原则上采用上述第一种方式。工程实际中一般采取第二种方式，即在工程竣工结算时一次性扣留质量保证金。如承包人在发包人签发竣工结算支付证书后 28 天内提交质量保证金保函，发包人应同时退还扣留的作为质量保证金的工程价款。

住房和城乡建设部、财政部发布的《建设工程质量保证金管理办法》（建质〔2017〕138号）第七条规定："发包人应按照合同约定方式预留保证金，保证金总预留比例不得高于工程价款结算总额的 3%。合同约定由承包人以银行保函替代预留保证金的，保函金额不得高于工程价款结算总额的 3%。"

（2）质量保证金的返还。

缺陷责任期内，承包人认真履行合同约定的责任。约定的缺陷责任期满，承包人向发包人申请返还保证金。发包人在接到承包人返还保证金申请后，应于 14 日内会同承包人按照合同约定的内容进行核实。如双方无异议，发包人应当在核实后 14 日内将保证金返还给承包人。

若发包人逾期支付的,从逾期之日起,按照同期银行贷款利率计付利息,并承担违约责任。发包人在接到承包人退还保证金申请后的 14 日内不予答复,经催告后 14 日内仍不予答复,视同发包人认可承包人的返还保证金申请。

缺陷责任期满时,承包人未完成缺陷责任的,发包人有权扣留与未履行责任剩余工作所需金额相应的质量保证金余额,并有权根据约定要求延长缺陷责任期,直至承包人完成剩余工作为止。

(3)质量保证金的管理。

缺陷责任期内,实行国库集中支付的政府投资项目,保证金的管理应按国库集中支付的有关规定执行。其他的政府投资项目,保证金可以预留在财政部门或发包人。缺陷责任期内,如发包人被撤销,保证金随交付使用资产一并移交至使用单位管理,由使用单位代行发包人职责。社会投资项目,采用预留保证金方式的,发包人及承包人可以约定将保证金交由金融机构托管;采用工程质量保证担保、工程质量保险等其他保证方式的,发包人不得再预留保证金,并按照有关规定执行。

缺陷责任期内,由承包人造成的缺陷,承包人应负责维修,并承担鉴定及维修费用。若承包人既不维修也不承担费用,发包人可按合同约定扣除保证金,并由承包人承担违约责任。承包人维修并承担相应费用后,也不免除对工程一般损失的赔偿责任。由他人原因造成的缺陷,发包人负责组织维修,承包人不承担费用,且发包人不得从保证金中扣除费用。

## 学习任务 2　合同价款的调整

### 一、法规变化类引起的合同价款调整

#### 1.基准日的确定

为了合理划分发承包双方的合同风险,施工合同中应当约定一个基准日,对于基准日之后发生的、作为一个有经验的承包人在招投标阶段不可能合理预见的风险,应当由发包人承担。对于实行招标的建设工程,一般以施工招标文件中规定的提交投标文件截止时间前第28 天作为基准日;对于不实行招标的建设工程,一般以建设工程施工合同签订前第 28 天作为基准日。

【例 5.3】　某建筑工程 6 月 1 日投标截止,6 月 15 日发出中标通知书,6 月 28 日发包人与承包人签订合同,并约定合同签约日期(即 6 月 28 日)为基准日期。而 5 月 30 日当地工程造价管理机构发布新的价格信息,钢材、商品混凝土等主要材料价格上涨幅度较大,发包人与承包人因以哪个基准价格为基础进行调价发生纠纷。发包人认为,既然合同约定基准日期是签约日期,则应该以基准日期的价格作为调整价格的基础,当地工程造价管理机构发布新的价格信息发生在基准日期之前,应该由承包人承担风险;承包人认为,《建设工程工程量清单计价规范》第 9.2.1 条规定,招标工程以投标截止日前 28 天为基准日,本案中该工程6 月 1 日投标截止,应把 6 月 1 日前 28 天(即 5 月 2 日)作为基准日,当地工程造价管理机构

发布新的价格信息发生在基准日期之后,应该由发包人承担风险。

**问题:**

应以哪个日期作为价款调整的基准日期?

**解**

《建设工程工程量清单计价规范》第9.2.1条为推荐性条款,其效力不及合同条款,所以应以合同条款约定为准。

2.合同价款的调整方法

施工合同履行期间,国家颁布的法律、法规、规章和有关政策在合同工程基准日之后发生变化,且因执行这些内容引起工程造价发生增减变化的,合同双方当事人应当依据法律、法规、规章和有关政策的规定调整合同价款。但是,如果有关价格(如人工、材料和工程设备等价格)的变化已经包含在物价波动事件的调价公式中,则不再予以考虑。法律、法规、规章、政策变化价款调整责任界定如图5.4所示。

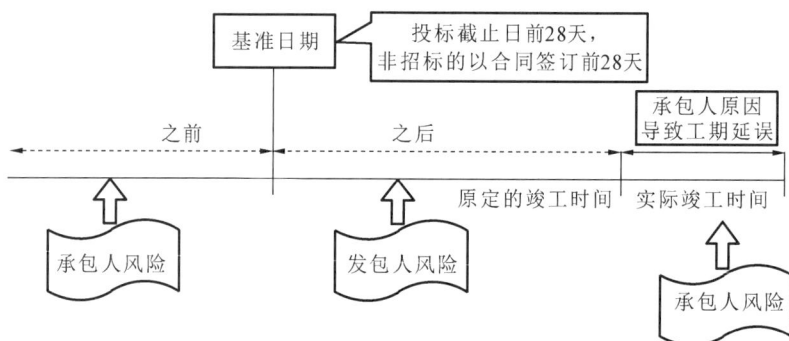

图5.4  法律、法规、规章、政策变化价款调整责任界定

3.工期延误期间的特殊处理

如果由于承包人原因导致工期延误,按不利于承包人的原则调整合同价款。在工程延误期间,国家的法律、行政法规和相关政策发生变动引起工程造价变化而造成合同价款增加的,合同价款不予调整;若变化造成合同价款减少的,合同价款予以调整。

## 二、工程变更类合同价款调整

工程变更是合同实施过程中由发包人或承包人提出,经发包人批准的对合同工程的工作内容、工程数量、质量要求、施工顺序与时间、施工条件、施工工艺或其他特征及合同条件等的改变。工程变更指令发出后,应当迅速落实指令,并全面修改相关的各种文件。承包人也应当抓紧落实,如果承包人不能全面落实变更指令,则扩大的损失应当由承包人承担。

### (一)工程变更

1.工程变更的范围

在不同的合同文本中,规定的工程变更范围可能会有所不同。以《建设工程施工合同(示范文本)》(GF-2017-0201)和《中华人民共和国标准施工招标文件》(2007版)为例,两者规定的工程变更范围差异如表5.4所示。

表 5.4 不同合同文本中工程变更范围的差异

| 施工合同示范文本 | 标准施工招标文件 |
|---|---|
| 增加或减少合同中任何工作,或追加额外的工作;<br>取消合同中任何工作,但转由他人实施的工作除外;<br>改变合同中任何工作的质量标准或其他特性;<br>改变工程的基线、标高、位置和尺寸;<br>改变工程的时间安排或实施顺序 | 取消合同中任何一项工作,但被取消的工作不能转由发包人或其他人实施;<br>改变合同中任何一项工作的质量或其他特性;<br>改变合同工程的基线、标高、位置或尺寸;<br>改变合同中任何一项工作的施工时间或改变已批准的施工工艺或顺序;<br>为完成工程需要追加的额外工作 |

**2.工程变更的价款调整方法**

(1)分部分项工程费的调整。工程变更引起分部分项工程项目发生变化的,应按照下列规定调整:

① 已标价工程量清单中有适用于变更工程项目的,且工程变更所导致的该清单项目工程数量变化幅度不足 15% 时,采用该项目的单价。直接采用适用项目单价的前提是其采用的材料、施工工艺和方法相同,同时不会增加关键线路上工作的施工时间。

② 已标价工程量清单中没有适用,但有类似于变更工程项目的,可在合理范围内参照类似项目的单价或总价进行调整。采用类似项目单价的前提是其采用的材料、施工工艺和方法基本相似,不增加关键线路上工程的施工时间,可仅就其变更后的差异部分,由发承包双方参考类似项目单价协商确定新的项目单价。

③ 已标价工程量清单中没有适用,也没有类似于变更工程项目的,由承包人根据变更工程资料、计量规则和计价办法、工程造价管理机构发布的信息(参考)价格和承包人报价浮动率,提出变更工程项目的单价或总价,报发包人确认后调整。承包人报价浮动率的计算公式为

$$实行招标的工程,承包人报价浮动率\ L = \left(1 - \frac{中标价}{招标控制价}\right) \times 100\%$$

$$不实行招标的工程,承包人报价浮动率\ L = \left(1 - \frac{报价值}{施工图预算}\right) \times 100\%$$

注:上述公式中的中标价、招标控制价、报价值和施工图预算,均不包含安全文明施工费。

④ 已标价工程量清单中没有适用,也没有类似于变更工程项目,且工程造价管理机构的信息(参考)价格缺失的,由承包人根据变更工程资料、计量规则、计价办法和通过市场调查等有合法依据的市场价格,提出变更工程项目的单价或总价,报发包人确认后调整。

(2)措施项目费的调整。工程变更引起措施项目发生变化时,承包人提出调整措施项目费的,应事先将拟实施的方案提交给发包人确认,并详细说明与原方案措施项目相比的变化情况。拟实施的方案经发承包双方确认后开始执行,并应按照下列规定调整措施项目费。

① 安全文明施工费,按照国家、行业建设主管部门的规定计算,不得作为竞争性费用,除非工程变更导致其计价基数发生变化。计算方法与总价措施项目费一致。

② 采用单价计算的措施项目费,包括脚手架费、混凝土模版及支架费、垂直运输费、超高施工增加费、大型机械设备进出场及安拆费、施工排水降水费六项。此类费用确定方法与分部分项工程费的调整方法相同。

③ 按总价(或系数)计算的措施项目费,除安全文明施工费外,按照实际发生变化的措施项目调整,但应考虑承包人报价浮动因素,即调整金额按照实际调整金额乘以承包人报价浮动率($L$)来计算。

如果承包人未事先将拟实施的方案提交给发包人确认,则视为工程变更不会引起措施项目费的调整或承包人放弃调整措施项目费的权利。

(3) 删减工程或工作的补偿。如果发包人提出的工程变更,因非承包人原因删减了合同中的某项原定工作或工程,致使承包人发生的费用或(和)得到的收益既不能被包括在其他已支付或应支付的项目中,也未被包含在任何替代的工作或工程中,则承包人有权提出并得到合理的费用及利润补偿。

**【例 5.4】** 某混凝土工程招标清单工程量为 210 m³,综合单价为 290 元/m³。在施工过程中,由于工程变更导致实际完成工程量为 160 m³。合同约定,当实际工程量减少幅度超过 15%时,可调整单价,调价系数为 1.15。试计算该混凝土工程的实际工程费用。

**解**　本混凝土工程的工程量偏差＝(210－160)/210＝23.8%,减少超过 15%,其综合单价应调高。

则该混凝土工程的实际工程费用＝160×290×1.15＝53360(元)

### (二)工程量偏差

#### 1.工程量偏差的概念

工程量偏差是指承包人根据发包人提供的图纸(包括由承包人提供经发包人批准的图纸)进行施工,按照现行国家工程量计算规范规定的工程量计算规则,计算得到的完成合同工程项目应予以计量的工程量与相应的招标工程量清单项目所列出的工程量之间出现的量差。

#### 2.合同价款的调整方法

施工合同履行期间,若应计算的实际工程量与招标工程量清单列出的工程量存在偏差,或者因工程变更等非承包人原因导致工程量偏差,该偏差对工程量清单项目的综合单价产生影响时,综合单价是否调整以及如何调整,发承包双方应当在施工合同中予以明确约定。如果合同中没有约定或约定不明的,可以按以下原则办理。

当应计算的实际工程量与招标工程量清单出现偏差(包括因工程变更等原因导致的工程量偏差)超过 15%时,对综合单价的调整原则为当工程量增加 15%以上时,其增加部分工程量的综合单价应调低;当工程量减少 15%以上时,减少后剩余部分工程量的综合单价应调高。综合单价的调整原则如图 5.5 所示。

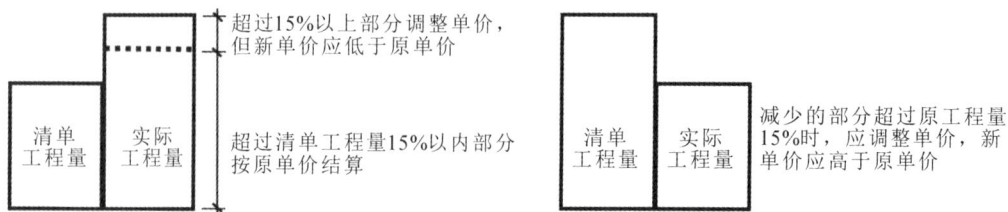

图 5.5　综合单价的调整原则

具体的调整方法,可参见下列公式。

（1）当 $Q_1 > 1.15Q_0$ 时：
$$S = 1.15Q_0 \times P_0 + (Q_1 - 1.15Q_0) \times P_1$$
（2）当 $Q_1 < 0.85Q_0$ 时：
$$S = Q_1 \times P_1$$

式中：$S$——调整后的某一分部分项工程费结算价；

$\quad Q_1$——最终完成的工程量；

$\quad Q_0$——招标工程量清单中列出的工程量；

$\quad P_1$——按照最终完成工程量重新调整后的综合单价；

$\quad P_0$——承包人在工程量清单中填报的综合单价。

（3）新综合单价 $P_1$ 的确定方法。新综合单价 $P_1$ 的确定方式有两种：一是发承包双方协商确定；二是与招标控制价相关联，当工程量偏差项目出现承包人在工程量清单中填报的综合单价与发包人招标控制价相应清单项目的综合单价偏差超过 15% 时，工程量偏差项目综合单价的调整可参见下列公式。

① 当 $P_0 < P_2 \times (1-L) \times (1-15\%)$ 时，该类项目的综合单价：
$$P_1 \text{ 按照 } P_2 \times (1-L) \times (1-15\%) \text{ 调整}$$

② 当 $P_0 > P_2 \times (1+15\%)$ 时，该类项目的综合单价：
$$P_1 \text{ 按照 } P_2 \times (1+15\%) \text{ 调整}$$

③ $P_0 > P_2 \times (1-L) \times (1-15\%)$ 且 $P_0 < P_2 \times (1+15\%)$ 时，可不调整。

式中：$P_0$——承包人在工程量清单中填报的综合单价；

$\quad P_2$——发包人招标控制价相应项目的综合单价；

$\quad L$——承包人报价浮动率。

【例5.5】 某办公楼项目的投标文件中，《分部分项工程与单价措施项目清单与计价表》中"抹灰面油漆"项目，其工程量为 1500 m²、综合单价为 20 元/m²、项目合价为 30000 元。在施工中，承包方发现各层宿舍房间的内置阳台内墙立面乳胶漆项目存在漏项情况。经监理人和发包人确认，该工程量偏差为 400 m²。根据《建设工程工程量清单计价规范》的规定，经与承包人协商，将此项目的综合单价调减为 18 元/m²。

**解** 实际工程量：$Q_1 = 1500 + 400 = 1900$ m²，1900/1500×100% = 126.7%，工程量增加超过 15%，需对单价进行调整。

调整后分部分项工程费：
$$S = 1.15Q_0 \times P_0 + (Q_1 - 1.15Q_0) \times P_2$$
$$S = 1.15 \times 1500 \times 20 + (1900 - 1.15 \times 1500) \times 18 = 37650 \text{（元）}$$

则此项目合同结算价款为 37650 元。

### 三、物价变化类合同价款调整

建筑工程具有施工时间长的特点，在施工合同履行过程中经常出现人工、材料、工程设备和机具台班等市场价格变动而引起价格波动的现象。这种变化一般会造成承包人施工成本的增加或减少，进而影响到合同价款调整，最终影响到合同当事人的权益。因物价波动引起的合同价款调整方法有两种：一种是采用价格指数调整价格差额；另一种是采用造价信息调整价格差额。承包人采购材料和工程设备时，应在合同中约定主要材料、工程设备价格变化的范围幅度；当没有约定,且材料、工程设备单价变化超过 5% 时,超过部分的价格应按照上述两种方法之一进行调整。发包人供应材料和工程设备的,由发包人按照实际变化调整,计入合同工程的工程造价内。

1. 采用价格指数调整价格差额

采用价格指数调整价格差额的方法,主要适用于施工中所用的材料品种较少,但每种材料使用量较大的土木工程,如公路、水坝等。

(1) 价格调整公式。因人工、材料、工程设备和施工机具台班等价格波动影响合同价款时,根据投标函附录中的价格指数和权重表约定的数据,按下列价格调整公式计算差额并调整合同价款:

$$\Delta P = P_0 \left[ A + \left( B_1 \times \frac{F_{t1}}{F_{01}} + B_2 \times \frac{F_{t2}}{F_{02}} + B_3 \times \frac{F_{t3}}{F_{03}} + \cdots + B_n \times \frac{F_{tn}}{F_{0n}} \right) - 1 \right]$$

式中:$\Delta P$——需调整的价格差额;

$P_0$——根据进度付款、竣工付款和最终结清等付款证书中,承包人应得到的已完成工程量的金额。此项金额应不包括价格调整、不计质量保证金的扣留和支付、预付款的支付和扣回。变更及其他金额已按现行价格计价的,也不计入在内;

$A$——定值权重(即不调部分的权重);

$B_1,B_2,B_3,\cdots,B_n$——各可调因子的变值权重(即可调部分的权重),为各可调因子在投标函投标总报价中所占的比例;

$F_{t1},F_{t2},F_{t3},\cdots,F_{tn}$——各可调因子的现行价格指数,指根据进度付款、竣工付款和最终结清等约定的付款证书相关周期最后一天的前 42 天的各可调因子的价格指数;

$F_{01},F_{02},F_{03},\cdots,F_{0n}$——各可调因子的基本价格指数,指基准日的各可调因子的价格指数。

以上价格调整公式中的各可调因子、定值和变值权重,以及基本价格指数及其来源,在投标函附录价格指数和权重表中约定。价格指数应首先采用工程造价管理机构提供的价格指数,缺乏上述价格指数时,可采用工程造价管理机构提供的价格代替。

在计算调整差额时无法获取现行价格指数的,可暂用上一次价格指数计算,并在后续付款中再按实际价格指数进行调整。

(2) 权重的调整。按变更范围和内容所约定的变更,导致原定合同中的权重不合理时,由承包人和发包人协商后进行调整。

(3) 工期延误后的价格调整。由于发包人原因导致工期延误的,则对于计划进度日期(或竣工日期)后续施工的工程,在使用价格调整公式时,应采用计划进度日期(或竣工日期)与实际进度日期(或竣工日期)的两个价格指数中较高者作为现行价格指数。

由于承包人原因导致工期延误的,则对于计划进度日期(或竣工日期)后续施工的工程,在使用价格调整公式时,应采用计划进度日期(或竣工日期)与实际进度日期(或竣工日期)的两个价格指数中较低者作为现行价格指数。

【例 5.6】　某城区公园扩建项目进行施工招标,投标截止日期为 2023 年 8 月 1 日。通过评标确定中标人后,签订的施工合同总价为 6000 万元,工程于 2023 年 9 月 10 日开工。施工合同中约定:① 预付款为合同总价的 5%,分 12 次按相同比例从每月应支付的工程进度款中扣还。② 工程进度款按月支付,进度款金额包括:当月完成的清单子目的合同价款;当月确认的变更、索赔金额;当月价格调整金额;扣除合同约定应当抵扣的预付款和扣留的质量保证金。③ 质量保证金从月进度付款中按 3% 扣留,最高扣至合同总价的 3%。④ 工程价款结算时,人工单价、钢材、水泥、大理石、砂石料以及机具使用费均采用价格指数法给承包商以调价补偿。根据所列工程前4个月的完成情况(见表5.5)和所列各项权重系数及价格指数(见表5.6),计算11月份应当实际支付给承包人的工程款数额。

表 5.5　2023 年 9～12 月工程完成情况

| 支付项目及金额/万元 | 9 月 | 10 月 | 11 月 | 12 月 |
|---|---|---|---|---|
| 截止当月完成的清单子目价款 | 800 | 1500 | 2400 | 3000 |
| 当月确认的变更金额(调价前) | 0 | 50 | −60 | 110 |
| 当月确认的索赔金额(调价前) | 0 | 5 | 15 | 18 |

表 5.6　工程调价因子权重系数及价格指数

|  | 人工 | 钢材 | 水泥 | 大理石 | 砂石料 | 机具使用费 | 定值部分 |
|---|---|---|---|---|---|---|---|
| 权重系数 | 0.15 | 0.13 | 0.09 | 0.14 | 0.15 | 0.11 | 0.23 |
| 7 月指数 | 143.70 元/工日 | 88.35 | 126.54 | 83.13 | 102.32 | 134.18 | — |
| 8 月指数 | 143.70 元/工日 | 92.44 | 125.85 | 89.05 | 104.16 | 135.39 | — |
| 9 月指数 | 145.6 元/工日 | 91.51 | 128.11 | 84.29 | 105.73 | 133.31 | — |
| 10 月指数 | 144.36 元/工日 | 90.74 | 126.88 | 85.118 | 105.01 | 134.92 | — |
| 11 月指数 | 144.36 元/工日 | 89.75 | 127.33 | 82.16 | 103.98 | 135.02 | — |
| 12 月指数 | 147.48 元/工日 | 91.81 | 129.09 | 104.85 | 106.25 | 136.44 | — |

**解**

(1) 计算 11 月份完成的清单子目的合同价款:2400−1500＝900(万元)

(2) 计算 11 月份的价格调整金额:

注意:① 因为当月的变更和索赔金额不是按照现行价格计算的,所以应当计算在调价基数内;

② 基准日为 2020 年 7 月 3 日,所以应当选取 7 月份的价格指数作为各可调因子的基本价格指数;

③ 人工费缺少价格指数,可以用相应的人工单价代替。

价格调整金额

＝(900−60+15)×[(0.23+0.15×144.36/143.70+0.13×89.75/88.35+0.09×127.33/126.54+0.14×82.16/83.13+0.15×103.98/102.32+0.11×135.02/134.18)−1]＝855×[(0.23+0.1507+0.1321+0.0906+0.1384+0.1524+0.1107)−1]

＝855×0.0049＝4.19(万元)

(3) 计算 11 月份应当实际支付的金额:

① 11 月份的应扣预付款:6000×5%÷12＝25(万元)

② 11 月份的应扣质量保证金:(900−60+15+4.19)×3%＝25.77(万元)

③ 11 月份应当实际支付的进度款金额＝(900−60+15+4.19−25−25.77)＝808.42(万元)

### 2.采用造价信息调整价格差额

采用造价信息调整价格差额的方法，主要适用于施工中所用的材料品种较多，但每种材料使用量较小的房屋建筑与装饰工程。

施工合同履行期间，因人工、材料、工程设备和施工机具台班价格波动影响合同价格时，人工、施工机具使用费应按照国家或省、自治区、直辖市建设行政管理部门、行业建设管理部门或其授权的工程造价管理机构发布的人工成本信息、施工机具台班单价或施工机具使用费系数进行调整。需要进行价格调整的材料，其单价和采购数量应由发包人复核，发包人确认需调整的材料单价及数量后，以此作为调整合同价款差额的依据。

（1）人工单价的调整。人工单价发生变化时，发承包双方应按省级或行业建设主管部门或其授权的工程造价管理机构发布的人工成本文件调整合同价款。如某省定额人工费采用指数法动态调整，调整后的人工费＝基期人工费＋指数调差，其中指数调差＝基期费用×调差系数×Kn，调差系数＝（发布期价格指数÷基期价格指数）－1，人工费指数原则上由省定额站定期发布，定期发布的人工费指数作为编制工程造价控制价、调整人工费差价的依据。

**【例 5.7】** 某省预算定额中矩形柱混凝土的定额人工费基价为 856.45 元/10 m³，已知基期人工费价格指数为 1.471，2021 年第二期发布的人工费指数为 1.252，调整人工费时 $Kn$ 为 1，试计算动态调整后 2021 年第二期调整后的人工费单价。

**解**　　　　调差系数＝（发布期价格指数÷基期价格指数）－1
$$＝1.252÷1.471－1$$
$$＝-0.1489$$

指数调差＝基期费用×调差系数×$Kn$＝856.45×（－0.1489）×1＝－127.53

调整后人工费＝856.45＋（－127.53）＝728.92（元/10 m³）

（2）材料和工程设备价格的调整。材料、工程设备价格产生变化时的价款调整，按照承包人提供的主要材料和工程设备一览表，根据发承包双方约定的风险范围，按以下规定进行调整。

① 如果承包人投标报价中材料单价低于基准单价，工程施工期间材料单价涨幅以基准单价为基础，超过合同约定的风险幅度值时，或材料单价跌幅以投标报价为基础超过合同约定的风险幅度值时，其超过部分按实调整。

② 如果承包人投标报价中材料单价高于基准单价，工程施工期间材料单价跌幅以基准单价为基础，超过合同约定的风险幅度值时，或材料单价涨幅以投标报价为基础超过合同约定的风险幅度值时，其超过部分按实调整。

③ 如果承包人投标报价中材料单价等于基准单价，工程施工期间材料单价涨、跌幅以基准单价为基础，超过合同约定的风险幅度值时，其超过部分按实调整。

④ 承包人应当在采购材料前将采购数量和新的材料单价报送发包人核对，确认用于本合同工程时，发包人应当确认采购材料的数量和单价。发包人在收到承包人报送的确认资料后 3 个工作日不予答复的，视为已经认可，作为调整合同价款的依据。如果承包人未报经发包人核对即自行采购材料，之后再报发包人确认调整合同价款的，发包人不同意，则不作调整。

**【例 5.8】** 施工合同中约定，承包人承担的钢筋价格风险幅度为±5%，超出部分依据《建设工程工程量清单计价规范》中的造价信息法调差。已知投标人投标价格、基准期发布价格分别为 5100 元/t、4600 元/t，2020 年 12 月、2021 年 7 月的造价信息发布价分别为 4300
元/t、5500 元/t。则这两个月钢筋的实际结算价格应分别为多少？

**解**　（1）2020 年 12 月信息价下降，应以较低的基准价为基础计算合同约定的风险幅度
值。即 $4600 \times (1-5\%) = 4370$（元/t）

因此，钢筋每吨应下浮价格 $= 4370 - 4300 = 70$（元/t）

2020 年 12 月实际结算价格 $= 5100 - 70 = 5030$（元/t）

（2）2021 年 7 月信息价上涨，应以较高的投标价格为基础计算合同约定的风险幅度值。
即 $5100 \times (1+5\%) = 5355$（元/t）。

因此，钢筋每吨应上调价格 $= 5500 - 5355 = 145$（元/t）

2021 年 7 月实际结算价格 $= 5100 + 145 = 5245$（元/t）

**【例 5.9】**　某工程采用的预拌砂浆由承包人采购，双方约定承包人承担的价格风险
系数 $\leqslant 6\%$，承包人的投标报价为 508 元/m³，招标人的基准价格为 510 元/m³，实际采购价
格为 547 元/m³。计算发包人的实际结算单价。

**解**　投标单价低于基准价，施工期间材料单价涨幅以基准单价为基础，超过合同约定的
风险幅度，应予以调整。

实际结算单价 $=$ 投标报价 $\pm$ 调整额 $= 508 + (547 - 510 \times 1.06) = 514.4$（元/m³）

**【例 5.10】**　某工程采用的预拌砂浆由承包人采购，双方约定承包人承担的价格风险系
数 $\leqslant 5\%$，承包人的投标报价为 508 元/m³，招标人的基准价格为 510 元/m³，实际采购价格
为 525 元/m³。计算发包人的实际结算单价。

**解**　投标单价低于基准价，施工期间材料单价涨幅以基准单价为基础，未超过合同约定
的风险幅度，不予调整。

$510 \times 1.05 = 535.5$（元/m³）；$510 \times 0.95 = 484.5$（元/m³）；484.5 元/m³ ＜实际价格＜
535.5 元/m³。

（3）施工机具台班单价的调整。施工机具台班单价或施工机具使用费发生变化，超过省
级或行业建设主管部门或其授权的工程造价管理机构规定的范围时，按照其规定调整合同价
款。如某省定额机械费实行动态管理，其中台班组成中的人工费实行指数法动态调整，调整后
机械费＝基期机械费＋指数调差＋单价调差，其中指数调差＝基期费用×调差系数×$Kn$，调差
系数＝（发布期价格指数÷基期价格指数）$-1$，调差指数原则上由省定额站定期发布。

**【例 5.11】**　某省预算定额中推土机（55 W 以内）推一般土方的定额机械费基价为
1349.45 元/1000 m³，推土机定额台班为 3.789 台班/1000 m³，台班单价为 556.15 元/台班
（其中人工费为 279 元/台班，消耗的燃料动力为柴油 74.5 kg/台班，柴油单价 8.94 元/kg）。
已知现行价格指数为机械类指数 1.064，柴油市场价为 9.02 元/kg，基期机械费价格指数为
1，调整机械费时 $Kn$ 为 1，试计算按照现行价格动态调整后的定额机械费单价。

**解**　调差系数 $=$（发布期价格指数÷基期价格指数）$-1 = 1.064 \div 1 - 1 = 0.064$

指数调差 $=$ 基期费用×调差系数×$Kn = 279 \times 3.789 \times 0.064 \times 1 = 67.66$

单价调差 $=(9.02 - 8.94) \times 74.5 \times 3.789 = 22.58$

调整后机械费 $= 1349.45 + 67.66 + 22.58 = 1439.69$（元/1000 m³）

## 四、工程索赔类合同价款调整

工程索赔是在工程承包合同履行中，当事人一方由于另一方未履行合同所规定的义务

或者出现了应当由对方承担的风险而遭受损失时，向另一方提出赔偿要求的行为。在《建设工程施工合同（示范文本）》中索赔是双向的，既包括承包人向发包人的索赔，也包括发包人向承包人的索赔。一般情况下，发包人索赔数量较小，而且处理方便，可以通过冲账、扣拨工程款、扣保证金等方式实现对承包人的索赔；而承包人对发包人的索赔则相对困难一些。通常情况下，索赔是指承包人在合同实施过程中，对非自身原因造成的工程延期、费用增加而要求发包人给予补偿损失的一种权利要求。

**实战案例**

天津某房屋建筑项目，合同金额 1.58 亿元，其中材料费约 9900 万元，占合同金额的 60％以上。该工程于 2017 年 3 月 1 日开工以来，受全运会影响，钢材、水泥、碎石、砂、商品混凝土等材料价格大幅度上涨，施工成本急剧增加，已超出承包商承受的范围，进而影响到工程进度。

承包商认真研究合同条款，仔细解读合同中关于价格调整的规定。在施工合同中有如下规定：本合同价款为固定综合单价合同，合同履行期间，综合单价原则上不调整（若材料价格涨幅较大，双方协商在结算时调整单价）。

对于材料涨价问题，承包商按照施工合同约定，计划合同部每月收集材料采购发票，对照投标报价书中列入的材料价格，对进度报表中各施工项目的燃油、钢材、商品混凝土等材料价格进行调整，然后以联系单形式每月月底上报发包人。

由于索赔理由充足，过程中证据资料准备齐全，并在每月以联系单的方式进行确认，最后物价上涨引起的索赔取得了成功。这三者缺一不可：理由、证据、及时签认。

1. 索赔分类

（1）按索赔目的分类。按索赔目的可以将工程索赔分为工期索赔和费用索赔。

① 工期索赔。由于非承包人责任的原因而导致施工进程延误，要求批准顺延合同工期的索赔，称为工期索赔。工期索赔形式上是对权利的要求，以避免在原定合同竣工日不能完工时，被发包人追究拖期违约责任。一旦合同工期获得批准顺延后，承包人不仅免除了承担拖期违约赔偿费的严重风险，而且可能提前工期得到奖励，最终仍反映在经济收益上。

② 费用索赔。费用索赔的目的是要求经济赔偿。当施工的客观条件发生改变而增加承包人开支，承包人要求对超出计划成本的附加开支给予补偿，以挽回不应由他承担的经济损失。

（2）按索赔事件的性质分类。按索赔事件的性质可以将工程索赔分为工程延误索赔、工程变更索赔、合同被迫终止索赔、工程加速索赔、意外风险和不可预见因素索赔及其他索赔。

① 工程延误索赔。因发包人未按合同要求提供施工条件，如未及时交付设计图纸、施工现场、道路等，或因发包人指令工程暂停、不可抗力事件等原因造成工期拖延的，承包人对此提出索赔。这是工程中常见的一类索赔。

② 工程变更索赔。由于发包人或监理人指令增加或减少工程量或增加附加工程、修改设计、变更工程顺序等，造成工期延长和费用增加，承包人对此提出索赔。

③ 合同被迫终止索赔。由于发包人或承包人违约以及不可抗力事件等原因造成合同

非正常终止,无责任的受害方因其蒙受经济损失而向对方提出索赔。

④ 工程加速索赔。由于发包人或监理人指令承包人加快施工速度,缩短工期,引起承包人的人力、财力、物力的额外开支而提出的索赔。

⑤ 意外风险和不可预见因素索赔。在工程实施过程中,因人力不可抗拒的自然灾害、特殊风险以及一个有经验的承包人通常不能合理预见的不利施工条件或外界障碍,如地下水、地质断层、溶洞、地下障碍物等引起的索赔。

⑥ 其他索赔。如因货币贬值、汇率变化、物价上涨、政策法令变化等原因引起的索赔。

《标准施工招标文件》(2007 版)的通用合同条款中,按照引起索赔事件的原因不同,对一方当事人提出的索赔可给予合理补偿工期、费用和(或)利润的情况,分别作出了相应的规定。其中,引起承包人索赔的事件以及可得到的合理补偿内容如表 5.7 所示。

表 5.7　《标准施工招标文件》中承包人的索赔事件及可补偿内容

| 序号 | 条款号 | 索赔事件 | 可补偿内容 | | |
|---|---|---|---|---|---|
| | | | 工期 | 费用 | 利润 |
| 1 | 1.6.1 | 迟延提供图纸 | √ | √ | √ |
| 2 | 1.10.1 | 施工中发现文物、古迹 | | √ | |
| 3 | 2.3 | 迟延提供施工场地 | √ | √ | √ |
| 4 | 4.11 | 施工中遇到不利物质条件 | √ | √ | |
| 5 | 5.2.4 | 提前向承包人提供材料、工程设备 | | √ | |
| 6 | 5.2.6 | 发包人提供材料、工程设备不合格或迟延提供或变更交货地点 | √ | √ | √ |
| 7 | 8.3 | 承包人依据发包人提供的错误资料导致测量放线错误 | √ | √ | √ |
| 8 | 9.2.6 | 因发包人原因造成承包人人员发生工伤事故 | | √ | |
| 9 | 11.3 | 因发包人原因造成工期延误 | √ | √ | √ |
| 10 | 11.4 | 异常恶劣的气候条件导致工期延误 | √ | | |
| 11 | 11.6 | 承包人提前竣工 | | √ | |
| 12 | 12.2 | 发包人暂停施工造成工期延误 | √ | √ | √ |
| 13 | 12.4.2 | 工程暂停后因发包人原因无法按时复工 | √ | √ | √ |
| 14 | 13.1.3 | 因发包人原因导致承包人工程返工 | √ | √ | √ |
| 15 | 13.5.3 | 监理人对已经覆盖的隐蔽工程要求重新检查且检查结果合格 | √ | √ | √ |
| 16 | 13.6.2 | 因发包人提供的材料、工程设备造成工程不合格 | √ | √ | √ |
| 17 | 14.1.3 | 承包人应监理人要求对材料、工程设备和工程重新检验且检验结果合格 | √ | √ | √ |
| 18 | 16.2 | 基准日后法律发生变化 | | √ | |
| 19 | 18.4.2 | 发包人在工程竣工前提前占用工程 | √ | √ | √ |
| 20 | 18.6.2 | 因发包人原因导致工程试运行失败 | | √ | √ |
| 21 | 19.2.3 | 工程移交后因发包人原因出现新的缺陷或损坏需要修复 | | √ | √ |
| 22 | 19.4 | 工程移交后因发包人原因出现的缺陷修复后的试验和试运行 | | √ | |

续表

| 序号 | 条款号 | 索赔事件 | 可补偿内容 | | |
| --- | --- | --- | --- | --- | --- |
| | | | 工期 | 费用 | 利润 |
| 23 | 21.3.1 | 因不可抗力停工期间应监理人要求照管、清理、修复工程 | | √ | |
| 24 | 21.3.1 | 因不可抗力造成工期延误 | √ | | |
| 25 | 22.2.2 | 因发包人违约导致承包人暂停施工 | √ | √ | √ |

2.费用索赔的计算

(1)索赔费用的组成。对于不同原因引起的索赔,承包人可索赔的具体费用内容是不完全一样的。但归纳起来,索赔费用的要素与工程造价的构成基本类似。

① 人工费。人工费的索赔包括:由于完成合同之外的额外工作所花费的人工费用;超过法定工作时间的加班劳动;法定人工费增长;因非承包人原因导致工效降低所增加的人工费用;因非承包人原因导致工程停工的人员窝工费和工资上涨费等。在计算停工损失中的人工费时,通常采取人工单价乘以折算系数计算。

② 材料费。材料费的索赔包括:由于索赔事件的发生造成材料实际用量超过计划用量而增加的材料费;由于发包人原因导致工程延期期间的材料价格上涨和超期储存费用。材料费中应包括运输费、保管费以及合理的损耗费用。如果由于承包人管理不善造成材料损坏失效,则不能将其列入索赔款项内。

③ 施工机具使用费,主要内容为施工机械使用费。施工机械使用费的索赔包括:由于完成合同之外的额外工作所增加的机械使用费;非因承包人原因导致工效降低所增加的机械使用费;由于发包人或工程师指令错误或迟延导致机械停工的台班停滞费。在计算机械设备台班停滞费时,不能按机械设备台班费计算,因为台班费中包括设备使用费。如果机械设备是承包人自有设备,一般按台班折旧费、人工费与其他费用之和来计算;如果是承包人租赁的设备,一般按台班租金加上每台班分摊的施工机械进出场费计算。

④ 现场管理费。现场管理费的索赔包括承包人完成合同之外的额外工作,以及由于发包人原因导致工期延期期间的现场管理费,包括管理人员工资、办公费、通信费、交通费等。

现场管理费索赔金额的计算公式为

$$现场管理费索赔金额 = 索赔的直接成本费用 \times 现场管理费率$$

式中:现场管理费率的确定可以选用下面的方法:a)合同百分比法,即管理费比率在合同中明确作出规定;b)行业平均水平法,即采用公开认可的行业标准费率;c)原始估价法,即采用投标报价时确定的费率;d)历史数据法,即采用以往相似工程的管理费率。

⑤ 总部(企业)管理费。总部管理费的索赔主要是指由于发包人原因导致工程延期期间所增加的承包人向公司总部提交的管理费,包括总部职工工资、办公大楼折旧、办公用品、财务管理、通信设施以及总部领导人员赴工地检查指导工作等开支。总部管理费索赔金额的计算,目前还没有统一的方法。通常可采用以下几种方法。

a) 按总部管理费的比率计算:

$$总部管理费索赔金额 = (直接费索赔金额 + 现场管理费索赔金额) \times 总部管理费比率(\%)$$

式中:总部管理费比率可以按照投标书中的总部管理费比率计算(一般为3%～8%),也可以按照承包人公司总部统一规定的管理费比率计算。

　　b）按已获补偿的工程延期天数为基础计算。该公式是在承包人已经获得工程延期索赔的批准后，进一步获得总部管理费索赔的计算方法，计算步骤如下：

　　Ⅰ.计算被延期工程应当分摊的总部管理费：

　　延期工程应分摊的总部管理费＝同期公司计划总部管理费×同期延期工程合同价格/合同总价

　　Ⅱ.计算被延期工程的日平均总部管理费：

　　延期工程应分摊的总部（企业）管理费＝同期公司计划总部管理费

$$\times \frac{\text{延期工程合同价格}}{\text{同期公司所有工程合同总价}}$$

　　延期工程的日平均总部（企业）管理费＝延期工程应分摊的总部（企业）管理费/延期工程计划工期

　　Ⅲ.计算索赔的总部管理费：

　　　　索赔的总部管理费　＝　延期工程的日平均总部管理费　×　工程延期的天数

　　⑥ 保险费。因发包人原因导致工程延期时，承包人必须办理工程保险、施工人员意外伤害保险等各项保险的延期手续，对于由此而增加的费用，承包人可以提出索赔。

　　⑦ 保函手续费。因发包人原因导致工程延期时，承包人必须办理相关履约保函的延期手续，对于由此而增加的手续费，承包人可以提出索赔。

　　⑧ 利息。利息的索赔包括：发包人拖延支付工程款利息；发包人迟延退还工程质量保证金的利息；发包人错误扣款的利息等。至于具体的利率标准，双方可以在合同中明确约定，没有约定或约定不明的，可以按照同期同类贷款利率或同期贷款市场报价利率计算。

　　⑨ 利润。一般来说，依据施工合同中明确规定可以给予利润补偿的索赔条款，承包人提出费用索赔时都可以主张利润补偿。索赔利润的计算通常是与原报价单中的利润百分率保持一致。

　　⑩ 分包费用。由于发包人的原因导致分包工程费用增加时，分包人只能向总承包人提出索赔，但分包人的索赔款项应当列入总承包人对发包人的索赔款项中。分包费用索赔是指分包人的索赔费用，一般也包括与上述费用类似内容的索赔。

　　（2）索赔费用的计算方法。索赔费用的计算应以赔偿实际损失为原则，包括直接损失和间接损失。索赔费用的计算方法通常有三种，即实际费用法、总费用法和修正的总费用法。

　　① 实际费用法。实际费用法又称分项法，即根据索赔事件所造成的损失或成本增加，按费用项目逐项进行分析、计算索赔金额的方法。这种方法比较复杂，但能客观地反映施工单位的实际损失，比较合理，易于被当事人接受，在国际工程中被广泛采用。

　　由于索赔费用组成的多样化，不同原因引起的索赔，承包人可索赔的具体费用内容有所不同，必须具体问题具体分析。由于实际费用法所依据的是实际发生的成本记录或单据，因此在施工过程中，系统且准确地积累记录资料是非常重要的工作。

　　② 总费用法。总费用法，也被称为总成本法，就是当发生多次索赔事件后，重新计算工程的实际总费用，再从该实际总费用中减去投标报价时的估算总费用，即为索赔金额。总费用法计算索赔金额的公式为

　　　　索赔金额　＝　实际总费用　－　投标报价估算总费用

　　但是，在总费用法的计算方法中，没有考虑实际总费用中可能包括由于承包人自身原因

（如施工组织不善）而增加的费用，投标报价估算总费用也可能由于承包人为谋取中标而导致过低的报价，因此，总费用法并不是十分科学。只有在难以精确地确定某些索赔事件导致的各项费用增加额时，总费用法才得以采用。

③ 修正的总费用法。修正的总费用法是对总费用法的改进，即在总费用计算的原则上，去掉一些不合理的因素，使其更为合理。修正的内容如下：

a）将计算索赔款的时段局限于受到索赔事件影响的时间范围内，而不是整个施工期；

b）只计算受到索赔事件影响时段内的某项工作所受影响的损失，而不是计算该时段内所有施工工作所受的损失；

c）与该项工作无关的费用不列入总费用中；

d）对投标报价费用重新进行核算，即按受影响时段内该项工作的实际单价进行核算，乘以实际完成的该项工作的工程量，得出调整后的报价费用。

按修正后的总费用计算索赔金额的公式为

索赔金额 ＝ 某项工作调整后的实际总费用 － 该项工作的报价费用

修正的总费用法与总费用法相比，有了实质性的改进，它的准确程度已接近于实际费用法。

【例 5.12】　某施工合同约定，施工现场的主导施工机械有一台，由施工企业租得，台班单价为 300 元/台班，租赁费为 100 元/台班，人工工资为 40 元/工日，窝工补贴为 10 元/工日，以人工费为基数的综合费率为 35%。在施工过程中，发生了如下事件：① 出现异常恶劣天气导致工程停工 2 天，人员窝工 30 个工日；② 因恶劣天气导致场外道路中断，抢修道路用工 20 工日；③ 场外大面积停电，停工 2 天，人员窝工 10 工日。为此，施工企业可向业主索赔的费用为多少呢？

**解**　各事件的处理结果如下：

① 异常恶劣天气导致的停工，通常不能进行费用索赔。

② 抢修道路用工的索赔额＝20×40×（1＋35%）＝1080（元）

③ 停电导致的索赔额＝2×100＋10×10＝300（元）

总索赔费用＝1080＋300＝1380（元）

3.工期索赔的计算

工期索赔，一般是指承包人依据合同对因非自身原因导致的工期延误，向发包人提出的工期顺延要求。

（1）工期索赔中应当注意的问题。在工期索赔时，特别应当注意以下问题。

① 划清施工进度拖延的责任。因承包人自身原因造成施工进度滞后，属于不可原谅的延期；只有承包人不应承担任何责任的延误，才是可原谅的延期。有时工程延期的原因中可能包含有双方责任，此时监理人应进行详细分析，分清责任比例，只有可原谅延期的部分才能批准顺延合同工期。可原谅延期又可细分为可原谅并给予补偿费用的延期和可原谅但不给予补偿费用的延期；后者是指非承包人责任事件的影响并未导致施工成本的额外支出，大多属于发包人应承担风险责任事件的影响，如异常恶劣的气候条件导致的停工等。

② 被延误的工作应是处于施工进度计划关键线路上的施工内容。只有位于关键线路上工作内容的滞后，才会影响到竣工日期。但有时也应注意，既要查看被延误的工作是否在批准进度计划的关键路线上，又要详细分析这一延误对后续工作的可能影响。因为若对非关键路线工作的影响时间较长，超过了该工作可用于自由支配的时间，也会导致进度计划中

非关键路线转化为关键路线,其滞后将影响总工期的拖延。此时,应充分考虑该工作的总时差,给予相应的工期顺延,并要求承包人修改施工进度计划。

(2)工期索赔的具体依据。承包人向发包人提出工期索赔,具体依据主要包括:

① 合同约定或双方认可的施工总进度规划;

② 合同双方认可的详细进度计划;

③ 合同双方认可的对工期的修改文件;

④ 施工日志、气象资料;

⑤ 业主或工程师的变更指令;

⑥ 影响工期的干扰事件;

⑦ 受干扰后的实际工程进度等。

(3)工期索赔的计算方法。

① 直接法。如果某干扰事件直接发生在关键线路上,造成总工期的延误,可以直接将该干扰事件的实际干扰时间(延误时间)作为工期索赔值。

② 比例计算法。如果某干扰事件仅仅影响某单项工程、单位工程或分部分项工程的工期,要分析其对总工期的影响,可以采用比例计算法。

a)已知受干扰部分工程的延期时间:

$$工期索赔值 = 受干扰部分工期拖延时间 \times \frac{受干扰部分工程的价格}{原合同总价}$$

b)已知额外增加工程量的价格:

$$工期索赔值 = 原合同总工期 \times \frac{额外增加工程量的价格}{原合同总价}$$

比例计算法虽然简单方便,但有时不符合实际情况,而且该方法不适用于变更施工顺序、加速施工、删减工程量等事件的索赔。

【例 5.13】 在某工程进行基础土方开挖施工时,发现有一个洞穴,勘测报告中未注明,为此施工单位停工等待处理。整个工程合同工期为 10 周,该单项工程合同价为 100 万元,而整个工程合同总价为 600 万元。则承包商提出工期索赔为

$$T = (100 万 / 600 万) \times 10 周 = 1.7(周)$$

③ 网络图分析法。网络图分析法是利用进度计划的网络图,分析其关键线路。如果延误的工作为关键工作,则延误的时间为索赔的工期;如果延误的工作为非关键工作,当该工作由于延误超过时差限制而成为关键工作时,可以索赔延误时间与时差的差值;如果该工作延误后仍为非关键工作,则不存在工期索赔问题。

该方法通过分析干扰事件发生前和发生后网络计划的计算工期之差来计算工期索赔值,可以用于各种干扰事件和多种干扰事件共同作用所引起的工期索赔。

(4)共同延误的处理。在实际施工过程中,工期拖期很少是只由一方造成的,往往是两三种原因同时发生(或相互作用)而形成的,故称为“共同延误”。在这种情况下,要具体分析哪一种情况延误是有效的,应依据以下原则。

① 首先判断造成拖期的哪一种原因是最先发生的,即确定“初始延误”者,它应对工程拖期负责。在初始延误发生作用期间,其他并发的延误者不承担拖期责任。

② 如果初始延误者是发包人原因,则在发包人原因造成的延误期内,承包人既可得到工期补偿,又可得到经济补偿。

③ 如果初始延误者是客观原因，则在客观因素发生影响的延误期内，承包人可以得到工期补偿，但很难得到费用补偿。

④ 如果初始延误者是承包人原因，则在承包人原因造成的延误期内，承包人既不能得到工期补偿，也不能得到费用补偿。

**实战案例**

### 分部分项工程变更估价

某市投资集团负责旧城改造小区建设任务，与承包人签订的施工协议中约定：采用××品牌入户门，单价为 1100 元/户。整个小区共 6 栋 33 层的高层建筑，每栋 2 个单元，每单元 3 户，共需要 1188 个入户门，合同总价总计 1306800 元（约 130 万元）。实际上，该品牌入户门的市场价约 1800 元/户，承包人的报价比正常市场价低约 39%，市场价总计 2138400 元（约 210 万元）。从投标报价来看，承包人愿意用 130 万元完成 210 万元的工程。

项目实施过程中，在不增加总投资的情况下，按照居民建议，提高厨卫防水标准，降低入户门规格（某品牌市场价格为 1000 元/户）。建设单位同意采用低规格的某品牌入户门，但要求实际造价低于合同造价则扣除相应差价，造价工程师按照上述"变更估价原则"进行了核算。工程变更后，根据现有的各种合同版本的变更估价原则对入户门造价进行核减，其核减的金额为 1306800－1188000＝118800 元。

分析：承包人本来要承担比正常市场价低约 39% 的报价风险，工程变更后，该报价风险不再由承包人承担。发包人用 1188000 元购买了市场价格 1188000 元的入户门，不再是用 1306800 元购买 2138400 元的入户门。此情况可视为建设单位因本工程变更"亏损"约 80 万元。所以，在工程变更中，若可适用的参照子项价格明显偏高或偏低，运用变更估价规则将导致承发包双方利益的不平衡。

## 学习任务 3　工程竣工结算

### 一、工程竣工结算的含义及程序

工程竣工结算是指施工企业按照合同规定的内容全部完成所承包的工程，经验收质量合格，且符合合同要求之后，向发包单位进行的最终工程价款结算。

竣工结算的程序如下。

（1）合同工程完工后，承包人应在提交竣工验收申请前编制完成竣工结算文件，并在提交竣工验收申请的同时向发包人提交竣工结算文件。承包人未在规定的时间内提交竣工结算文件，经发包人催促后 14 天内仍未提交或没有明确答复，发包人有权根据已有资料编制竣工结算文件，作为办理竣工结算和支付结算款的依据，承包人应予以认可。

（2）发包人应在收到承包人提交的竣工结算文件后的 28 天内审核完毕。发包人经核实，认为承包人还应进一步补充资料和修改结算文件，应在上述时限内向承包人提出核实意见。承包人在收到核实意见后的 28 天内,按照发包人提出的合理要求补充资料,修改竣工结算文件,并再次提交给发包人复核后批准。

(3) 发包人应在收到承包人再次提交的竣工结算文件后的 28 天内予以复核,并将复核结果通知承包人。

① 发包人、承包人对复核结果无异议的,应在 7 天内在竣工结算文件上签字确认,竣工结算办理完毕。

② 发包人或承包人对复核结果存在异议的,无异议部分按照上述无异议情况的规定办理不完全竣工结算;有异议部分由发包人及承包人协商解决,若协商不成的,按照合同约定的争议解决方式处理。

(4) 发包人在收到承包人竣工结算文件后的 28 天内,不审核竣工结算或未提出审核意见的,视为承包人提交的竣工结算文件已被发包人认可,竣工结算办理完毕。承包人在收到发包人提出的核实意见后的 28 天内,不确认也未提出异议的,视为发包人提出的核实意见已被承包人认可,竣工结算办理完毕。

(5) 发包人委托工程造价咨询人审核竣工结算的,工程造价咨询人应在 28 天内审核完毕,审核结论与承包人竣工结算文件不一致的,应提交给承包人复核,承包人应在 14 天内将同意审核结论或不同意见的说明提交工程造价咨询人。工程造价咨询人收到承包人提出的异议后,应再次复核,复核无异议的,按上述第(3)条中无异议情况的规定办理,复核后仍有异议的,按上述第(3)条有异议情况的规定办理。承包人逾期未提出书面异议的,视为工程造价咨询人审核的竣工结算文件已被承包人认可。

(6) 对发包人或发包人委托的工程造价咨询人指派的专业人员与承包人指派的专业人员经审核后无异议的竣工结算文件,除非发包人能提出具体、详细的不同意见,发包人应在竣工结算文件上签名确认。发包人拒不签认的,承包人可不交付竣工工程且有权拒绝与发包人或其上级部门委托的工程造价咨询人重新核对竣工结算文件。承包人未及时提交竣工结算文件的,发包人要求交付竣工工程,承包人应当交付;发包人不要求交付竣工工程,承包人需承担照管所建工程的责任。

(7) 发包人及承包人或一方对工程造价咨询人出具的竣工结算文件有异议时,可向当地工程造价管理机构投诉,申请对其进行执业质量鉴定。

(8) 工程造价管理机构受理投诉后,应当组织专家对投诉的竣工结算文件进行质量鉴定,并做出鉴定意见。

(9) 竣工结算办理完毕,发包人应将竣工结算书报送工程所在地(或有该工程管辖权的行业主管部门)的工程造价管理机构备案,竣工结算书作为工程竣工验收备案、交付使用的必备文件。

## 二、竣工结算价的计算

依据《建设工程工程量清单计价规范》的规定,发承包双方应依据国家有关法律、法规和标准的规定,按照合同约定确定最终工程造价。因此,工程竣工结算价的编制应是建立在施工合同的基础上,不同合同类型采用的编制方法应不同,常用的合同类型有单价合同、总价合同和成本加酬金合同三种方式。其中,总价合同和单价合同在工程量清单计价模式中经常使用,其竣工结算价的编制方法有两种。

（1）总价合同方式。采用总价合同的,应在合同价基础上对设计变更、工程洽商、暂估价以及工程索赔、工期奖罚等合同约定可以调整的内容进行调整。其竣工结算价的计算公式为

$$竣工结算价 = 合同价 \pm 设计变更洽商 \pm 现场签证 \pm 暂估价调整$$
$$\pm 工程索赔 \pm 奖罚费用 \pm 价格调整$$

（2）单价合同方式。采用单价合同的,除对设计变更、工程洽商、暂估价以及工程索赔、工期奖罚等合同约定可以调整的内容进行调整外,还应对合同内的工程量进行调整。其竣工结算价的计算公式为

$$竣工结算价 = 调整后合同价 \pm 设计变更洽商 \pm 现场签证$$
$$\pm 暂估价调整 \pm 工程索赔 \pm 奖罚费用 \pm 价格调整$$

合同内的分部分项工程量清单及措施项目工程量清单中的工程量,应按招标图纸进行重新计算。在此基础上,根据合同约定调整原合同价格,并计取规费和税金;单价合同中的其他项目调整方式与总价合同相同。

**工程实例**

某工程竣工结算时,甲乙双方对工程量计算存在分歧,发包人要核减结算金额400多万元。项目部就把当时的技术经办人员找来,与发包人逐项核实。根据施工过程中积累的测量数据和计算底稿,技术经办人员与发包人据理力争,经过一周的努力,终于把发包人核减的400多万元争取回来了。事后,商务经理与这个技术员交流,技术员表示这次工作很有成就感,很自豪,自己都没想到,平时积累的几张原始记录和几页施工日志会为公司赢得这么大的回报。例如,在某项目管理过程中,由于技术资料不全、业务流程不顺畅、资料签认不及时导致项目效益受损,本可以从发包人那里能索赔回来的费用却因此都要不回来了。

技术管理是造价管理的支撑。工程量计算、图纸的变更、验收资料的报验、工程业务联系单、会议纪要等,都是工程变更索赔的主要依据;项目临时工程、临时设施的规划、施工方案的选择、模板的设计等,都是影响项目成本的关键因素。项目成本的降低、变更索赔的实现,均是通过技术手段来实现的,所以项目成本控制、工程变更索赔的关键是技术。

通过以上正反面的例子说明,项目管理人员都应该具备变更索赔、成本降低的意识,并且用自己精湛的业务水平和能力去实现项目成本降低和变更索赔的目标。

因此,技术人员必须要懂得预算、成本、索赔的基础知识。造价工程师必须学习施工技术知识,这样才能弥补不足、补齐短板、快速成长,才能够为所在公司创造更大的价值。

### 三、最终结清

最终结清,是指合同约定的缺陷责任期终止后,承包人已按合同规定完成全部剩余工作且质量合格的,发包人与承包人结清全部剩余款项的活动。

缺陷责任期从工程通过竣工验收之日起计算。由于承包人原因导致工程无法按规定期限进行竣工验收的,缺陷责任期从实际通过竣工验收之日起计算。由于发包人原因导致工程无法按规定期限进行竣工验收的,在承包人提交竣工验收报告90天后,工程自动进入缺陷责任期。

住房和城乡建设部、财政部发布的《建设工程质量保证金管理办法》(建质〔2017〕138

号)第二条规定:"缺陷是指建设工程质量不符合工程建设强制性标准、设计文件,以及承包合同的约定。缺陷责任期一般为1年,最长不超过2年,由发承包双方在合同中约定。"具体期限由合同当事人在专用合同条款中约定。

缺陷责任期不同于保修期,保修期是指承包人按照合同约定对工程承担保修责任的期限。建设工程的保修期自竣工验收合格之日起计算;发包人未经竣工验收擅自使用工程的,保修期自转移占有之日起开始计算。国务院发布的《建设工程质量管理条例》第40条规定,在正常使用条件下,各项建设工程的最低保修期如下:

(1)基础设施工程、房屋建筑地基基础工程和主体结构工程,为设计文件规定的该工程的合理使用年限;

(2)屋面防水工程,有防水要求的卫生间、房间和外墙面的防渗漏,为5年;

(3)供热与供冷系统,为2个采暖期、供冷期;

(4)电气管线、给排水管道、设备安装和装修工程,为2年;

(5)其他项目的保修期限由发包方与承包方约定。

建设工程在保修范围和保修期限内发生质量问题的,施工单位应当履行保修义务,并对造成的损失承担赔偿责任。

**(一)最终清算的计算**

最终应支付的合同价款=预留的质量保证金+因发包人原因造成缺陷的修复金额-承包人不修复缺陷、发包人组织修复的金额。

承包人认真履行合同约定的责任,到期后,承包人向发包人申请返还保证金。发包人原因造成缺陷的修复金额是指工程缺陷属于发包人原因造成的,受发包人安排,缺陷责任期内,承包人予以修复,该部分修复费用由发包人承担,可以在最终清算时一并结算。承包人不修复缺陷、发包人组织修复的金额是指应由承包人承担的修复责任,经发包人书面催告后仍未修复的,由发包人自行修复或委托第三方修复所发生的费用。

缺陷责任期内,由承包人原因造成的缺陷,承包人应负责维修,并承担鉴定及维修费用。若承包人既不维修也不承担费用,发包人可按合同约定从保证金或银行保函中扣除,费用超出保证金额的,发包人可按合同约定向承包人进行索赔。承包人维修并承担相应费用后,并不免除对工程损失的赔偿责任。

由他人原因造成的缺陷,发包人负责组织维修,承包人不承担费用,且发包人不得从保证金中扣除费用。

**(二)最终清算的程序**

1.承包人提交最终清算申请

缺陷责任期终止后,承包人应按照合同约定的份数和期限向发包人提交最终清算支付申请,并提供相应证明材料。材料详细说明承包人根据合同约定已经完成的全部工程价款金额,以及承包人认为根据合同规定应进一步支付的其他款项。发包人对最终结清支付申请有异议的,有权要求承包人进行修正和提供补充资料。承包人修正后,应再次向发包人提交修正后的最终结清支付申请。

2.发包人签发最终支付证书

发包人应在收到最终结清支付申请后的14天内予以核实,并向承包人签发最终结清支付证书。发包人在"最终结清支付申请(核准)表"上选择"同意支付"并盖章后,该表即变为最终支付证书。发包人未在约定时间内核实,又未提出具体意见的,视为承包人提交的最终结清申请单已被发包人认可。

3.发包人向承包人支付最终工程价款

发包人应在签发最终结清支付证书后的 14 天内,按照最终结清支付证书上列明的金额向承包人支付最终结清款。发包人未按期支付的,承包人可催告发包人在合理的期限内支付,并有权获得延迟支付的利息。

最终结清时,如果承包人被扣留的质量保证金不足以抵扣发包人工程缺陷修复费用的,承包人应承担不足部分的补偿责任。

最终结清付款涉及政府投资资金的,按照国库集中支付制度等国家相关规定和专用合同条款的约定处理。承包人对发包人支付的最终结清款有异议的,按照合同约定的支付方式处理。

【例 5.14】 某工程项目,甲、乙双方签订的工程价款合同内容如下。

(1)建筑安装工程造价为 660 万元,建筑材料及设备费占施工产值的比重为 60%,暂列金额为 40 万元。

(2)工程预付款为签约合同价(扣除暂列金额)的 20%。工程实施后,工程预付款从未施工工程尚需的主要材料及构件价值等于工程预付款数额时开始起扣,从每次结算工程价款中按材料和设备占施工产值的比重抵扣工程预付款,竣工前全部扣清。

(3)工程进度款逐月计算,按各期累计完成的合同价款的 80% 支付,经确认的签证、索赔等进入各期的进度款结算,竣工验收后 20 日内办理竣工结算,竣工结算后支付到合同价款的 95%。

(4)工程保修金为工程结算价款的 5%,竣工结算时一次扣留。

(5)材料和设备价差调整按规定执行(按有关规定上半年材料和设备价差上调 10%,在 6 月份一次调增)。工程各月完成产值如表 5.8 所示。

表 5.8　某工程实际完成产值　　　　　　　　　　　　　　单位:万元

| 月份 | 2 | 3 | 4 | 5 | 6 |
|---|---|---|---|---|---|
| 实际完成产值 | 55 | 110 | 165 | 220 | 110 |

(6)实施过程中的相关情况如下。

① 4 月份由于发包人设计变更,导致费用增加 2 万元,该费用已通过签证得到发包人的确认。

② 5 月份因为承包人原因导致返工,增加了 0.6 万元的费用支出,承包人办理签证未得到监理单位及发包人确认。

③ 6 月份承包人得到发包人确认的工程索赔款 1 万元。

④ 该工程在质量缺陷期发生屋面漏水,发包人多次催促承包人修理,承包人一拖再拖,最后发包人另请施工单位修理,花费修理费 2.5 万元。

问题:

(1)该工程的工程预付款、起扣点分别为多少?应该从哪个月开始扣?

(2)计算 2~6 月每月累计已完成的合同价款、累计已实际支付的合同价款、每月应支付的合同价款。

（3）该工程结算造价为多少？质量保证金为多少？应付工程结算款为多少？

（4）维修费该如何处理？最终清算款是多少？

**解**

（1）工程预付款：$(660-40)\times20\%=124$（万元）

起扣点：$660-124/0.6=453.33$（万元）

$55+110+165+220=550$（万元）$>453.33$（万元），从 5 月份开始扣预付款。

（2）2～6 月每月累计已完成的合同价款、累计已实际支付的合同价款、每月应支付的合同价款计算：

2 月份应支付的进度款$=55\times80\%=44$（万元）

3 月份应支付的进度款$=110\times80\%=88$（万元）

4 月份应支付的进度款$=(165+2)\times80\%=133.6$（万元）

5 月份预付款扣回额度$=(55+110+165+2+220-453.33)\times60\%=59.2$（万元）

5 月份应支付的进度款：$220\times80\%-59.2=116.8$（万元）

6 月份预付款扣回额度$=124-59.2=64.8$（万元）

6 月份应调增的金额$=660\times60\%\times10\%$（材料费上调）$+1$（索赔金额）$=40.6$（万元）

6 月份应支付的进度款$=(110+40.6)\times80\%-64.8=55.92$（万元）

（3）工程结算总造价$=552$（累计已完的合同价款）$+150.6$（最后一期合计完成合同价款）$=702.6$（万元）

质量保证金$=702.6\times5\%=35.13$（万元）

应付工程结算款$=702.6$（实际造价）$-(562.8)$（累计已付工程款）$-19.16$（保修金）$=105.39$（万元）

（4）维修费应从乙方（承包方）的保修金中扣除。

最终清算款$=35.13-2.5=32.63$（万元）

## 学习任务 4　资金使用计划的编制与投资偏差分析

### 一、施工阶段资金使用计划的编制方法

施工阶段资金使用计划的编制与控制在整个工程造价管理中处于重要且独特的地位，它对工程造价的重要影响表现在以下几方面。

首先，通过编制资金使用计划，合理确定工程造价在施工阶段的目标值，使工程造价的控制有所依据，并为资金的筹集与协调打下基础。

其次，通过科学编制资金使用计划，可以对未来工程项目的资金使用和进度控制进行预测，消除不必要的资金浪费和进度失控，也能够避免在今后工程项目中由于缺乏依据而进行轻率判断所造成的损失，减少盲目性，增加自觉性，使现有资金充分发挥作用。

再次，通过严格执行资金使用计划，可以有效地控制工程造价上升，最大限度地节约投

资,提高投资效益。

最后,对脱离实际的工程造价目标值和资金使用计划,应在科学评估的前提下,允许修订和修改,使工程造价更加趋于合理水平,从而保障建设单位和承包商各自的合法利益。

施工阶段资金使用计划的编制方法,主要有以下几种。

**1.按工程项目组成编制资金使用计划**

按工程项目组成编制资金使用计划,具体步骤分为按工程项目构成合理分解资金使用计划总额,编制各工程分项的资金支出计划,编制详细的资金使用计划表。

一般来说,将工程造价目标分解到各单项工程、单位工程,按这种方式分解时,不仅要分解建筑安装工程费,而且还要分解设备及工器具购置费以及工程建设其他费、预备费、建设期贷款利息等。建筑安装工程费用中的人工费、材料费、施工机具使用费等直接费,可直接分解到各工程分项。而企业管理费、利润、规费、税金则不宜直接进行分解。措施项目费应具体分析,与各工程分项有关的费用(如二次搬运费、检验试验费等)分离出来,其他与单位工程、分部工程有关的费用(如临时设施费、保险费等)则不能分解到各分项工程。在完成工程项目造价目标的分解后,应确定各工程分项的资金支出预算,其计算公式为

$$分项支出预算 = 核实的工程量 \times 单价$$

核实的工程量可反映并消除实际与计划(如投标书)之间的差异,单价则在上述建筑安装工程费用分解的基础上确定。

然后,编制详细的资金使用计划表。各工程分项的详细资金使用计划表应包括工程分项编号、工程内容、计量单位、工程数量、单价、工程分项总价等内容。在编制资金使用计划时,应在主要的工程分项中考虑适当的不可预见费。此外,对于实际工程量与计划工程量(如工程量清单)的差异较大者,还应特殊表明,以便在实施中主动采取必要的造价控制措施。

**2.按时间进度编制资金使用计划**

按时间进度编制资金使用计划,通常可利用项目进度网络图进一步扩充后得到。利用网络图控制投资,即要求在拟定工程项目的执行计划时,一方面要确定完成某项施工活动所需的时间,另一方面也要确定完成这一工作合适的支出预算。

按时间进度编制资金使用计划采用横道图形式和时标网络图形式。

资金使用计划也可以采用 S 型曲线与香蕉图的形式,其对应数据的产生依据是施工计划网络图中时间参数的计算结果与对应阶段的资金使用要求。

利用确定的网络计划便可计算各项活动的最早及最迟开工时间,获得项目进度计划的甘特图。在甘特图的基础上便可编制按时间进度划分的投资支出预算,进而绘制时间—投资累计曲线(S形图线),如图 5.6 所示。

每一条 S 曲线都对应某一特定的工程进度计划。由于在工程网络进度计划的非关键线路中存在许多有时差的工作,因此,S 曲线(投资计划值曲线)必然包括在由全部工作均按最早开始时间(ES)开始和全部工作均按最迟开始时间(LS)开始的曲线所组成的"香蕉图"内,如图 5.7 所示。建设单位可根据编制的投资支出预算来合理安排资金,同时也可以根据筹措的建设资金来调整 S 形曲线,即通过调整非关键线路上工序项目的最早或最迟开工时间,力争将实际的投资支出控制在预算范围内。

**3.按工程造价构成编制资金使用计划**

工程造价主要分为建筑安装工程费、设备工器具费和工程建设其他费三部分,按工程造

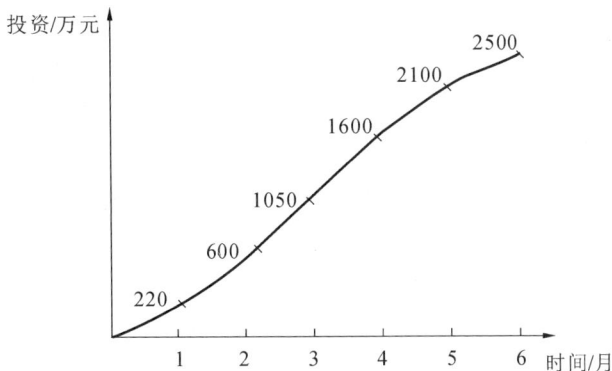

图 5.6　S 曲线

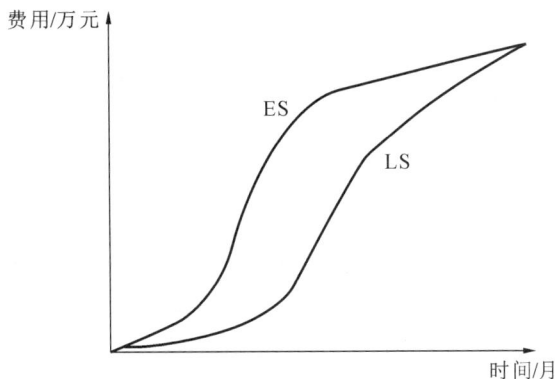

图 5.7　香蕉图

价构成编制的资金使用计划也分为建筑安装工程费使用计划、设备工器具费使用计划和工程建设其他费使用计划。每部分费用比例根据以往经验或已建立的数据库确定，也可根据具体情况作出适当调整，每一部分还可以做进一步的划分。这种编制方法比较适合于有大量经验数据的工程项目。

## 二、施工阶段投资偏差分析

### 1.投资偏差的含义

在项目实施过程中，由于各种因素的影响，实际情况往往会与计划出现偏差，形成实际投资与计划投资、实际工程进度与计划工程进度的差异。为了有效地进行造价控制，造价管理者必须分析产生偏差的原因，采取适当的纠偏措施，以使投资超支尽可能缩小。

投资的实际值与计划值的差异叫作投资偏差，实际工程进度与计划工程进度的差异叫作进度偏差，其计算公式为

$$投资偏差 ＝ 已完工程实际投资 － 已完工程计划投资$$

式中：已完工程实际投资是指"实际进度下的实际投资"，根据实际进度完成状况，在某一确定时间内已经完成的工程内容所对应的实际投资。可以表示为在某一确定时间内，实际完成的工程量与单位工程量实际单价的乘积，其计算公式为

$$已完工程实际投资 ＝ \sum 已完工程量（实际工程量）× 实际单价$$

　　已完工程计划投资是指"实际进度下的计划投资",根据实际进度完成状况,在某一确定时间内已经完成的工程所对应的计划投资额。可以表示为在某一确定时间内,实际完成的工程量与单位工程量计划单价的乘积,其计算公式为

$$已完工程计划投资 = \sum 已完工程量(实际工程量) \times 计划单价$$

　　投资偏差为正,表示投资超支;投资偏差为负,表示投资节约。但是,进度偏差对投资偏差分析的结果有着重要影响,如果不加以考虑,就不能正确反映投资偏差的实际情况。例如,某一阶段出现投资超支,可能是由于进度超前导致的,也可能是由于物价上涨导致的。因此,投资偏差分析必须引入进度偏差的概念,其计算公式为

$$进度偏差 = 已完工程实际时间 - 已完工程计划时间$$
$$进度偏差 = 拟完工程计划投资 - 已完工程计划投资$$

　　所谓拟完工程计划投资是指计划进度下的计划投资;已完工程计划投资是指实际进度下的计划投资;已完工程实际投资是指实际进度下的实际投资。其计算公式为

$$拟完工程计划投资 = \sum 拟完工程量(计划工程量) \times 计划单价$$

　　进度偏差为正,表示工期拖延;进度偏差为负,表示工期提前。投资偏差分析如表 5.9 所示。

表 5.9　投资偏差分析

| 偏差 | 计算公式 | 分析结果 |
|---|---|---|
| 投资偏差 | 已完工程实际投资－已完工程计划投资 | 正值表示投资超支<br>负值表示投资节约 |
| 进度偏差 | 已完工程实际时间－已完工程计划时间<br>或拟完工程计划投资－已完工程计划投资 | 正值表示工期拖延<br>负值表示工期提前 |
| 投资偏差程度 | $\dfrac{投资实际值}{投资计划值}$ | 大于1表示超支<br>小于1表示节约 |
| 进度偏差程度 | $\dfrac{已完工程实际时间}{已完工程计划时间}$ 或 $\dfrac{拟完工程计划投资}{已完工程计划投资}$ | 大于1表示进度拖后<br>小于1表示进度超前 |

　　2.投资偏差参数

　　(1)局部偏差和累计偏差。

　　局部偏差有两层含义:一是对于整个项目而言,指各单项工程、单位工程及分部分项工程的投资偏差;另一含义是对于整个项目已经实施的时间而言,指每一控制周期内所发生的投资偏差。局部偏差的引入,可使项目投资管理人员了解偏差发生的时间、所在的单项工程,有利于分析产生偏差原因。

　　累计偏差是一个动态概念,是在项目已经实施的时间范围内累计发生的偏差。第一个累计偏差在数值上等于局部偏差,最终的累计偏差就是整个项目的投资偏差。

　　累计偏差所涉及的工程内容较多、范围较大,其原因也较复杂,因此累计偏差分析必须以局部偏差分析为基础。从另一方面看,因为累计偏差分析是建立在对局部偏差进行综合分析的基础上,所以其结果更能显示出代表性和规律性,对投资控制工作在较大范围内具有指导作用。

　　(2)绝对偏差和相对偏差。

　　绝对偏差是指投资实际值与计划值进行比较所得到的差额。绝对偏差的结果很直观,有助于投资管理人员了解项目投资偏差的绝对数额,并依此采取一定措施,制定或调整投资

支付计划和资金筹资计划。

相对偏差是指投资偏差的相对数或比例数,通常是用绝对偏差与投资计划值的比值来表示,其计算公式为

$$相对偏差 = \frac{绝对偏差}{投资计划值} = \frac{投资实际值 - 投资计划值}{投资计划值}$$

绝对偏差和相对偏差一样,可正可负,且两者符号相同,正值表示投资超支,负值表示投资节约。两者都只涉及投资的计划值和实际值,既不受项目层次的限制,也不受项目实施时间的限制,因此在各种投资比较中均可采用。

**【例 5. 15】** 某工作计划完成工作量 $400\ m^3$,计划进度 $50\ m^3/d$,计划投资 $20\ 元/m^3$。工作进行到第四天时检查发现,实际完成了 $180\ m^3$,实际投资了 $3800\ 元$。求:第四天的计划完成工作量、拟完工程计划投资、已完工程计划投资、投资偏差、进度偏差。

**解** 计划完成工作量 $= 50 \times 4 = 200(m^3)$

拟完工程计划投资 $= 200 \times 20 = 4000(元)$

已完工程计划投资 $= 180 \times 20 = 3600(元)$

已完工程实际投资 $: 3800(元)$

投资偏差 $= 3800 - 3600 = 200(元)$,即投资超支了 $200\ 元$

进度偏差 $= 4000 - 3600 = 400(元)$,即进度拖延了 $\dfrac{400}{50 \times 20} = 0.4(天)$

### 3. 投资偏差的分析方法

常用的偏差分析方法有横道图法、时标网络图法、表格法和曲线法。

(1)横道图法。

用横道图进行投资偏差分析,是用不同的横道来标识拟完工程计划投资、已完工程实际投资和已完工程计划投资。在实际工作中,往往需要根据拟完工程计划投资和已完工程实际投资确定已完工程计划投资后,再确定投资偏差与进度偏差。

此方法简单直观,便于了解项目投资的概貌,但这种方法的信息量较少,主要反映累计偏差和局部偏差,因而其应用有一定的局限性,一般在项目的较高管理层应用,横道图法如图 5.8 所示。

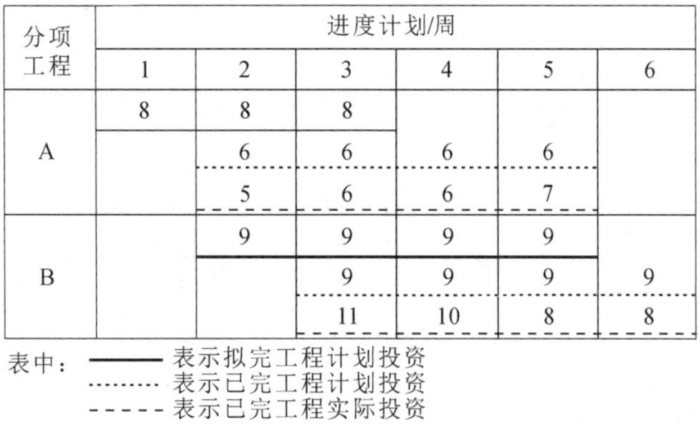

| 分项工程 | 进度计划/周 | | | | | |
|---|---|---|---|---|---|---|
| | 1 | 2 | 3 | 4 | 5 | 6 |
| A | 8 | 8 | 8 | | | |
| | | 6 | 6 | 6 | 6 | |
| | | 5 | 6 | 6 | 7 | |
| B | | 9 | 9 | 9 | | |
| | | 9 | 9 | 9 | | 9 |
| | | 11 | 10 | 8 | | 8 |

表中: ——— 表示拟完工程计划投资
········· 表示已完工程计划投资
- - - - - 表示已完工程实际投资

图 5.8 横道图法

(2)时标网络图法。

时标网络图是在确定施工计划网络图的基础上,将施工的实施进度与日历工期相结合

而形成的网络图。根据时标网络图可以得到每一时间段的拟完工程计划投资,而已完工程实际投资可以根据实际工作完成情况测得。在时标网络图上考虑实际进度前锋线,就可以得到每一时间段的已完工程计划投资。实际进度前锋线表示整个项目目前实际完成的工作情况,某观测点的实际进度及其计划投资累计值和实际投资累计值可通过此前锋线得到计算。时标网络图如图 5.9 所示。

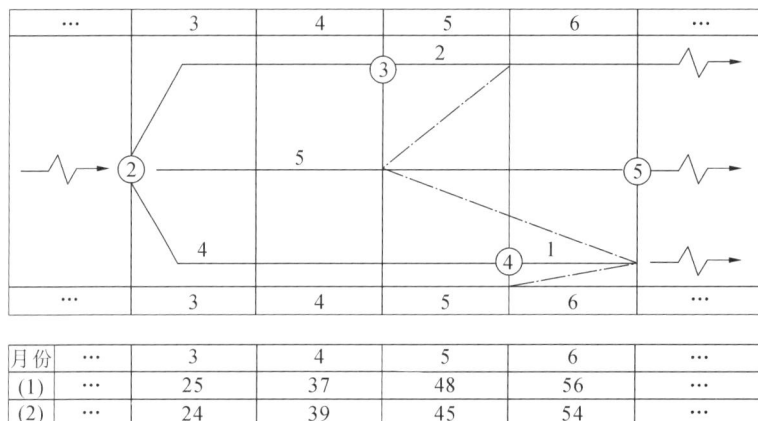

图 5.9　某工程时标网络计划

（3）表格法。

表格法是一种进行偏差分析的最常用方法。应用表格法分析偏差,是将项目编号、名称、各个费用参数及费用偏差值等综合纳入一张表格中,可在表格中直接进行偏差的比较分析。例如,某基础工程在一周内费用偏差和进度偏差分析表如表 5.10 所示。

表 5.10　费用偏差和进度偏差分析表

| 项目编码 | | 021 | | 022 | | 023 | |
| --- | --- | --- | --- | --- | --- | --- | --- |
| 项目名称 | | 土方开挖工程 | | 打桩工程 | | 混凝土基础工程 | |
| 费用及偏差 | 代码或计算式 | 单位 | 数量 | 单位 | 数量 | 单位 | 数量 |
| 计划单价 | (1) | 元/m³ | 6 | 元/m | 8 | 元/m³ | 10 |
| 拟完工程量 | (2) | m³ | 500 | m | 80 | m³ | 200 |
| 拟完工程计划费用 | (3)=(1)×(2) | 元 | 3000 | 元 | 640 | 元 | 2000 |
| 已完工程量 | (4) | m³ | 600 | m | 90 | m³ | 180 |
| 已完工程计划费用 | (5)=(1)×(4) | 元 | 3600 | 元 | 720 | 元 | 1800 |
| 实际单价 | (6) | 元/m³ | 7 | 元/m | 7 | 元/m³ | 9 |
| 已完工程实际费用 | (7)=(4)×(6) | 元 | 4200 | 元 | 630 | 元 | 1620 |
| 费用偏差 | (8)=(5)-(7) | 元 | -600 | 元 | 90 | 元 | 180 |
| 费用绩效指数 | (9)=(5)/(7) | — | 0.857 | — | 1.143 | — | 1.111 |
| 进度偏差 | (10)=(5)-(3) | 元 | 600 | 元 | 80 | 元 | -200 |
| 进度绩效指数 | (11)=(5)/(3) | — | 1.2 | — | 1.125 | — | 0.9 |

（4）曲线法。

曲线法是用投资累计曲线（S 形曲线）来进行投资偏差分析的一种方法,如图 5.10 所示,其中 $a$ 表示实际投资曲线,$p$ 表示计划投资曲线,两条曲线之间的竖向距离表示投资偏差。

在用曲线法进行投资偏差分析时,首先要确定投资计划值曲线,投资计划值曲线是与确定的进度计划联系在一起的。同时,也要考虑实际进度的影响,应当引入 3 条投资参数曲线,即已完工程实际投资曲线、已完工程计划投资曲线和拟完工程计划投资曲线,如图 5.11 所示。图中已完工程实际投资曲线和已完工程计划投资曲线的竖向距离表示投资偏差,拟完工程计划投资曲线和已

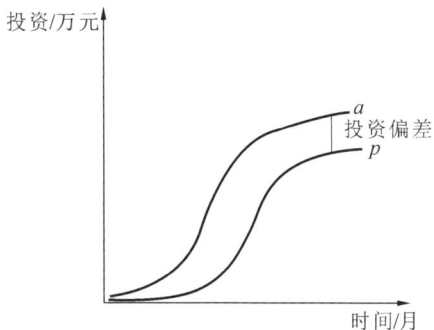

图 5.10　投资计划值与实际值曲线

完工程计划投资曲线的水平距离表示进度偏差。图 5.11 反映的偏差为累计偏差。用曲线法进行偏差分析同样具有形象、直观的特点,但这种方法很难用于定量分析,只能对定量分析起到一定的指导作用,如果能与表格法结合起来,则会取得较好的效果。

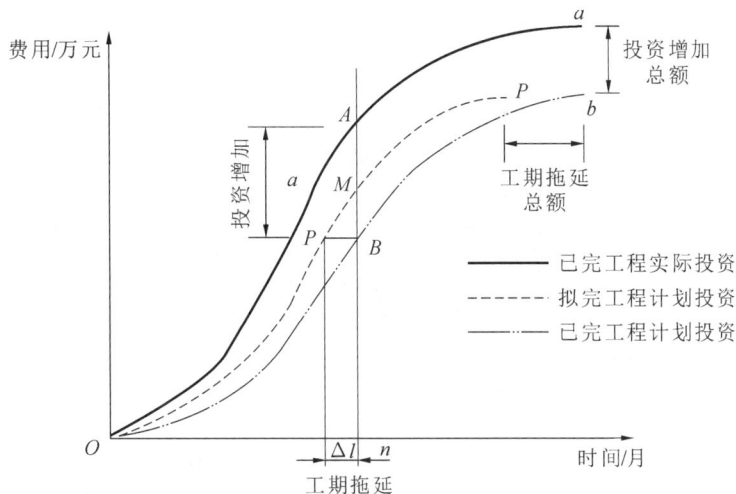

图 5.11　三条投资参数曲线

## 三、偏差形成原因的分类及纠正方法

### 1. 引起偏差的原因

一般来讲,引起投资偏差的原因主要有四个方面:客观原因、业主原因、设计原因和施工原因。客观原因是无法避免的,施工原因造成的损失由施工单位负责,纠偏的主要对象是由业主和设计原因造成的投资偏差,引起投资偏差原因如表 5.11 所示。

表 5.11　引起投资偏差原因

| 引起偏差原因 | 具体内容 |
| --- | --- |
| 客观原因 | 包括人工及材料费涨价、自然条件变化、国家政策法规变化等 |
| 业主原因 | 投资规划不合理、建设手续不完善、业主未及时付款等 |
| 设计原因 | 设计错误、设计变更、设计标准变更等 |
| 施工原因 | 施工组织设计不合理、出现质量事故等 |

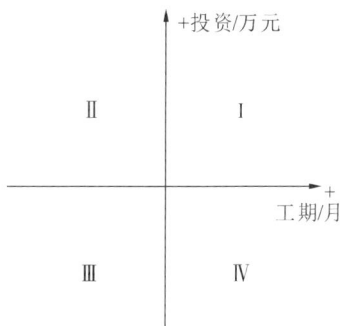

图 5.12 偏差类型示意图

## 2. 偏差的类型

偏差的类型有四种形式,如图 5.12 所示。

Ⅰ —— 投资增加且工期拖延。这种类型是纠正偏差的主要对象。

Ⅱ —— 投资增加但工期提前。这种情况下要适当考虑工期提前所带来的效益。

Ⅲ —— 工期拖延但投资节约。这种情况下是否采取纠偏措施要根据实际需要而定。

Ⅳ —— 工期提前且投资节约。这种情况是最理想的状况,不需要采取纠偏措施。

## 3. 投资偏差纠正

投资偏差的纠正措施包括组织措施、经济措施、技术措施、合同措施。

组织措施是从投资控制的组织管理方面采取的措施。例如,落实投资控制的组织机构和人员,明确各级投资控制人员的任务、职能分工、权力和责任,优化投资控制工作流程等。组织措施是其他措施的前提和保障。

经济措施,不能简单理解为审核工程量及相应的支付价款,应从全局出发考虑。如检查投资目标分解的合理性、资金使用计划的保障性、施工进度计划的协调性。另外,通过偏差分析和未完工程预测可以发现潜在的问题,及时采取预防措施,从而取得造价控制的主动权。

技术措施并不都是因为有了技术问题才加以考虑,也有可能是出现了较大的投资偏差而加以运用。不同的技术措施往往会有不同的经济效果,因此,运用技术措施纠偏时,要对不同的技术方案进行技术经济分析后加以选择。

合同措施在纠偏方面主要指索赔管理。在施工过程中,发生索赔事件后要认真审查索赔依据是否符合合同规定,计算是否合理。

## 思政育人

在建筑行业,国家颁布了一系列工程规范、标准,例如《建设工程工程量清单计价规范》。各类工程进行造价计算时,必须依据特定的计算规则。学生应该成为我国建设工程领域政策的推广者和执行者,严格按照工程量计算规范进行工程量计量,严格按照工程量清单计价规范的各项要求进行工程造价的控制工作。引导学生做人做事要讲究规则,"不以规矩,不能成方圆",凡事要做到有法可依,有法必依。

在施工过程中,会发生许多导致合同价款需要调整的情况,调整依据就是发承包双方在合同中约定的条款。这就需要发承包双方重视合同签订工作,加强前瞻性,预测施工中可能出现的状况,在合同中有针对性地约定价款调整方法,避免因约定不清引起合同纠纷,影响工程顺利进行。"宜未雨而绸缪,勿临渴而掘井",做任何事都要具备长远眼光,能够想到有可能发生的事情,从而做出计划和预防措施。当代大学生更应该有前瞻性,做好自己的职业规划,将未来的职业生涯与大学四年的学业结合起来,比别人早一步确定职业方向和目标,经过时间的历练与磨合,进入社会后的生活会更顺遂。同时,也要强化施工成本控制观念,增强学生作为工程人的责任感,培养诚信敬业的职业道德,提升科学严谨的职业素养。将造价工程师的素质要求融入教学内容,强化严谨、诚信、公正、精准、规范等职业素养,将学生培养成为"公正、精准、规范"的造价工程师。

# 课后习题

## 一、单选题

1. 对某招标工程进行报价分析,承包人中标价为 1500 万元,最高投标限价为 1600 万元,设计院编制的施工图预算为 1550 万元,承包人认为的合理报价值为 1540 万元,则承包人的报价浮动率是(　　)。

A. 0.65%　　　　B. 6.25%　　　　C. 93.75%　　　　D. 96.25%

2. 因工程变更引起措施项目发生变化时,关于合同价款的调整,下列说法正确的是(　　)。

A. 安全文明施工费不予调整

B. 按总价计算的措施项目费的调整,不考虑承包人报价浮动因素

C. 按单价计算的措施项目费的调整,以实际发生变化的措施项目数量为准

D. 招标清单中漏项的措施项目费的调整,以承包人自行拟定的实施方案为准

3. 某招标工程项目执行《建设工程工程量清单计价规范》(GB 50500),招标工程量清单中某分项工程的工程量为 1500 m³,施工中由于设计变更调增为 1900 m³,该分项工程最高投标限价综合单价为 40 元/m³,投标报价为 47 元/m³,则该分项工程的结算价为(　　)元。

A. 87400　　　　B. 88900　　　　C. 89125　　　　D. 89300

4. 某项目施工合同约定,由承包人承担±10%范围内的碎石价格风险,超出部分采用造价信息法调差。已知承包人投标价格、基准期价格分别为 100 元/m³、96 元/m³,2020 年 7 月的造价信息发布价为 130 元/m³,则该月碎石的实际结算价格为(　　)元/m³。

A. 117.0　　　　B. 120.0　　　　C. 124.4　　　　D. 130.0

5. 某工程合同价格为 5000 万元,计划工期是 200 天,施工期间因非承包人原因导致工期延误 10 天,若同期该公司承揽的所有工程合同总价为 2.5 亿元,计划总部管理费为 1250 万元,则承包人可以索赔的总部管理费为(　　)万元。

A. 7.5　　　　B. 10　　　　C. 12.5　　　　D. 15

## 二、多选题

1. 关于施工期间合同暂估价的调整,下列做法中正确的有(　　)。

A. 不属于依法必须招标的材料,应直接按承包人自主采购的价格调整暂估价

B. 属于依法必须招标的工程设备,以中标价取代暂估价

C. 属于依法必须招标的专业工程,承包人不参加投标的,应由承包人作为招标人,组织招标的费用一般由发包人另行支付

D. 属于依法必须招标的专业工程,承包人参加投标的,应由发包人作为招标人,同等条件下优先选择承包人中标

E. 不属于依法必须招标的专业工程,应按工程变更事件的合同价款调整方法确定专业工程价款

2. 根据《标准施工招标文件》的规定,承包人只能获得"工期＋费用"补偿的事件有( )。

A. 基准日后法律的变化

B. 施工中发现文物、古迹

C. 发包人提供的材料、工程设备造成工程质量不合格

D. 施工中遇到不利的物质条件

E. 因发包人的原因导致工程试运行失败

3. 工程施工中的下列情形,发包人不予计量的有( )。

A. 监理人抽检不合格返工增加的工程量

B. 承包人自检不合格返工增加的工程量

C. 承包人修复因不可抗力损坏工程增加的工程量

D. 承包人在合同范围之外按发包人要求增建的临时工程工程量

E. 工程质量验收资料缺项的工程量

4. 根据《建设工程工程量清单计价规范》,关于工程竣工结算的计价原则,下列说法正确的是( )。

A. 计日工按发包人实际签证确认的事项计算

B. 总承包服务费依据合同约定金额计算,一般不得调整

C. 暂列金额应减去工程价款调整金额计算,余额归发包人

D. 规费和税金应按国家或省级、行业建设主管部门的规定计算

E. 总价措施项目应依据合同约定的项目和金额计算,一般不得调整

## 三、计算题

1. 某工程合同约定,机械租赁费为 300 元/台班,人工工资为 40 元/工日,窝工费为 20 元/工日。施工中发生了以下情况(A、B、C 三项工作均为关键线路上的工作)。

(1) A 工作由于业主原因推迟开工 2 天,致使 11 人(含 1 个机械司机)在现场停工待命,1 台机械闲置。

(2) B 工作由于承包商原因推迟开工 1 天。

(3) C 工作由于不可抗力发生,作业时间增加了 4 天,场地清理用了 20 工日。

问题:在此计划执行中,承包商可索赔的工期和费用各为多少?

2. 某工程按工程量清单计价,得到如下数据:分部分项工程工程量清单计价合计 1600 万元;措施项目清单计价合计 75 万元;其他项目清单计价合计 150 万元;规费 95 万元。税率为不含税造价的 3.4%。在工程进行中,按 25% 的比例支付工程预付款,在未完施工尚需的主要材料及构配件相当于预付款时开始起扣。主要材料和构配件占工程造价的 60%。某月份计划完成产值 180 万元,实际完成产值 205 万元,实际造价为 198 万元。

问题:(1)该工程的总造价是多少?

(2) 该工程的预付款是多少?

(3) 预付款的起扣点是多少?

(4) 该月份的费用偏差是多少?费用绩效指数是多少?请分析该月份的费用状况。

（5）该月份的进度偏差是多少？进度绩效指数是多少？请分析该月份的进度状况。

**四、案例题**

背景：某工程项目业主通过工程量清单招标方式确定某投标人为中标人，并与其签订了工程承包合同，合同工期为 4 个月。有关工程价款与支付的条款约定如下。

1. 工程价款

（1）分项工程清单包含有甲、乙两项混凝土分项工程，工程量分别为 2300 $m^3$、3200 $m^3$，综合单价分别为 580 元/$m^3$、560 元/$m^3$。除甲、乙两项混凝土分项工程外的其余分项工程费用为 50 万元。当某一分项工程实际工程量比清单工程量增加（或减少）15% 以上时，应进行调价，调价系数为 0.9（或 1.08）。

（2）单价措施项目清单包含甲、乙两项混凝土分项工程的模板及支撑和脚手架、垂直运输、大型机械设备进出场及安拆等五项，总费用为 66 万元，其中，甲、乙两项混凝土分项工程的模板及支撑费用分别为 12 万元、13 万元。结算时，这两项费用按相应混凝土分项工程工程量的变化比例进行调整，其余单价措施项目费用不予调整。

（3）总价措施项目清单包含安全文明施工、雨季施工、二次搬运和已完工程及设备保护等四项，总费用为 54 万元，其中，安全文明施工费、已完工程及设备保护费分别为 18 万元、5 万元。结算时，安全文明施工费按分项工程项目、单价措施项目费用变化额的 2% 调整，已完工程及设备保护费按分项工程项目费用变化额的 0.5% 调整，其余总价措施项目费用不予调整。

（4）其他项目清单包含有暂列金额和专业工程暂估价两项，费用分别为 10 万元、20 万元（另计总承包服务费 5%）。

（5）规费率为不含税的人材机费、管理费和利润之和的 6%；增值税率为 9%。

2. 工程预付款与进度款

（1）开工之日前 10 天，业主向承包商支付材料预付款和安全文明施工费预付款。材料预付款为分项工程合同价的 20%，在最后两个月平均扣除；安全文明施工费预付款为其合同额的 70%。

（2）甲、乙分项工程项目进度款按每月已完工程量进行计算支付，其余分项工程项目进度款和单价措施项目进度款在施工期内每月平均支付；总价措施项目价款除预付部分外，其余部分在施工期内的第 2、3 月平均支付。

（3）专业工程费用、现场签证费用在发生当月按实结算。

（4）业主按每次承包商应得工程款的 90% 支付。

3. 竣工结算

（1）竣工验收通过后 30 天内开始结算。

（2）措施项目费用在结算时根据取费基数的变化进行调整。

（3）业主按实际总造价的 5% 扣留工程质量保证金，其余工程尾款在收到承包商的结清支付申请后 14 天内支付。

承包商每月实际完成并经签证确认的分项工程项目工程量如表 5.12 所示。

表 5.12　每月实际完成工程量表　　　　　　　　　单位:m³

| 分项工程 | 月份 | | | | 累计 |
| --- | --- | --- | --- | --- | --- |
| | 1 | 2 | 3 | 4 | |
| 甲 | 500 | 800 | 800 | 600 | 2700 |
| 乙 | 700 | 900 | 800 | 300 | 2700 |

施工期间,2月发生现场签证费用 2.6 万元;专业工程分包在 3 月进行,实际费用为 21 万元。

问题:(1)该工程不含税、含税签约合同价分别为多少万元? 开工前业主应支付给承包商的材料预付款和安全文明施工费预付款为多少万元?

(2)施工期间,每月承包商已完工程款为多少万元? 每月业主应向承包商支付工程款为多少万元? 到每月底累计支付工程款为多少万元?

(3)分项工程项目、单价和总价措施项目费用调整额为多少万元? 实际工程含税总造价为多少万元?

(4)工程质量保证金为多少万元? 竣工结算最终付款为多少万元?

项目六

建设项目竣工阶段工程造价控制

JIANSHE XIANGMU JUNGONG JIEDUAN GONGCHENG ZAOJIA KONGZHI

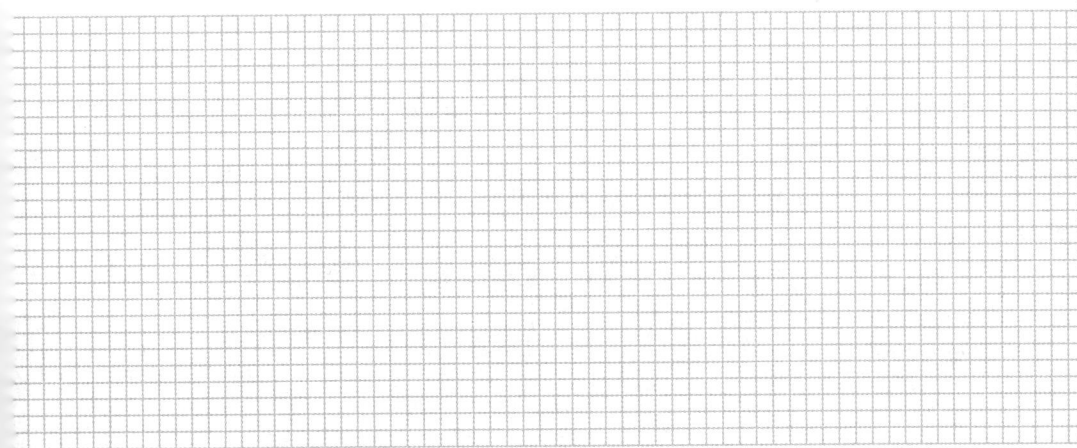

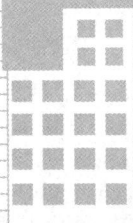

1. 了解竣工验收的形式与程序；
2. 熟悉竣工决算的内容；
3. 熟悉新增资产价值的确定；
4. 熟悉保修责任、保修费用及其处理。

案例引入

　　为贯彻落实国家西部大开发的政策，某建设单位决定在西部某地建设一项大型特色经济生产基地项目。该项目从 2006 年开始实施，到 2008 年底财务核算资料如下。

　　(1) 已经完成部分单项工程，经验收合格后，交付以下资产：

　　① 固定资产 74739 万元；② 为生产准备的使用期限在一年以内的随机备件、工具、器具 29361 万元；期限在 1 年以上，单件价值 2000 元以上的工具 61 万元；③ 建造期内购置的专利权、非专利技术 1700 万元。摊销期为 5 年；④ 筹建期间发生的开办费 79 万元。

　　(2) 在建项目支出如下：① 建筑工程和安装工程 15800 万元；② 设备工器具 43800 万元；③ 建设单位管理费、勘察设计费等待摊投资 2392 万元；④ 通过出让方式购置土地使用权形成的其他投资 108 万元。

　　(3) 非经营项目发生待核销基建支出 40 万元。

　　(4) 应收生产单位投资借款 1500 万元。

　　(5) 购置需要安装的器材 49 万元，其中待处理器材损失 15 万元。

　　(6) 货币资金 480 万元。

　　(7) 工程预付款及应收有偿调出器材款 20 万元。

　　(8) 建设单位自用的固定资产原价 60220 万元，累计折旧 10066 万元。反映在《资金平衡表》上的各类资金来源的期末余额如下：

　　① 预算拨款 48000 万元；

　　② 自筹资金拨款 60508 万元；

　　③ 其他拨款 300 万元；

　　④ 建设单位向商业银行借入的借款 109287 万元；

　　⑤ 建设单位当年完成交付生产单位使用的资产价值中，有 160 万元属于利用投资借款形成的待冲基建支出；

　　⑥ 应付器材销售商货款 37 万元和应付工程款 1963 万元尚未支付；

　　⑦ 未交税金 28 万元。

　　**问题**：1. 计算交付使用资产与在建工程的有关数据，并将其填入表 6.1 中。

**表 6.1　交付使用资产与在建工程数据表**　　　　　　单位:万元

| 资金项目 | 金额 | 资金项目 | 金额 |
|---|---|---|---|
| (一)交付使用资产 | | (二)在建工程 | |
| 1.固定资产 | | 1.建筑安装工程投资 | |
| 2.流动资产 | | 2.设备投资 | |
| 3.无形资产 | | 3.待摊投资 | |
| 4.其他资产 | | 4.其他投资 | |

2.编制大、中型基本建设项目竣工财务决算表,并将其填入表 6.2 中。

**表 6.2　大、中型基本建设项目竣工财务决算表**　　　　　单位:万元

| 资金来源 | 金额 | 资金占用 | 金额 |
|---|---|---|---|
| 一、基建拨款 | | 一、基本建设支出 | |
| 1.预算拨款 | | 1.交付使用资产 | |
| 2.基建基金拨款 | | 2.在建工程 | |
| 3.进口设备转账拨款 | | 3.待核销基建支出 | |
| 4.器材转让拨款 | | 4.非经营项目转出投资 | |
| 5.煤代油专用基金拨款 | | 二、应收生产单位投资借款 | |
| 6.自筹资金拨款 | | 三、拨付所属投资借款 | |
| 7.其他拨款 | | 四、器材 | |
| 二、项目资本 | | 其中:待处理器材损失 | |
| 1.国家资本 | | 五、货币资金 | |
| 2.法人资本 | | 六、预付及应收款 | |
| 3.个人资本 | | 七、有价证券 | |
| 三、项目资本公积 | | 八、固定资产 | |
| 四、基建借款 | | 固定资产原价 | |
| 五、上级拨入投资借款 | | 减:累计折旧 | |
| 六、企业债券资金 | | 固定资产净值 | |
| 七、待冲基建支出 | | 固定资产清理 | |
| 八、应付款合计 | | 待处理固定资产损失 | |
| 九、未交款合计 | | | |
| 1.未交税金 | | | |
| 2.未交基建收入 | | | |
| 3.未交基建包干结余 | | | |
| 4.其他未交款 | | | |
| 十、上级拨入资金 | | | |
| 十一、留成收入 | | | |
| 合计 | | 合计 | |

3.计算基建结余资金。

**解析：**

问题1:固定资产＝74739＋61＝74800(万元),无形资产摊销期5年为干扰项,在建设期仅反映实际成本,如表6.3所示。

表 6.3　交付使用资产与在建工程数据表　　单位:万元

| 资金项目 | 金额 | 资金项目 | 金额 |
| --- | --- | --- | --- |
| (一)交付使用资产 | 105940 | (二)在建工程 | 62100 |
| 1.固定资产 | 74800 | 1.建筑安装工程投资 | 15800 |
| 2.流动资产 | 29361 | 2.设备投资 | 43800 |
| 3.无形资产 | 1700 | 3.待摊投资 | 2392 |
| 4.其他资产 | 79 | 4.其他投资 | 108 |

问题2:固定资产＝固定资产原价－累计折旧＋固定资产清理＋待处理固定资产损失＝60220－10066＝50154(万元);应付款＝37＋1963＝2000(万元),如表6.4所示。

资金来源＝资金占用

表 6.4　大、中型基本建设项目竣工财务决算表　　单位:万元

| 资金来源 | 金额 | 资金占用 | 金额 |
| --- | --- | --- | --- |
| 一、基建拨款 | 108808 | 一、基本建设支出 | 168080 |
| 1.预算拨款 | 48000 | 1.交付使用资产 | 105940 |
| 2.基建基金拨款 |  | 2.在建工程 | 62100 |
| 3.进口设备转账拨款 |  | 3.待核销基建支出 | 40 |
| 4.器材转让拨款 |  | 4.非经营项目转出投资 |  |
| 5.煤代油专用基金拨款 |  | 二、应收生产单位投资借款 | 1500 |
| 6.自筹资金拨款 | 60508 | 三、拨付所属投资借款 |  |
| 7.其他拨款 | 300 | 四、器材 | 49 |
| 二、项目资本 |  | 其中:待处理器材损失 | 15 |
| 1.国家资本 |  | 五、货币资金 | 480 |
| 2.法人资本 |  | 六、预付及应收款 | 20 |
| 3.个人资本 |  | 七、有价证券 |  |
| 三、项目资本公积 |  | 八、固定资产 | 50154 |
| 四、基建借款 | 109287 | 固定资产原价 | 60220 |
| 五、上级拨入投资借款 |  | 减:累计折旧 | 10066 |
| 六、企业债券资金 |  | 固定资产净值 | 50154 |
| 七、待冲基建支出 | 160 | 固定资产清理 |  |
| 八、应付款合计 | 2000 | 待处理固定资产损失 |  |

续表

| 资金来源 | 金额 | 资金占用 | 金额 |
|---|---|---|---|
| 九、未交款合计 | 28 | | |
| 　1.未交税金 | 28 | | |
| 　2.未交基建收入 | | | |
| 　3.未交基建包干结余 | | | |
| 　4.其他未交款 | | | |
| 十、上级拨入资金 | | | |
| 十一、留成收入 | | | |
| 合计 | 220283 | 合计 | 220283 |

　　问题3：基建结余资金＝基建拨款＋项目资本＋项目资本公积金＋基建借款＋企业债券资金＋待冲基建支出－基本建设支出－应收生产单位投资借款＝108808＋109287＋160－168080－1500＝48675(万元)。

# 学习任务 1　竣工验收与竣工决算

## 一、建设项目竣工验收概念

　　建设项目竣工验收是指由建设单位、施工单位和项目验收委员会，以项目批准的设计任务书和设计文件，以及国家或部门颁发的施工验收规范和质量检验标准为依据，按照一定的程序和手续，在项目建成并试生产合格后(工业生产性项目)，对工程项目的总体进行检验和认证、综合评价和鉴定的活动。

## 二、建设项目竣工验收的方式

　　建设项目竣工验收的方式可分为单位工程竣工验收、单项工程竣工验收和全部工程竣工验收三种方式，如表6.5所示。规模较小、施工内容简单的建设项目，也可以一次进行全部项目的竣工验收。

　　1.单位工程竣工验收(又称中间验收)

　　单位工程竣工验收是承包人以单位工程或某专业工程为对象，独立签订建设工程施工合同，且达到竣工条件后，承包人可单独进行交工。发包人根据竣工验收的依据和标准，按施工合同约定的工程内容组织竣工验收。

表 6.5　建设项目竣工验收的方式

| 类型 | 验收条件 | 验收组织 |
|---|---|---|
| 单位工程竣工验收<br>（中间验收） | 按照施工承包合同的约定,施工完成到某一阶段后要进行中间验收。<br>主要的工程部位施工已完成了隐蔽前的准备工作,该工程部位将置于无法查看的状态 | 由监理单位组织,业主和承包商分别派人参加验收工作。该部位的验收资料将作为最终验收的依据 |
| 单项工程竣工验收<br>（交工验收） | 建设项目中的某个合同工程已全部完成。<br>合同内约定有分部分项移交的工程已达到竣工标准,可移交给业主投入试运行 | 由业主组织,会同施工单位、监理单位、设计单位及使用单位等有关部门共同参加验收工作 |
| 全部工程竣工验收<br>（动用验收） | 建设项目按设计规定全部建成,达到竣工验收条件。<br>初验结果全部合格。<br>竣工验收所需资料已准备齐全 | 大中型和限额以上项目由国家发改委或由其委托项目主管部门或地方政府部门组织验收。小型和限额以下项目由项目主管部门组织验收。验收委员会由银行、物资、环保、劳动、统计、消防及其他有关部门组成。业主、监理单位、施工单位、设计单位和使用单位共同参加验收工作 |

2.单项工程竣工验收(又称交工验收)

单项工程竣工验收是在一个总体建设项目中,一个单项工程已完成设计图纸规定的工程内容,能满足生产要求或具体使用条件,承包人向监理人提交"工程竣工报告"和"工程竣工报验单",经监理人确认后向发包人发出"竣工验收通知书",说明工程完工情况、竣工验收准备情况、设备无负荷单机试车情况等,同时具体约定单项工程竣工验收的有关工作,请求发包人组织验收的过程。

3.全部工程竣工验收(又称动用验收)

全部工程竣工验收是建设项目已按设计规定全部建成,达到竣工验收条件,由发包人组织设计、施工、监理等单位和档案部门进行全部工程的竣工验收。

## 三、建设项目竣工验收的形式与程序

### (一)建设项目竣工验收的形式

(1)事后报告验收形式,对一些小型项目或单纯的设备安装项目适用。

(2)委托验收形式,对一般工程项目,委托某个有资格的机构为建设单位验收。

(3)成立竣工验收委员会验收。

### (二)建设项目竣工验收的程序

建设项目竣工验收的程序如图6.1所示。

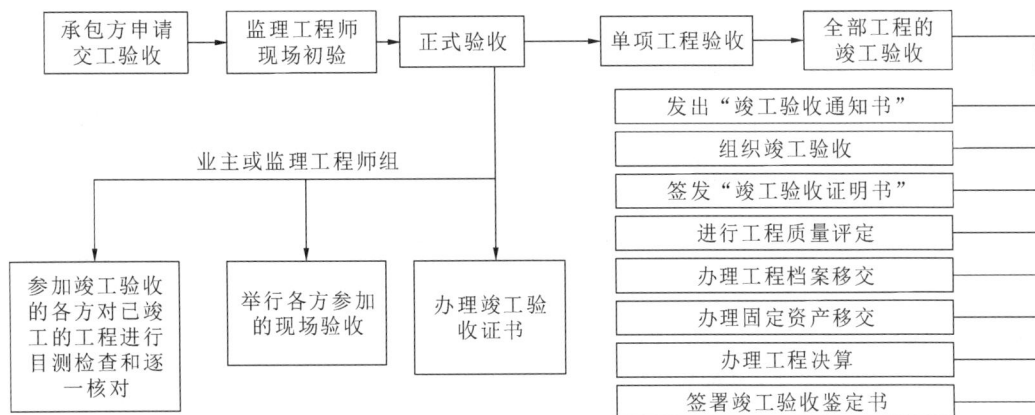

图 6.1　建设项目竣工验收的程序

## 四、竣工决算

### （一）建设项目竣工决算概述

**1.建设项目竣工决算的概念**

项目竣工决算是指所有项目竣工后，项目单位按照国家有关规定在项目竣工验收阶段编制的竣工决算报告。竣工决算是以实物数量和货币指标为计量单位，综合反映竣工建设项目的全部建设费用、建设成果和财务状况的总结性文件，是竣工验收报告的重要组成部分。

**2.建设项目竣工决算的作用**

（1）建设项目竣工决算是综合、全面地反映竣工项目建设成果及财务情况的总结性文件，它采用货币指标、实物数量、建设工期和各种技术经济指标，综合、全面地反映建设项目自开始建设到竣工为止的全部建设成果和财务状况。

（2）建设项目竣工决算是办理交付使用资产的依据，也是竣工验收报告的重要组成部分。

（3）建设项目竣工决算是分析和检查设计概算的执行情况，考核投资效果的依据。

**3.编制竣工决算的依据**

建设项目竣工决算应依据下列资料编制：

（1）《基本建设财务规则》（财政部令第 81 号）等法律、法规和规范性文件；

（2）项目计划任务书及立项批复文件；

（3）项目总概算书、单项工程概算书及概算调整文件；

（4）经批准的可行性研究报告、设计文件及设计交底、图纸会审资料；

（5）招标文件、最高投标限价及招标投标书；

（6）施工、代建、勘察设计、监理及设备采购等合同，政府采购审批文件、采购合同；

（7）工程结算资料；

（8）工程签证、工程索赔等合同价款调整文件；

（9）设备、材料调价文件记录；

（10）有关的会计及财务管理资料；

（11）历年下达的项目年度财政资金投资计划、预算；

（12）其他有关资料。

4.竣工决算与竣工结算的区别

竣工结算是承包方将所承包的工程按照合同规定全部完工交付之后,向发包单位进行的最终工程价款结算。竣工结算由承包方的预算部门负责编制。竣工决算与竣工结算的区别如表6.6所示。

表6.6　竣工决算与竣工结算的区别

| 区别 | 竣工结算 | 竣工决算 |
|---|---|---|
| 编制对象 | 单位工程或单项工程 | 建设项目 |
| 编制单位 | 承包方的预算部门 | 项目财务决算 |
| 内容 | 建设工程项目竣工验收后甲乙双方办理的最后一次结算。它反映的是承包方承包施工的建筑安装工程的全部费用,最终反映承包方完成的施工产值 | 建设工程从筹建开始到竣工交付使用为止的全部建设费用,反映建设工程的投资效益。其内容包括竣工工程平面示意图、竣工财务决算、工程造价比较分析 |
| 作用 | ① 承包方与业主办理工程价款最终结算的依据。② 双方签订的建筑安装工程承包合同终结的凭证。③ 业主编制竣工决算的主要材料 | ① 业主办理交付、验收、动用、新增各类资产的依据。② 竣工验收报告的重要组成部分 |

### （二）竣工决算的内容

竣工决算是由竣工财务决算说明书、竣工财务决算报表、工程竣工图和工程竣工造价对比分析四部分组成。其中竣工财务决算说明书和竣工财务决算报表两部分又称建设项目竣工财务决算,是竣工决算的核心内容。

1.竣工财务决算说明书

竣工财务决算说明书主要包括:

（1）项目概况。一般从进度、质量、安全和造价方面进行分析说明。

（2）会计账务的处理、财产物资清理及债权债务的清偿情况。

（3）项目建设资金计划及到位情况,财政资金支出预算、投资计划及到位情况。

（4）项目建设资金使用、项目结余资金等分配情况。

（5）项目概（预）算执行情况及分析,竣工实际完成投资与概算之间的差异及原因分析。

（6）尾工工程情况。尾工工程投资不得超过批准的项目概（预）算总投资的5%。

（7）历次审计、检查、审核、稽查意见及整改落实情况。

（8）主要技术经济指标的分析、计算情况。

（9）项目管理的经验、主要问题和建议。

（10）预备费动用情况。

（11）项目建设管理制度的执行情况、政府采购情况、合同履行情况。

（12）征地拆迁补偿、移民安置等及其他事项。

2.竣工财务决算报表

建设项目竣工决算报表包括封面、基本建设项目概况表、基本建设项目竣工财务决算表、基本建设项目资金情况明细表、基本建设项目交付使用资产总表、基本建设项目交付使用资产明细表等。以下对其中几个报表进行介绍,基本建设项目概况表如表6.7所示。

表 6.7 基本建设项目概况表

| 建设项目(单项工程)名称 | | | | 建设地址 | | | | 项目 | | 概算/元 | 实际/元 | 备注 |
|---|---|---|---|---|---|---|---|---|---|---|---|---|
| 主要设计单位 | | | | 主要施工企业 | | 设计 | 实际 | 基建支出 | 建筑安装工程 | | | |
| 占地面积 | 设计 | 实际 | 总投资/万元 | 建设规模 | 设计 | 实际 | | | 设备、工具、器具 | | | |
| | | | | | | | | | 待摊投资 | | | |
| 新增生产能力 | 能力(效益)名称 | 设计 | 实际 | | | | | | 其中:建设单位管理费 | | | |
| | | | | | | | | | 其他投资 | | | |
| 设计概算批准文号 | | | | | | | | | 待核销基建支出 | | | |
| 完成主要工程量 | 设计 | 实际 | | | | | | | 非经营项目转出投资 | | | |
| | | | | | | | | | 合计 | | | |
| 收尾工程 | 工程项目、内容 | 已完成投资额 | 尚需投资额 | 完成时间 | | | | 设备/(台、套、吨) | 设计 | 实际 | | |
| | 小计 | | | | | | | | | | | |

（1）基本建设项目概况表。

该表综合反映基本建设项目的基本概况,内容包括项目总投资、建设起止时间、新增生产能力、主要材料消耗、建设成本、完成主要工程量和主要技术经济指标等,为全面考核和分析投资效果提供依据。

（2）基本建设项目竣工财务决算表。

该表反映竣工的建设项目从开工到竣工为止全部资金来源和资金运用的情况,如表6.8所示。它是考核和分析投资效果,落实结余资金,并作为报告上级核销基本建设支出和基本建设拨款的依据。该表采用平衡表形式,即资金来源合计等于资金支出合计。资金来源包括基建拨款、部门自筹资金(非负债性资金)、项目资本金、项目资本公积、基建借款、待冲基建支出、应付款合计、未交款合计。资金占用包括基本建设支出、货币资金合计、预付及应收款合计、固定资产合计。

**表 6.8　基本建设项目竣工财务决算表**　　　　　　　　　　单位:万元

| 资金来源 | 金额 | 资金占用 | 金额 |
|---|---|---|---|
| 一、基建拨款 | | 一、基本建设支出 | |
| 1.中央财政资金 | | （一）交付使用资产 | |
| 其中:一般公共预算资金 | | 1.固定资产 | |
| 中央基建投资 | | 2.流动资产 | |
| 财政专项资金 | | 3.无形资产 | |
| 政府性基金 | | （二）在建工程 | |
| 国有资本经营预算安排的基建项目资金 | | 1.建筑安装工程投资 | |
| 2.地方财政资金 | | 2.设备投资 | |
| 其中:一般公共预算资金 | | 3.待摊投资 | |
| 地方基建投资 | | 4.其他投资 | |
| 财政专项资金 | | （三）待核销基建支出 | |
| 政府性资金基金 | | （四）转出投资 | |
| 国有资本经营预算安排的基建项目资金 | | 二、货币资金合计 | |
| 二、部门自筹资金(非负债性资金) | | 其中:银行存款 | |
| 三、项目资本 | | 财政应返还额度 | |
| 1.国家资本 | | 其中:直接支付 | |
| 2.法人资本 | | 授权支付 | |
| 3.个人资本 | | 现金 | |
| 4.外商资本 | | 有价证券 | |
| 四、项目资本公积 | | 三、预付及应收款合计 | |
| 五、基建借款 | | 1.预付备料款 | |
| 其中:企业债券资金 | | 2.预付工程款 | |
| 六、待冲基建支出 | | 3.预付设备款 | |

续表

| 资金来源 | 金额 | 资金占用 | 金额 |
|---|---|---|---|
| 七、应付款合计 | | 4.应收票据 | |
| 1.应付工程款 | | 5.其他应收款 | |
| 2.应付设备款 | | 四、固定资产合计 | |
| 3.应付票据 | | 固定资产原价 | |
| 4.应付工资及福利费 | | 减:累计折旧 | |
| 5.其他应付款 | | 固定资产净值 | |
| 八、未交款合计 | | 固定资产清理 | |
| 1.未交税金 | | 待处理固定资产损失 | |
| 2.未交结余财政资金 | | | |
| 3.未交基建收入 | | | |
| 4.其他未交款 | | | |
| 合计 | | | |

（3）基本建设项目交付使用资产总表。

该表反映建设项目建成后新增固定资产、流动资产、无形资产价值的情况,作为财产交接、检查投资计划完成情况和分析投资效果的依据,如表6.9所示。

表6.9　基本建设项目交付使用资产总表　　　　　　　　　单位:万元

| 序号 | 单项工程名称 | 总计 | 固定资产 | | | | 流动资产 | 无形资产 |
|---|---|---|---|---|---|---|---|---|
| | | | 合计 | 建筑物及构筑物 | 设备 | 其他 | | |
| | | | | | | | | |
| | | | | | | | | |
| | | | | | | | | |
| | | | | | | | | |
| | | | | | | | | |
| | | | | | | | | |
| | | | | | | | | |

交付单位:　　　　　负责人:　　　　　　　接收单位:　　　　　负责人:

（4）基本建设项目交付使用资产明细表。

该表反映交付使用的固定资产、流动资产、无形资产价值的明细情况,是办理资产交接和接收单位登记资产账目的依据,是使用单位建立资产明细账和登记新增资产价值的依据,如表6.10所示。

表 6.10　基本建设项目交付使用资产明细表

单位:万元

| 序号 | 单项工程名称 | 固定资产 | | | | | | | | | | | 流动资产 | | 无形资产 | |
| | | 建筑工程 | | | | 设备、工具、器具、家具 | | | | | | | 名称 | 金额 | 名称 | 金额 |
| | | 结构 | 面积 | 金额 | 其中:分摊待摊投资 | 名称 | 规格型号 | 数量 | 金额 | 其中:设备安装费 | 其中:分摊待摊投资 | | | | |
| | | | | | | | | | | | | | | | |
| | | | | | | | | | | | | | | | |
| | | | | | | | | | | | | | | | |
| | | | | | | | | | | | | | | | |
| | | | | | | | | | | | | | | | |
| | | | | | | | | | | | | | | | |
| | | | | | | | | | | | | | | | |
| | | | | | | | | | | | | | | | |
| | | | | | | | | | | | | | | | |
| | | | | | | | | | | | | | | | |

### 3.建设工程竣工图

建设工程竣工图是真实地记录各种地上、地下建筑物、构筑物等情况的技术文件,是工程进行交工验收、维护、改建和扩建的依据,是国家的重要技术档案。全国各建设、设计、施工单位和各主管部门都要认真做好竣工图的编制工作。国家规定:各项新建、扩建、改建的基本建设工程,特别是基础、地下建筑、管线、结构、井巷、桥梁、隧道、港口、水坝以及设备安装等隐蔽部位,都要编制竣工图。为确保竣工图质量,必须在施工过程中(严禁在竣工后)及时做好隐蔽工程检查记录,整理好设计变更文件。竣工图的编制形式和深度,应根据不同情况区别对待,其具体要求如下。

(1)凡按图竣工没有变动的,由承包人(包括总包和分包承包人)在原施工图上加盖"竣工图"标志后,作为竣工图。

(2)凡在施工过程中,虽有一般性设计变更,但能将原施工图加以修改补充作为竣工图的,可不重新绘制,由承包人负责在原施工图(必须是新蓝图)上注明修改的部分,并附以设计变更通知单和施工说明,加盖"竣工图"标志后,作为竣工图。

(3)凡结构形式改变、施工工艺改变、平面布置改变、项目改变以及有其他重大改变,不宜再在原施工图上修改、补充时,应重新绘制改变后的竣工图。由原设计原因造成的,由设计单位负责重新绘制;由施工原因造成的,由承包人负责重新绘图;由其他原因造成的,由建设单位自行绘制或委托设计单位绘制。承包人负责在新图上加盖"竣工图"标志,并附以有关记录和说明,作为竣工图。

(4)为了满足竣工验收和竣工决算的需要,还应绘制反映竣工工程全部内容的工程设计平面示意图。

(5)重大的改建、扩建工程项目涉及原有的工程项目变更时,应将相关项目的竣工图资料统一整理归档,并在原图案卷内增补必要的说明一起归档。

### 4.工程造价对比分析

对控制工程造价所采取的措施、效果及其动态的变化需要进行认真的比较分析,总结经验教训。批准的概算是考核建设工程造价的依据。在分析时,可先对比整个项目的总概算,然后将建筑安装工程费、设备工器具费和其他工程费用逐一与竣工决算表中所提供的实际数据和相关资料及批准的概算、预算指标、实际的工程造价进行对比分析,以确定竣工项目总造价是节约还是超支,并在对比的基础上,总结先进经验,找出节约和超支的内容和原因,提出改建措施。在实际工作中,应主要分析以下内容。

(1)考核主要实物工程量。对于实物工程量出入比较大的情况,必须查明原因。

(2)考核主要材料消耗量。在建筑安装工程投资中,材料费一般占直接工程费的70%左右,所以要按照竣工决算表中所列明的三大材料实际超出概算的消耗量,查明是在工程的哪个环节超出量最大,再进一步查明超耗的原因。

(3)考核建设单位管理费、措施费和间接费的取费标准。建设单位管理费、措施费和间接费的取费标准要按照国家和各地的有关规定,根据竣工决算报表中所列的建设单位管理费与概预算所列的建设单位管理费数额进行比较,依据规定查明是否多列或少列的费用项目,确定其节约或超支的数额,并查明原因。

(4)主要工程子目的单价和变动情况。在工程项目的投标报价或施工合同中,项目的子目单价早已确定,但由于施工过程或设计的变化等原因,经常会出现单价变动或新增子目单价如何确定的问题。因此,要对主要工程子目的单价进行核对,对新增子目的单价进行分析检查,如发现异常应查明原因。

### (三)竣工决算的编制

#### 1.建设项目竣工决算的编制条件

(1)经批准的初步设计所确定的工程内容已完成。

(2)单项工程或建设项目竣工结算已完成。

(3)收尾工程投资和预留费用均不超过规定的比例。

(4)涉及法律诉讼、工程质量纠纷的事项已处理完毕。

(5)其他影响工程竣工决算编制的重大问题已解决。

#### 2.竣工决算的编制依据

竣工决算的编制依据主要有:《基本建设财务规则》(财政部令第 81 号)等法律、法规和规范性文件;项目计划任务书及立项批复文件;可行性研究报告、投资估算书、初步设计或扩大初步设计、修正总概算及其批复文件;项目总概算书、单项工程概算书及概算调整文件;经批准的可行性研究报告、设计文件及设计交底、图纸会审资料;招标文件、最高投标限价及招标投标书;施工、代建、勘察设计、监理及设备采购等合同,政府采购审批文件、采购合同;工程结算资料;工程签证、工程索赔等合同价款调整文件;设备、材料调价文件;有关的会计及财务管理资料;历年下达的项目年度财政资金投资计划、预算;其他有关资料。

#### 3.竣工决算的编制步骤

(1)收集、整理和分析工程资料。在编制竣工决算文件之前,要系统地整理所有的技术资料、工程结算的经济文件、施工图纸和各种变更与签证资料,并分析其准确性。完整、齐全的资料,是准确又迅速编制竣工决算的必要条件。

(2)清理各项财务、债务和结余物资。在收集、整理和分析有关资料中,要特别注意建设工程从筹建到竣工投产或使用的全部费用所涉及各项财务、债权和债务的清理事宜。做到工程完毕后账目清晰,既要核对账目,又要清点库存实物的数量,保证账与物相等、账与账相符。对结余的各种材料、工器具和设备,要逐项清点核实,妥善管理,并按规定及时处理,收回资金。对各种往来款项要及时进行全面清理,为编制竣工决算提供准确的数据和结果。

(3)填写竣工决算报表。按照建设工程决算表格中的内容,根据编制依据中的有关资料进行统计或计算各个项目和数量,并将其结果填到相应表格的栏目内,完成所有报表的填写。

(4)编制建设工程竣工决算说明。按照建设工程竣工决算说明的内容要求,根据编制依据材料填写的报表,编写文字说明。

(5)做好工程造价对比分析。

(6)清理、装订好竣工图。

(7)上报主管部门审查。

将上述编写的文字说明和填写的表格经核对无误,装订成册,即为建设工程竣工决算文件。将其上报主管部门审查,并把其中的财务成本部分送交开户银行签证。竣工决算在上报主管部门的同时,抄送有关设计单位。大、中型建设项目的竣工决算还应分别抄送财政部、建设银行总行和省、市、自治区的财政局和建设银行分行各一份。建设工程竣工决算文件由建设单位负责组织人员编写,需在竣工建设项目办理验收使用后一个月之内完成。

## 学习任务 2　新增资产价值的确定

### 一、新增资产价值的分类

按照新的财务制度和企业会计准则,新增资产按资产性质可分为固定资产、流动资产、无形资产、递延资产和其他资产等五大类。

**1.固定资产**

固定资产是指使用期限超过一年,单位价值在规定标准以上,并且在使用过程中保持原有实物形态的资产,如房屋、建筑物、机电设备、运输设备等。不同时具备以上两个条件的资产为低值易耗品,应列入流动资产范围内,如企业自身使用的工具、器具、家具等。

**2.流动资产**

流动资产是指可以在一年内或者超过一年的营业周期内变现或者耗用的资产。流动资产按资产的占用形态可分为现金、存货、银行存款、短期投资、应收账款及预付账款。

**3.无形资产**

无形资产是指特定主体所控制的,不具有实物形态,对生产经营长期发挥作用且能带来经济利益的资源。主要有专利权、非专利技术、商标权、商誉。

**4.递延资产**

递延资产是指不能全部计入当年损益,应当在以后年度分期摊销的各种费用,包括开办费、租入固定资产改良支出等。

**5.其他资产**

其他资产是指具有专门用途,但不参加生产经营的经国家批准的特种物资,以及银行冻结存款和冻结物资、涉及诉讼的财产等。

### 二、新增资产价值的确定方法

**1.新增固定资产价值的确定**

新增固定资产价值是以独立发挥生产能力的单项工程为对象的。单项工程建成经有关部门验收鉴定合格,正式移交生产或使用,即应计算新增固定资产价值。一次交付生产或使用的工程,应一次计算新增固定资产价值;分期分批交付生产或使用的工程,应分期分批计算新增固定资产价值。在计算时应注意以下几种情况。

(1)对于为了提高产品质量、改善劳动条件、节约材料消耗、保护环境而建设的附属辅助工程,只要全部建成,正式验收交付使用后就要计入新增固定资产价值。

(2)对于单项工程中不构成生产系统,但能独立发挥效益的非生产性项目,如住宅、食堂、医务所、幼儿园、生活服务网点等,在建成并交付使用后,也要计算新增固定资产价值。

（3）凡购置达到固定资产标准不需安装的设备、工具、器具，应在交付使用后计入新增固定资产价值。

（4）属于新增固定资产价值的其他投资，应随同受益工程交付使用的同时一并计入新增固定资产价值。

（5）交付使用财产的成本，应按下列内容计算：

① 房屋、建筑物、管道、线路等固定资产的成本，包括建筑工程成本和应分摊的待摊投资；

② 动力设备和生产设备等固定资产的成本，包括需要安装设备的采购成本、安装工程成本、设备基础支柱等建筑工程成本或砌筑锅炉及各种特殊炉的建筑工程成本、应分摊的待摊投资；

③ 运输设备及其他不需要安装的设备、工具、器具、家具等固定资产，一般仅计算采购成本，不计分摊的"待摊投资"。

（6）共同费用的分摊方法。新增固定资产的其他费用，如果是属于整个建设项目或两个以上单项工程的，在计算新增固定资产价值时应在各单项工程中按比例分摊。分摊时，什么费用应由什么工程负担应按具体规定进行。一般情况下，建设单位管理费按建筑工程、安装工程、需安装设备价值总额按比例分摊；土地征用费、勘察设计费等费用按建筑工程造价分摊；生产工艺流程系统设计费按安装工程造价比例分摊。对于生产经营性项目而言，由于固定资产投资各项目中包含的增值税未来可以作为进项税额抵扣，不应计入固定资产价值，因此，建筑工程费、安装工程费、需安装设备价值以及各项待摊销费用均应不包括增值税。

【例 6.1】 某工业建设项目及其总装车间的建筑工程费、安装工程费、需安装设备费以及应摊入费用如表 6.11 所示，试计算总装车间新增固定资产价值。

表 6.11　分摊费用计算表　　　　　单位：万元

| 项目名称 | 建筑工程费 | 安装工程费 | 需安装设备费 | 建设单位管理费 | 土地征用费 | 勘察设计费 |
|---|---|---|---|---|---|---|
| 建设单位竣工结算 | 2000 | 400 | 800 | 60 | 70 | 50 |
| 总装车间竣工决算 | 500 | 180 | 320 | 18.75 | 17.5 | 12.5 |

**解**　计算过程如下：

应分摊的建设单位管理费 $= \dfrac{500+180+320}{2000+400+800} \times 60 = 18.75$（万元）

应分摊的土地征用费 $= \dfrac{500}{2000} \times 70 = 17.5$（万元）

应分摊的勘察设计费 $= \dfrac{500}{2000} \times 50 = 12.5$（万元）

总装车间新增固定资产价值 $= (500+180+320)+(18.75+17.5+12.5)$

　　　　　　　　　　　　 $= 1000+48.75 = 1048.75$（万元）

2.流动资产价值的确定

流动资产是指可以在一年内或者超过一年的一个营业周期内变现或者耗用的资产。

（1）货币性资金。货币性资金是指现金、各种银行存款及其他货币资金。

（2）应收及预付款项。应收账款是指企业因销售商品、提供劳务等应向购货单位或受益单位收取的款项;预付款项是指企业按照购货合同预付给供货单位的购货定金或部分货款。应收及预付款项包括应收票据、应收款项、其他应收款、预付货款和待摊费用。一般情况下,应收及预付款项按企业销售商品、产品或提供劳务时的成交金额进行入账核算。

（3）短期投资包括股票、债券、基金。股票和债券根据是否可以上市流通,分别采用市场法和收益法确定其价值。

（4）存货。存货是指企业的库存材料、在产品、产成品等。各种存货应当按照取得时的实际成本计价。存货的形成主要有外购和自制两个途径。外购的存货,按照买价加运输费、装卸费、保险费、途中合理损耗、入库前加工、整理及挑选费用以及缴纳的税金等计价;自制的存货,按照制造过程中的各项实际支出计价。

### 3.无形资产价值的确定

无形资产是指特定主体所控制的,不具有实物形态,对生产经营长期发挥作用且能够带来经济利益的资源。

（1）无形资产的计价原则。投资者按无形资产作为资本金或者合作条件投入时,按评估确认或合同协议约定的金额计价。

① 购入的无形资产,按照实际支付的价款计价。

② 企业自创并依法申请取得的无形资产,按开发过程中的实际支出计价。

③ 企业接受捐赠的无形资产,按照发票账单所持金额或者同类无形资产的市价计价。

④ 无形资产计价入账后,应在其有效使用期内分期摊销。

（2）无形资产的计价方法

① 专利权的计价。由于专利权是具有独占性并能带来超额利润的生产要素,因此,专利权的转让价格不按成本估价,而是按照其所能带来的超额收益计价。

② 非专利技术的计价。非专利技术具有使用价值和价值。使用价值是非专利技术本身应具有的,非专利技术的价值在于非专利技术的使用所能产生的超额获利能力,应在研究分析其直接和间接的获利能力的基础上,准确计算出其价值。如果非专利技术是自创的,一般不作为无形资产入账,自创过程中发生的费用,按当期费用处理。对于外购的非专利技术,应由法定评估机构确认后再进行估价,其方法往往通过能产生的收益采用收益法进行估价。

③ 商标权的计价。如果商标权是自创的,一般不作为无形资产入账,而将商标设计、制作、注册、广告宣传等发生的费用直接作为销售费用计入当期损益。只有当企业购入或转入商标时,才需要对商标权计价。商标权的计价一般根据被许可方新增的收益确定。

④ 土地使用权的计价。根据取得土地使用权的方式不同,土地使用权有以下几种计价方式:当建设单位向土地管理部门申请土地使用权并为之支付一笔出让金时,土地使用权作为无形资产核算;当建设单位获得土地使用权是通过行政划拨方式时,这时土地使用权就不能作为无形资产核算;在将土地使用权进行有偿转让、出租、作价入股和投资,并按规定补交土地出让价款时,才作为无形资产核算。

### 4.递延资产和其他资产价值的确定

① 开办费的计价。开办费是指在筹建期间发生的费用,不能计入固定资产或无形资产价值的费用,主要包括筹建期间人员工资、办公费、员工培训费、差旅费、印刷费、注册登记费以及不计入固定资产和无形资产购建成本的汇兑损益、利息支出等。根据现行财务制度的

规定,企业筹建期间发生的费用,应于开始生产经营起一次性计入开始生产经营当期的损益。企业筹建期间开办费的价值可按其账面价值确定。

② 租入固定资产改良工程支出的计价。租入固定资产改良工程支出是企业从其他单位或个人租入的固定资产,虽该固定资产所有权属于出租人,但企业依据合同享有使用权。通常双方在协议中规定,租入企业应按照规定的用途使用,并承担对租入固定资产进行修理和改良的责任,即发生的修理和改良支出全部由承租方负担。对租入固定资产的大修理支出,不构成固定资产价值,其会计处理方式与自有固定资产的大修理支出无区别。对租入固定资产实施改良,因有助于提高固定资产的效用和功能,应当另外确认为一项资产。由于租入固定资产的所有权不属于租入企业,不宜增加租入固定资产的价值而作为其他资产处理,租入固定资产改良及大修理支出应当在租赁期内分期平均摊销。

③ 其他资产。其他资产包括特准储备物资等,按实际入账价值进行核算。

# 学习任务3　保修费用的处理

## 一、建设项目保修

### (一)建设项目保修的含义和意义

1.保修的含义

建设项目保修是项目竣工验收交付使用后,在一定期限内施工单位到建设单位或用户处进行回访。对于工程发生的确实是由于施工单位施工责任造成的建筑物使用功能不良或无法使用的问题,由施工单位负责修理,直至达到正常使用标准。

建设产品不同于一般商品,往往在竣工验收后仍可能存在质量缺陷(指工程不符合国家或行业现行的有关技术标准、设计文件以及合同对质量的要求,下同)和隐患,直到使用过程中才能逐步暴露出来,如屋面漏雨、墙体渗水、建筑物基础超过规定的不均匀沉降、采暖系统供热不佳、设备及安装工程达不到国家或行业现行的技术标准等,需要在使用过程中检查观测和维修。为了使建设项目达到最佳状态,确保工程质量,降低生产或使用费用,发挥最大的投资效益,造价工程师应督促设计单位、施工单位、设备材料供应单位认真做好保修工作,并加强保修期间的投资控制。

2.保修的意义

建设工程质量保修制度是国家确定的重要法律制度,该制度对于完善建设工程保修体系、促进承包方加强质量管理、保护用户及消费者的合法权益具有重要作用。

### (二)保修的范围和最低保修期限

1.保修的范围

建筑工程的保修范围应包括地基基础工程、主体结构工程、屋面防水工程和其他土建工程,以及电气管线、上下水管线的安装工程,供热、供冷系统工程等项目。

**2.最低保修期限**

(1)基础设施工程、房屋建筑的地基基础工程和主体结构工程,其保修期限为设计文件规定的该工程的合理使用年限。

(2)屋面防水工程、有防水要求的卫生间、房间和外墙面的防渗漏,保修期限为5年。

(3)供热与供冷系统,保修期限为2个采暖期和供冷期。

(4)电气管线、给排水管道、设备安装和装修工程,保修期限为2年。

(5)其他项目的保修期限由承发包双方在合同中规定。建设工程的保修期,自竣工验收合格之日起开始计算。

**(三)保修的操作方法**

**1.发送保修证书(房屋保修卡)**

在工程竣工验收的同时(最迟不应超过3天到一周),由施工单位向建设单位发送《建筑安装工程保修证书》。目前,保修证书在国内没有统一的格式或规定,应由施工单位拟定并统一印刷。保修证书的主要内容包括:① 工程简况、房屋使用管理要求;② 保修范围和内容;③ 保修时间;④ 保修说明;⑤ 保修情况记录;⑥ 保修单位(即施工单位)的名称、详细地址等。

**2.要求检查和保修**

在保修期间内,建设单位或用户若发现房屋的使用功能因施工质量而影响使用,可以通过口头或书面形式通知施工单位的有关保修部门,说明情况并要求派人前往检查修理。施工单位必须尽快地派人检查,并会同建设单位共同作出鉴定,提出修理方案,尽快地组织人力、物力进行修理。房屋建筑工程在保修期间出现质量缺陷,建设单位或房屋建筑所有人应当向施工单位发出保修通知,施工单位接到保修通知后,应到现场检查情况,并在保修书约定的时间内予以保修。若发生涉及结构安全或者严重影响使用功能的紧急抢修事故,施工单位接到保修通知后,应当立即到达现场抢修。一旦发生涉及结构安全的质量缺陷,建设单位或者房屋建筑产权人应当立即向当地建设主管部门报告,采取安全防范措施。随后,由原设计单位或者具有相应资质等级的设计单位提出保修方案,施工单位依据方案实施保修,原工程质量监督机构负责监督整个过程。

**3.验收**

在发生问题的部位或项目修理完毕后,要在保修证书的"保修记录"栏内做好记录,并经建设单位验收签认,此时修理工作完毕。

## 二、保修费用及其处理

**(一)保修费用的含义**

保修费用是指对保修期间和保修范围内所发生的维修、返工等各项费用支出。

**(二)保修费用的处理**

根据《中华人民共和国建筑法》的规定,在保修费用的处理问题上,必须根据修理项目的性质、内容以及检查修理等多种因素的实际情况,明确保修责任的承担方,对于保修经济责任的确定,应当由有关责任方承担,并由建设单位和施工单位共同商定经济处理办法。

(1)承包单位未按国家有关规范、标准和设计要求施工,造成的质量缺陷,由承包单位负责返修并承担经济责任。

(2)因设计方面的原因造成的质量缺陷,由设计单位承担经济责任,可由施工单位负责维修,其费用按有关规定通过建设单位向设计单位索赔,不足部分由建设单位负责协同有关方解决。

(3)因建筑材料、建筑构配件和设备质量不合格引起的质量缺陷,属于承包单位采购的或经其验收同意的,由承包单位承担经济责任;属于建设单位采购的,由建设单位承担经济责任。

(4)因使用单位使用不当造成的损坏问题,由使用单位自行负责。

(5)因地震、洪水、台风等不可抗力原因造成的损坏问题,施工单位、设计单位不承担经济责任,由建设单位负责处理。

(6)根据《中华人民共和国建筑法》第七十五条的规定,建筑施工企业违反该法规定,不履行保修义务的,责令改正,可处以罚款。在保修期间因屋顶、墙面渗漏、开裂等质量缺陷,有关责任企业应当依据实际损失给予实物或价值补偿。若质量缺陷因勘察设计、监理或者建筑材料、建筑构配件和设备等原因造成的,根据民法规定,施工企业可以在履行保修和赔偿损失之后,向有关责任者追偿。因建设工程质量不合格而造成损害的,受损害人有权向责任者要求赔偿。因建设单位、勘察设计、施工、监理的原因产生的建设质量问题,造成他人损失的,以上单位应当承担相应的赔偿责任。受损害人可以向任何一方要求赔偿,也可以向以上各方提出共同赔偿要求。有关各方在赔偿后,可以在查明原因后向真正责任人追偿。

(7)涉外工程的保修问题,除参照上述办法进行处理外,还应依照原合同条款的有关规定执行。

## 思政育人

木匠的故事:一位年事已高的木匠,决定退休后与家人享受轻松的生活。他的老板请求他在退休前建造一栋房子作为礼物。木匠在建造过程中没有用心,导致房子质量不佳。当他得知这栋房子是送给他自己的时,他感到非常后悔。这个故事强调了无论做什么工作,都要认真负责,因为这些工作最终都会反映在我们为自己建造的"房子"上。正如建设工程项目最后阶段的质量保修,承包人要做到善始善终,主动负责修理因自身责任造成的建筑物使用功能不良或无法使用的问题。作为即将踏入造价岗位的我们,更应该对工作中的每一项小任务、生活中的每一个小细节都全身心地投入其中。勇担责任,凡事要做就必须做好,哪怕是站好最后一班岗。

## 课后习题

**一、单选题**

1.下列竣工财务决算说明书的内容,一般在项目概况部分予以说明的是(　　)。

A.项目资金计划及到位情况

B.项目进度、质量情况

C.项目建设资金使用和结余情况

D.主要技术经济指标的分析、计算情况

2.下列作为考核和分析投资效果、落实结余资金,并作为报告上级核销基本建设支出依据的是(　　)。

A.基本建设项目概况表

B.基本建设项目竣工财务决算表

C.基本建设项目交付使用资产总表

D.基本建设项目交付使用资产明细表

3.关于建设工程竣工图的说法中,正确的是(　　)。

A.工程竣工图是构成竣工结算的重要组成内容之一

B.改、扩建项目涉及原有工程项目变更的,应在原项目施工图上注明修改部分,并加盖"竣工图"标志后作为竣工图

C.凡按图竣工没有变动的,由承包人在原施工图加盖"竣工图"标志后,即作为竣工图

D.当项目有重大改变需重新绘制时,不论何方原因造成,一律由承包人负责重绘新图

4.计算新增固定资产价值时,仅计算建筑、安装或采购成本,不计入分摊的待摊投资的固定资产是(　　)。

A.管道和线路工程

B.需安装的动力设备

C.运输设备

D.附属辅助工程

5.关于建设项目竣工运营后的新增资产,下列说法正确的是(　　)。

A.新增资产按资产性质分为固定资产、流动资产和无形资产三大类

B.分期分批交付生产或使用的工程,待工程全部交付使用后,一次性计算新增固定资产增值

C.凡购置的达到固定资产标准不需安装的工器具,应在交付使用后计入新增固定资产

D.企业库存现金、存货及建设单位管理费中未计入固定资产的各项费用等,应在交付使用后计入新增流动资产价值

二、多选题

1.根据财政部、国家发改委、住建部的有关文件,竣工决算的组成文件包括(　　)。

　　A.工程竣工验收报告

　　B.工程竣工图

　　C.设计概算、施工图预算

　　D.工程竣工结算

　　E.工程竣工造价对比分析

2.关于新增固定资产价值的确定,下列说法中正确的有(　　)。

　　A.新增固定资产价值是以独立发挥生产能力的单项工程为对象计算的

　　B.分期分批交付的工程,应在最后一期(批)交付时一次性计算新增固定资产价值

　　C.凡购置的达到固定资产标准不需安装的设备,应计入新增固定资产价值

　　D.运输设备等固定资产,仅计算采购成本,不计入分摊

　　E.建设单位管理费按建筑工程、安装工程以及需安装设备价值总额按比例分摊

3.关于无形资产价值确定的说法中,正确的有(　　)。

　　A.无形资产计价入账后,应在其有效使用期内分期摊销

　　B.专利权转让价格必须按成本估价

　　C.自创专利权的价值为开发过程中的实际支出

　　D.自创的非专利技术一般作为无形资产入账

　　E.通过行政划拨的土地,其土地使用权作为无形资产核算

三、案例题

某建设单位拟编制某工业生产项目的竣工决算。该建设项目包括 A、B 两个主要生产车间和 C、D、E、F 四个辅助生产车间及若干附属办公、生活建筑物。在建设期内,各单项工程竣工决算数据如表 6.12 所示。工程建设其他投资的完成情况如下:支付行政划拨土地的土地征用及迁移费 500 万元,支付土地使用权出让金 700 万元;建设单位管理费 400 万元(其中 300 万元构成固定资产);地质勘察费 80 万元;建筑工程设计费 260 万元;生产工艺流程系统设计费 120 万元;专利费 70 万元;非专利技术费 30 万元;获得商标权 90 万元;生产职工培训费 50 万元;报废工程损失 20 万元;生产线试运转支出 20 万元,试生产产品销售款 5 万元。

| | | | | | 生产工器具 | |
|---|---|---|---|---|---|---|
| 项目名称 | 建筑工程 | 安装工程 | 需安装设备 | 不需安装设备 | 总额 | 达到固定资产标准 |
| A 生产车间 | 1800 | 380 | 1600 | 300 | 130 | 80 |
| B 生产车间 | 1500 | 350 | 1200 | 240 | 100 | 60 |
| 辅助生产车间 | 2000 | 230 | 800 | 160 | 90 | 50 |
| 附属建筑 | 700 | 40 | | 20 | | |
| 合计 | 6000 | 1000 | 3600 | 720 | 320 | 190 |

表 6.12  某建设项目竣工决算数据  单位:万元

问题:(1)什么是建设项目竣工决算?竣工决算包括哪些内容?

(2)编制竣工决算的依据有哪些?

(3)如何进行竣工决算的编制?

(4)试确定 A 生产车间的新增固定资产价值。

(5)试确定该建设项目的固定资产、流动资产、无形资产和其他资产价值。

# 参 考 文 献

[1] 柳锋.工程造价控制[M].北京:北京出版社,2021.

[2] 斯庆.工程造价控制[M].北京:北京大学出版社,2023.

[3] 全国造价工程师职业资格考试培训教材编审委员会.建设工程计价[M].北京:中国计划
出版社,2023.

[4] 赵春红.建设工程造价管理[M].北京:北京理工大学出版社,2021.

[5] 周述发.建设工程造价管理[M].武汉:武汉理工大学出版社,2016.

[6] 袁媛.工程造价控制[M].北京:高等教育出版社,2021.